◈ 高等学校安全工程系列教材

建筑消防工程

许秦坤　主编
林龙沅　周煜琴　副主编

化学工业出版社
·北京·

本书以系统安全为切入点，较为完整地阐述了建筑消防工程所涉及的内容。内容紧密结合我国现有相关防火设计规范，全面而较系统地介绍了相关建筑设计防火规范及消防工程的基本理论和技术，具体包括燃烧基本知识、火灾成因及划分、火灾条件下人员逃生与自救、耐火等级与耐火设计、建筑防火分区、人员安全疏散、建筑平面防火布局、建筑消防系统、防排烟系统、建筑火灾性能化设计、火灾自动报警系统等。以具体而翔实的图表和设计实例对建筑消防工程设计进行了阐述，是理论和实际紧密结合的实用性教材。

本书可以作为高等院校安全工程专业的教学用书，也可作为建筑学、消防工程、自动化、建筑环境与能源应用工程、土木工程等专业的参考教材以及工程设计、施工、监理、消防行业人员的参考用书，还可以作为国家注册消防工程师考试培训类参考用书。本书还可供安全科学与工程、消防、危机管理等领域科学研究及教学使用。

图书在版编目（CIP）数据

建筑消防工程/许秦坤主编．—北京：化学工业出版社，2014.8（2018.2 重印）
高等学校安全工程系列教材
ISBN 978-7-122-21317-4

Ⅰ.①建… Ⅱ.①许… Ⅲ.①建筑物-消防-高等学校-教材 Ⅳ.①TU998.1

中国版本图书馆 CIP 数据核字（2014）第 159085 号

责任编辑：杜进祥　　文字编辑：刘莉珺
责任校对：吴　静　　装帧设计：韩　飞

出版发行：化学工业出版社（北京市东城区青年湖南街 13 号　邮政编码 100011）
印　　装：大厂聚鑫印刷有限责任公司
787mm×1092mm　1/16　印张 10½　字数 264 千字　2018 年 2 月北京第 1 版第 2 次印刷

购书咨询：010-64518888（传真：010-64519686）　售后服务：010-64518899
网　　址：http://www.cip.com.cn
凡购买本书，如有缺损质量问题，本社销售中心负责调换。

定　　价：26.00 元

前言

随着经济和社会的高速发展，各种自然灾害和重大突发性事件的时有发生，对人们的生命和财产造成了严重威胁。而城市化的进程加快带来了越来越多的（超）高层建筑、地下建筑以及大空间建筑，从而导致越来越多的火灾等灾难性事故的发生，建筑中的消防安全问题日益突出。因此，如何保证火灾条件下的人员疏散的安全性、如何及时有效发现早期火灾、如何采取有效灭火技术措施、如何尽可能减小财产损失等是摆在消防设计研究人员面前的一个非常具有挑战性的问题。

本书以系统安全为切入点，较为完整地阐述了建筑消防工程所涉及的内容。内容紧密结合我国现有相关防火设计规范，全面而较系统地介绍了相关建筑设计防火规范及消防工程的基本理论和技术。

本书可以作为高等院校安全工程专业的教学用书，也可作为建筑学、消防工程、自动化、建筑环境与能源应用工程、土木工程等专业的参考教材以及工程设计、施工、监理、消防行业人员的参考用书。还可以作为国家注册消防工程师考试培训类参考用书。

本书由许秦坤担任主编，负责本书大纲拟定及全书的统稿，参加编写的其他人员还有周煜琴、林龙沅、邓军。全书共 9 章，许秦坤负责编写第 1 章、第 6 章～第 8 章；周煜琴负责编写第 3 章；林龙沅负责编写第 5 章；邓军负责编写第 2 章、第 4 章、第 9 章。

在本书的撰写过程中，得到了校院领导的大力支持，特别是西南科技大学环境与资源学院陈海焱教授悉心的指导和系室同事的关注，在此表示衷心的感谢；书中引用了大量参考文献资料，在此对参考文献资料的编著者等前人的工作表示衷心的感谢；另外，学生黄涛、鞠介波等参加了部分章节的绘图和撰写工作，在重印修改时，陈健、张昊哲、董智玮和林思雷等在读研究生参与了修正部分错误，在此一并表示感谢。

虽然笔者在撰写过程中尽了自己最大的努力，但由于水平有限，疏漏在所难免，敬请读者批评指正。

编者
2017 年 9 月

目录

第1章 火灾基础

1.1 燃烧的基本原理

火灾是失去控制的燃烧。明确燃烧的条件，对于预防、控制和扑救火灾有着十分重要的意义。

1.1.1 燃烧的条件

燃烧是一种同时伴有放热和发光效应的剧烈的氧化反应。放热、发光、生成新物质是燃烧的三个基本特征。要发生燃烧必须同时具备下列三个必要条件。

(1) 存在可燃物　一般情况下，凡是能在一定条件下（如空气、氧气或者其他氧化剂）能发生燃烧反应的物质都可以称为可燃物。可燃物按其组成可分为无机可燃物和有机可燃物两大类。从数量上讲，绝大部分可燃物为有机物，少部分为无机物。

无机可燃物，包括钠、钾、镁、钙、铝等金属单质，碳、磷、硫等非金属单质，以及CO、H_2和非金属氢化物等。这些无机可燃物一旦完全燃烧变成相应的氧化物，则为不燃物。

有机可燃物种类繁多，其中大部分含有C、H、O元素，有的还含有少量N、P、S等元素，如木材、煤、石油、塑料、棉花、纸等。

可燃物按其形态来分，可以分为固、液、气三大类。同一种可燃物的不同形态其燃烧性是不相同的。一般来讲，可燃气体燃烧性大于其液态和固态。当然，同一种形态但其物质的组成不同燃烧性也不同。

(2) 氧化剂　凡是能和可燃物发生反应并引起燃烧的物质，都称为氧化剂。

氧化剂的种类很多。氧气是一种最常见的氧化剂，它存在于空气中（体积百分数约为21%）。空气供应不足，燃烧就会不完全，产生有毒有害气体；隔绝空气能使燃烧中止。

其他常见的氧化剂有卤族元素（如F、Cl、Br、I）、一些化合物（如硝酸盐、氯酸盐、重铬酸盐、高锰酸盐、过氧化物等），它们可以通过外界光、热、机械撞击作用等，释放O_2。

(3) 存在点火源　点火源是指具有一定能量、能够引起可燃物质燃烧的能源。

点火源种类包括明火、电火花、高温表面、剐蹭火花等。其实质是提供给燃烧的一个初始能量。

可燃物、氧化剂、点火源是构成燃烧的三要素，这是必要条件。燃烧要得以发生，必须满足量的要求，也就是说三者必须充足，即可燃物的数量、氧化剂的浓度和点火源的能量要足够，这是充分条件。实验表明，当空气中的 O_2 的浓度降到 14%～18%时，一般可燃物是不能燃烧的。

1.1.2 燃烧三要素的利用

防、灭火的基本原理都是依据燃烧的条件，阻止燃烧三要素的实现。

(1) 防火基本措施

① 控制可燃物。以难燃甚至不燃材料代替易燃、可燃材料；利用防火涂料涂刷可燃材料，改变其燃烧性能；对具有易燃易爆性质的气体或者粉尘产生的场所，采取通风措施以降低可燃气体或者粉尘的浓度；在化学活性上能发生相互作用的物品要采取可靠分隔措施，等等。

② 隔绝空气。易燃易爆物质的生产在密闭设备中进行，如汽油、煤粉生产；对于异常危险的生产，可采取惰性气体保护；采取隔绝空气的存储方式，如钠存于煤油中、磷存于水中等。

③ 消除火源。采取隔离、控温、接地、避雷、安防爆灯、遮挡阳光、设禁烟火标志，等等。

④ 阻止火势蔓延。设置防火间距、防火墙、防火门窗、防火卷帘、防火阀等。

(2) 灭火基本方法　灭火就是破坏已产生的燃烧条件，使燃烧熄灭。

① 隔离法。使火源处与周围可燃物质隔离或将其移开。

② 窒息法。阻止空气流入或用不燃物质冲淡空气，使燃烧得不到足够的氧气。

③ 冷却法。将灭火剂直接喷射到燃烧物上，让燃烧物温度下降到燃点以下，燃烧中止；或者将灭火剂喷洒在火源附近的物体上，使其免受火焰热辐射作用。该法是灭火的主要且常用方法，常用水和二氧化碳来冷却灭火，其属于物理灭火，即灭火剂在灭火过程中不参与燃烧过程中的化学反应。

④ 抑制法。灭火剂参与燃烧，让燃烧产生的燃烧自由基消失，形成稳定分子或低活性的基，如泡沫。

1.1.3 燃烧术语

① 闪燃。它是指一定温度下，可燃物表面产生蒸气，蒸气与空气混合，形成混合可燃气体，遇明火时会发生一闪即灭的火苗或闪光（燃烧现象）。相对应地，闪点是指可燃物发生闪燃的最低温度（闭杯法）。闪点是衡量各种液态可燃物火灾和爆炸危险性的重要依据。有些固体如樟脑、萘、P 等，也可用闪点衡量其火灾和爆炸危险性。《建筑设计防火规范》(GB 50016—2014) 规定甲类火灾危险性的液体闪点＜28℃，乙类火灾危险性的液体则为 28℃≤闪点＜60℃，丙类火灾危险性的液体闪点≥60℃。

② 着火。它是指火源移开后仍能燃烧。相对应地，着火点（燃点）是指可燃物开始持续燃烧所需最低温度。一般来说，同一种物质燃点大于闪点；闪点针对液体可燃物，而燃点针对固体可燃物及闪点高的液体可燃物。

③ 自燃。它是指可燃物自发着火的现象。自燃分为受热自燃和自热燃烧，受热自燃是借助于外部热源作用（热辐射），而自热燃烧是由于内部热量积聚（生化、理化过程）使自身温度达到自燃点。

自燃点很低的物质，如赛璐珞、硝化棉等，不仅容易形成自燃，而且在自燃时还会分解并释放大量一氧化碳、氮氧化物、氢氰酸等可燃气体。这些气体与空气混合，当浓度达到爆炸极限时，就会发生爆炸。因此，对于自燃点很低的可燃物质，除了采取防火措施外，还应采取相应的防爆措施。

《建筑设计防火规范》规定甲类火灾危险性物质就包含了常温下能自行分解或在空气中氧化即能导致迅速自燃或爆炸的物质；相应的乙类火灾危险性物质是指常温下与空气接触能缓慢氧化，积热不散引起自燃的物质。

④ 爆炸与爆炸极限。爆炸是指物质状态迅速变为另一状态，在极短时间内释放大量能量的现象。爆炸在一定范围内，会借助冲击波、碎片使人受到伤害或对物造成倒塌和燃烧。

可燃气体、蒸气、粉尘与空气混合只在其浓度所达到的一定比例范围内，才能形成爆炸性的混合物，此时一接触到火源就立即发生爆炸，此界限就称之为爆炸极限。通常，在爆炸下限至爆炸上限范围内才能发生爆炸。其单位有用%的，如可燃气体；有用 g/m^3 的，如可燃粉尘。借助于爆炸极限对各种可燃气体发生爆炸的危险性进行鉴别，爆炸极限范围越大，爆炸下限越低，则爆炸危险性越大。《建筑设计防火规范》规定甲类危险性物质是指使用或生产可燃气体的厂房（仓库），其爆炸下限＜10%，乙类是指爆炸下限≥10%的，在生产过程中排放浮游状态的可燃粉尘、纤维，闪点≥60℃的液体雾滴等。而火灾危险性类别决定了建筑所采取的消防安全技术措施。

1.2 建筑火灾的原因

1.2.1 火灾形势

火灾的发生有其必然性和偶然性。而一旦发生火灾，如何及时有效组织灭火、控烟和火灾中人员安全疏散一直是火灾研究者经常研究和思考的问题。

国内外的重大火灾令人记忆犹新。如：1995 年 10 月，阿塞拜疆巴库发生地铁火灾，致使 285 人丧生，265 人严重受伤；2003 年 2 月，韩国大邱地铁火灾，共造成 198 人死亡，147 人受伤；2008 年 1 月，中国乌鲁木齐德汇国际广场火灾，死亡 5 人，经济损失过 5 亿元人民币；2009 年 2 月，中国中央电视台配楼火灾，死亡 1 人、伤 7 人，经济损失数亿元人民币。

近年来，火灾发生的数量和导致的直接经济损失呈现逐年增加的趋势。据统计，我国自有火灾记录数据以来，其火灾发生的数量和导致的直接经济损失总体呈现逐年增加的趋势（图 1-1）。尽管最近几年火灾数量有下降的趋势，但是直接经济损失仍在上升，如从 2002 年的 15.4 亿元上升到 2010 年的 19.6 亿元。这一点与美国消防协会（NFPA）对美国火灾的统计数据类似，美国建筑火灾由 1971 年的 99.66 万起上升到 1980 年的 106.5 万起，然后又开始缓慢、稳步下降到 1994 年的 61.4 万起和 1999 年的 52.3 万起。同样，尽管其火灾发生数量下降了，但其由火灾而导致的直接财产损失并没有下降，反而从 1980 年的 55.4 亿美元上升到 1999 年的 84.9 亿美元；在英国也有类似的火灾统计情形。这主要归因于火灾损失的重置成本在增长，也就是说，即使考虑到物价上涨的因素，建筑物内单位面积资金密集度也在增加。

根据发达国家的经验，即人均国民生产总值（人均 GDP）在 1000～3000 美元时，是社会各类安全生产事故的高发期，随着我国经济的快速发展，自 2003 年达到人均国民生产总值 1000 美元以来，生产安全事故频发势头难以得到有效遏制，火灾每年所带来的经济损失一直居高不下，如 21 世纪前 5 年年均由火灾而导致的直接经济损失大约在 15.5 亿元。事实

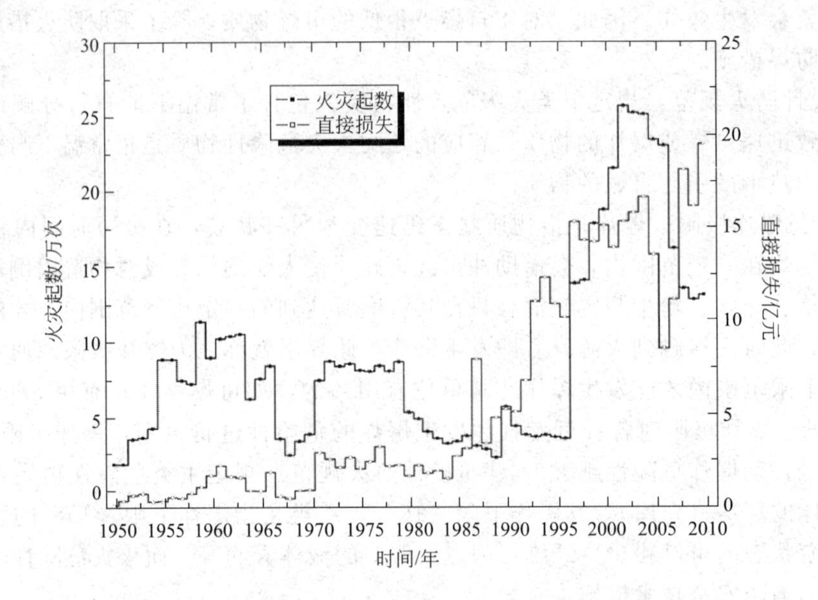

图 1-1　国内火灾统计（数据源自公安部消防局）

注：1. 1979 年以前的火灾数据均为《中国火灾大典》中的统计数据。

2. 1980 年以后的火灾数据均为每年的《火灾年报》或《中国火灾统计年鉴》中的统计数据。

上，我国 2008 年人均国民生产总值突破 3000 美元，据国际货币基金组织（IMF）公布的数据，2010 年，中国的人均 GDP 达 4382 美元，这时，火灾数及损失应该要下降，但事实并非如此，这可能与中国特殊的国情有关。

1.2.2　火灾的直接原因

火灾形势不容乐观，而导致火灾原因有多种，各个具体火灾原因又千差万别，但是从导致火灾的直接原因来看，主要有如下几种。

① 用火不慎。如生活中的吸烟、炊事、取暖、照明、玩火、烟花爆竹、烧纸等不慎失火，生产中如用明火熔化沥青、石蜡或熬制动、植物油，烘烤烟叶，锅炉排出炽热炉渣等过程中不慎失火。

② 违反相关制度。易燃易爆的地方，不相容物品混存；焊接、切割时无灭火措施；机器运转，不按时加油润滑或没有清除轴承上的杂物、废物而使这些部位摩擦发热，引起附着物燃烧；电熨斗的使用不当；可燃气体、易燃易爆液体的跑、冒、滴、漏现象，监测不严。

③ 电气失火。电气设备设计、安装、使用、维护不当，超负荷，接头接触不良、短路，灯具设置使用不当，使用非防爆电器等。

④ 自然原因失火。自燃（空气氧化，外界温度、湿度变化，发热、蓄热后达到温度自燃点），如油布、油纸；雷击，如热效应、机械效应、静电感应和电磁感应，高电位沿路侵入；静电，如静电放电、火花，流速过大，无导除设施；地震，如急于疏散，来不及断电、熄火，未处理好危险物品与装置设备。

⑤ 人为纵火。如犯罪、精神病人放火。

⑥ 布局不当、材料选用不合理。防火间距、风向、地势、建筑构造选择设计不当，装修时大量采用可燃物。

1.3　火灾发展过程

建筑火灾的发生最初是由建筑内的某个局部区域（可以是一个房间）着火，然后蔓延到相邻房间或区域以致整个楼层，最后可能蔓延到整个建筑。

1.3.1　火灾发展过程

为了较好地说明火灾的发展过程，下面以具有耐火性建筑典型性的一个房间火灾发展过程为例。室内火灾的发展过程可以用室内烟气的平均温度随时间的变化来表征，如图 1-2 所示。

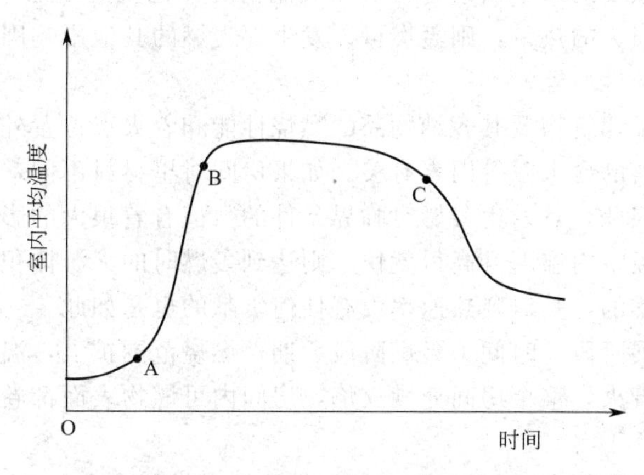

图 1-2　室内火灾的发展过程

根据室内火灾温度随时间的变化特点，可以将火灾发展过程分为四个阶段，即火灾初起（或者发展）阶段（OA 段）、火灾轰燃阶段（AB 段）、火灾全面发展阶段（BC 段）、火灾下降熄灭阶段（C 点以后）。

（1）火灾初起阶段　其特点为范围小，平均温度低，发展速度慢，火势易于控制，发展时间与点火源、可燃物性质和分布、通风条件等的影响有关，其长短差别甚大。初起阶段 OA 段是灭火、安全疏散的最有利时机。可能导致三种结果：①初始着火隔离型，通过采取防火分隔措施导致燃料供应不足，火势未蔓延，最终得以控制；②通风供氧支配型，通过采取密闭措施，阻隔风流，导致供氧不足，火势得以控制；③料充风足型，如果燃料和通风都没采取相应措施，那么就会进入轰燃阶段直至全面发展阶段。

尽管 OA 段是灭火、安全疏散的最有利时机，但是人员安全疏散必须满足式(1-1)，才能保证人员的安全。

$$t_p + t_a + t_{rs} \leqslant t_u \tag{1-1}$$

式中　t_p——从着火到发现火灾所经历的时间（火灾自动报警器可以降低 t_p）；

t_a——从发现火灾到开始疏散之间所耽搁的时间；

t_{rs}——转移到安全地点所需的时间；

t_u——火灾现场出现人们不能忍受的条件的时间（安全疏散取决于 t_u，可以设法延长，如采用不燃、难燃材料）。

（2）火灾轰燃阶段　轰燃是指火在建筑内部突发性地引起全面燃烧的现象。当室内大火燃烧形成的充满室内各个房间的可燃气体和未燃烧完全的气体达到一定浓度时，就会形成爆燃，从而导致室内其他房间的没接触大火的可燃物在热辐射作用下也一起被点燃而燃烧，也就是“轰”的一声，室内所有可燃物几乎都被点燃，这种现象称为轰燃。它是室内燃烧由燃料控制型向通风控制型的转变，此种转变使得火灾由发展期进入最盛期。轰燃是由局部燃烧向全室性燃烧过渡的阶段，其标志着安全疏散的结束。

发生轰燃的条件有以下三个。

① 通风条件差，燃烧形成的可燃气体在房间内大量聚集。

② 这些可燃气体弥漫到其他可燃物周围或表面，一般在室内顶棚下方积聚可燃气体。

③ 这些可燃气体达到一定浓度并发生爆燃。

只有满足上述三个条件才能真正达到轰燃。

影响轰燃发生最重要的两个因素是辐射和对流情况，也就是上层烟气的热量得失关系，如果接收的热量大于损失的热量，则轰燃可以发生。轰燃的其他影响因素还有通风条件、房间尺寸和烟气层的化学性质等。

轰燃的出现，除了建筑物及其容纳物品的燃烧性能和着火点位置外，还与内装修材料的厚度、开口条件、材料的含水率等因素有关。如果房间衬里材料不同，则吸热和散热的物理特性有很大的差异，因此，对发生轰燃时临界条件的数值有着很大的影响。若材料的绝热性能好，例如绝热纤维板室内温度升高得就快，则达到轰燃时的火源体积将大大减小，即使是衬里材料假设为不可燃的，其对释热速率没有任何贡献的也是如此。

（3）火灾全面发展阶段　时间为轰燃阶段后期，燃烧范围扩大，温度上升到高值，聚积室内的可燃气体全面着火，整个房间充满火焰，房间内可燃物表面都卷入，燃烧猛烈，温度维持在高温。

其特点为所有可燃物都在猛烈燃烧，放热速度大，出现持续高温（1100℃），火焰、高温烟气从房间开口处大量喷出，火灾蔓延，室内高温会对建筑物造成局部或整体性破坏。

对于耐火建筑来说，室内燃烧由通风控制，室内火势保持稳定，其时间取决于室内可燃物性质和数量、通风条件等。

防火措施主要有使用防火分隔物、选用耐火等级高的建筑构件等。

（4）火灾下降熄灭阶段　其特点为可燃物挥发物质减少，其可燃物数量减少，速度、温度（为最高时的80%可以认定为下降熄灭阶段开始）下降。

在该阶段必须注意：防止建筑构件因较长时间受高温作用和灭火射水冷却作用而出现裂缝、下沉、倾斜或倒塌破坏，并要注意防止余火向相邻建筑蔓延。

1.3.2 建筑物内火灾蔓延途径

轰燃之后，火势突破房间限制，向其他空间蔓延的方式有以下几点。

① 水平方向。未设防火分区，即水平方向无控制火灾的区域空间限制，可以导致火灾的横向蔓延；洞口分隔不完善，如户门不是防火门，卷帘无水幕等；可以通过可燃隔墙吊顶、地毯等进行横向传播。

② 竖井。电梯井，楼梯间，设备、垃圾道等其他竖井和一些不引人注意的孔洞（如吊顶与楼板之间，幕墙与分隔构件之间的空隙，保温夹层，通风管道等都有可能因施工质量等留下孔洞）。

③ 空调系统管道。未设防火阀、没有采用不燃烧的风管、没有采用不燃或难燃材料作保温层。

④ 窗口向上层。火势会沿窗间墙和上层窗向上窜越，应避免使用带形窗。

1.3.3　火灾蔓延方式

火灾蔓延方式有火焰、热传导、热对流、热辐射等四种方式，而其中又以热辐射为火灾蔓延的主要方式，因为火灾发生会产生大量的热烟气，其裹挟了火灾时热量的绝大部分，随着其在室内顶棚的运移，热烟气会向下以热辐射的形式引燃室内其他可燃物，导致火灾的迅速传播。

1.3.4　建筑火灾严重性的影响因素

建筑火灾严重性是指在建筑中发生火灾的大小及危害程度。火灾严重性取决于火灾达到的最大温度和最大温度燃烧持续的时间。因此，它表明了火灾对建筑结构或建筑物造成损坏和对建筑中人员、财产造成危害的趋势。了解影响建筑火灾严重性的因素和有关控制建筑火灾严重性的机理，对建立适当的建筑设计和构造方法，采取必要的防火措施，达到减少和限制火灾的损失和危害是十分重要的。

影响火灾严重性的因素大致有以下六个方面。

(1) 可燃材料的燃烧性能。可燃材料的材质有差异，其燃烧释放的热量和燃烧速率等燃烧性能不同，可燃材料的燃烧性能还与可燃材料的燃烧热值有关。

(2) 可燃材料的数量（火灾荷载）。火灾荷载越大，火灾持续时间越长，室内温度上升越高，破坏和损失越大。

(3) 可燃材料的分布。其对火势的蔓延起着很大作用，如分开布置，并使其相互之间有一间隔，可燃物品低，材料或物品比较厚实等可以阻隔火势的蔓延；在一定量的空气中，控制材料燃烧率的一个重要因素就是表面积与体积之比（即比表面积），这个值大，则燃烧快。

(4) 房间开口的面积和形状。火灾大致分为受通风控制的火灾和受燃料控制的火灾两种。试验表明：一般建筑火灾受房间开口的影响较大，燃烧性能取决于开口的通风状况 $A_W\sqrt{H}$ 值（其中，A_W 表示房间通风开口面积，m^2；H 表示房间通风开口高度，m）。

(5) 着火房间的大小和形状。房间面积越大，可能火灾荷载越大，火灾越严重，房间进深越大，火灾越严重，因此，从防火工程考虑应尽可能地减小房间的尺寸和高度，但在设计中应同时满足建筑的有效使用面积。

(6) 着火房间的热性能。火灾严重性取决于房间中达到的最高温度和达到最大温度的速度。而这与建筑材料的热导率 λ、密度 ρ 和比热容 c 有关，对于给定的热量，房间内表面温度的上升与 λ、ρ、c 成反比，而 λ、ρ、c 称为材料的热惰性。在实际的建筑设计中，既要考虑减少不利的火灾条件，增大 λ、ρ、c 值，又要考虑建筑的保温节能功能和使结构背火面的温度降低，即减小 λ、ρ、c 值。这一矛盾可通过一些结构构造方法来加以处理，如在内墙面采用热导率大的石膏板；墙中间填充保温隔热层的复合结构做法等。

总之，前三个因素主要与建筑中的可燃材料有关，而后三个因素主要涉及到建筑的布局。减小火灾严重性的条件就是要限制有助于火灾发生、发展和蔓延成大火的因素，根据各种影响因素合理地选用材料、布局和结构设计及构造措施，达到限制严重程度高的火灾发生的目的。建筑发生火灾时，控制火灾严重性的因素除材料的数量和燃烧性能之外，另外还要考虑的两个因素是空气的供给量和热损失。

明确影响室内火灾严重性各因素之间的关系，有助于以后防灭火策略的制订。

一旦某个房间失火，火灾发展和蔓延的过程取决于：火灾荷载的大小、材料的体积、分布状况及其连续性、孔隙度和燃烧性能；着火房间的通风状况；着火房间的几何形状和尺寸及着火房间的热性能。下面确定不燃墙壁的着火房间内防止发生轰燃所允许的最大热产生率为：

$$h_c = 610(\alpha_k A_T A_W \sqrt{H})^{1/2} \tag{1-2}$$

式中　h_c——发生轰燃所允许的最大热产生率，kW；

α_k——着火房间六壁结构的有效换热系数，kW/(m²·K)；

A_T——包括开口面积在内的房间总内表面面积，m²。

式(1-2) 说明着火房间的通风状况（即通风因子 $A_W\sqrt{H}$）和房间的大小及其热性能（$\alpha_k A_T$）对是否发生轰燃有决定性影响。根据着火房间中能量及质量平衡的理论分析推导出的在不同通风系数，不同火灾荷载密度的情况下，可以采用相应建筑材料的热导率和热容量来构造的典型房间的火灾温度与时间理论曲线，从曲线中可以得出影响火灾严重性的各因素之间的关系和效果。

1.4　扑救火灾的一般原则

（1）报警早，损失少　报警应沉着冷静，及时准确、简明扼要地报出起火部门和部位、燃烧的物质、火势大小；如果拨叫 119 火警电话，还必须讲清楚起火单位名称、详细地址，报警电话号码，同时派人到消防车可能来到的路口接应，并主动及时地介绍燃烧的性质和火场内部情况，以便迅速组织扑救。

（2）边报警，边扑救　在报警同时，要及时扑救初起火。在初起阶段由于燃烧面积小，燃烧强度弱，放出的辐射热量少，因而是扑救的有利时机，只要不错过时机，可以用很少的灭火器材，如一桶黄沙，或少量水就可以扑灭，所以，就地取材，不失时机地扑灭初起火灾是极其重要的。

（3）先控制，后灭火　在扑救火灾时，应首先切断可燃物来源，然后争取一次灭火成功。

（4）先救人，后救物　在发生火灾时，如果人员受到火灾的威胁，人和物相比，人是主要的，应贯彻执行救人第一，救人与灭火同步进行的原则，先救人后疏散物资。

（5）防中毒，防窒息　在扑救有毒物品时要正确选用灭火器材，尽可能站在上风向，必要时要佩戴面具，以防中毒或窒息。

（6）听指挥，莫惊慌　平时加强防火灭火知识的学习，并积极参与消防训练，才能做到一旦发生火灾不会惊慌失措。

习　　题

1. 什么是燃烧“三要素”及其联系？
2. 防火基本措施有哪些？
3. 灭火基本方法有哪些？
4. 爆炸与爆炸极限的区别与联系是什么？
5. 论述建筑火灾发展过程。
6. 扑救火灾的一般原则是什么？

第 2 章 火灾分类及火灾条件下的自救和互救

2.1 火灾分类

火灾是指在时间和空间上失去控制的燃烧所造成的灾害。火灾可以按照燃烧材料、损失大小或者起火直接原因等进行分类。

2.1.1 按燃烧材料分

根据《火灾分类》(GB/T 4968—2008) 等国家标准，有如下六类火灾。

(1) A 类火灾　A 类火灾指普通固体物质所引起的火灾。这种物质通常具有有机物的性质，一般在燃烧时能产生灼热的余烬。A 类火灾燃烧过程复杂，一般可以分为四类：熔融蒸发式燃烧，如蜡的燃烧；升华式燃烧，如萘的燃烧；热分解式燃烧，如木材、高分子化合物的燃烧；表面燃烧，如木炭、焦炭的燃烧。

(2) B 类火灾　B 类火灾指油脂及一切可燃液体燃烧而引起的火灾。油脂包括原油、汽油、煤油、柴油、动植物油等；可燃液体主要包括酒精、乙醚等各种有机溶剂。这类火灾的燃烧实质是液体的蒸气与空气进行燃烧。

(3) C 类火灾　C 类火灾是指可燃气体燃烧而引起的火灾。按可燃气体与空气混合的时间，可燃气体燃烧分为预混燃烧和扩散燃烧。

(4) D 类火灾　D 类火灾是由可燃金属燃烧而引起的火灾。可燃金属有锂、钠、钾、镁、铝、锌等。这些金属处于薄片状、颗粒状或者熔融状时很容易着火，甚至在适当条件下会发生爆炸。在高温条件下，这些金属通常能与灭火用的水、CO_2、N_2 等发生化学反应，让常用灭火剂失效，因此必须采用较为特别的灭火剂。

(5) E 类火灾　指带电火灾，即物体带电燃烧的火灾。如发电机房、变压器室、配电间、仪器仪表间和电子计算机房等在燃烧时不能及时或不宜断电的电气设备带电燃烧的火灾。E 类火灾是建筑灭火器配置设计的专用概念，主要是指发电机、变压器、配电盘、开关箱、仪器仪表和电子计算机等在燃烧时仍旧带电的火灾，必须用能达到电绝缘性能要求的灭火器来扑灭。对于那些仅有常规照明线路和普通照明灯具而且并无上述电气设备的普通建筑场所，可不按 E 类火灾来考虑。

(6) F 类火灾　烹饪器具内的烹饪物（如动、植物油脂）火灾。

2.1.2 按火灾损失分

(1) 特大火灾　具有以下情形之一的为特大火灾：死亡 10 人以上（含 10 人）；重伤 20

人以上；受灾 50 户以上；烧毁财物的损失 100 万元以上。

（2）重大火灾　具有下列情形之一的，为重大火灾：死亡 3 人以上；重伤 10 人以上；死亡、重伤 10 人以上；受灾 30 户以上；烧毁财物的损失 30 万元以上。

（3）一般火灾　不具有以上情形的火灾为一般火灾。

2.2　火灾条件下的自救和互救

火灾一旦发生，人们往往显得比较慌乱，如何在火灾条件下实现有效地自救和互救，这是一个值得深究的问题。

火场逃生的时间把握要准。一般情况下，火场出现浓烟、高热缺氧等致人伤亡的时间，短的 5～6min，长的 10～20min。所以，火场疏散时间应控制在 15min 内为宜。

2.2.1　发生火灾的现场处理

对于火灾早期，争取早发现，早扑救。

（1）火场报警　建筑内的所有人员平时要注重消防知识的学习和一些灭火基本技能的训练，应该知道并掌握如下七点。

① 牢记火警电话 119。

② 报警时要讲清着火单位、所在区（县）、街道、胡同、门牌或乡村地区。

③ 说明什么东西着火、火势怎样。

④ 讲清报警人姓名、电话号码和住址。

⑤ 报警后要安排人到路口等候消防车，指引消防车去火场的道路。

⑥ 遇有火灾，不要围观。

⑦ 不能乱打火警电话。

（2）早期火灾扑救基本程序

① 发现着火不要惊慌，立即呼叫和通知消防控制室值班人员。

② 距离着火处就近的人员应当会使用灭火器等器材进行扑救，在短时间内形成第一灭火力量。

③ 消防控制值班人员和其他人员应当立即通知相关负责人和消防管理人，并拨打“119”报警。

④ 起疏散引导作用的人员应当立即采取呼喊、提示、指引的方式引导建筑内人员选择安全、就近的安全出口逃生。

⑤ 相关负责人、消防管理人应当立即赶到现场组织火灾扑救，在几分钟内组织平时训练有素的消防人员及义务消防员进行自救，形成第二灭火力量。

如果在短时间内扑灭不了火灾，那么扑救人员应及时撤离到安全地方，等待和配合专职消防人员进场灭火。

2.2.2　火灾逃生自救与互救的方法

① 结绳自救。一旦安全出口被火封住，建筑内人员可将窗帘、被罩撕成粗条，结成长绳，一端紧固在暖气管道或其他足以负载体重的物体上，另一端沿窗口下垂至地面或较低楼层的窗口、阳台处，顺绳下滑逃生。注意应将绳索结扎牢固，以防负重后松脱或断裂。

② 巧用地形。由于建筑样式各异，相应形成了不同的构成特点，有些特点有的是可以

用来逃生的。人们平时应注意观察居所及常去地的建筑构成特点，提前想好几条不同方向的逃生路线。建筑上附设的落水管、毗邻的阳台、邻近的楼顶，都可能会成为人们死里逃生的一线生机。

③ 匍匐前进法。由于火灾发生时烟气大多聚集在上部空间，因此，在逃生过程中，应尽量将身体贴近地面匍匐或弯腰爬行撤离。

④ 毛巾扣鼻法。火灾烟气具有温度高、毒性大的特点，一旦吸入后很容易引起呼吸系统烫伤或中毒，因此疏散中应用湿毛巾扣住口鼻，以起到降温及过滤的作用，防止烟雾中毒，预防窒息。

⑤ 棉被护身法。用浸泡过水的棉被或毛毯、棉大衣盖在身上，确定逃生路线后用最快的速度通过火场到达安全区域，但千万不可用塑料、化纤作保护物。

⑥ 毛毯隔火法。将毛毯等织物钉或夹在门上，并不断往上浇水冷却，防止外部火焰及烟气侵入，从而达到抑制火势蔓延速度、延长逃生时间的目的。

⑦ 跳楼求生法。火场上一般不轻易跳楼。在万不得已的情况下，住在低楼层的居民可采取跳楼的方法进行逃生。但首先要根据周围地形选择高度差较小的地面作为落地点，然后将席梦思床垫、沙发垫、厚棉被等抛下作缓冲物，并使身体重心尽量放低，做好准备以后再跳。

⑧ 火场求救法。发生火灾时，可在窗口、阳台或屋顶处向外大声呼叫、敲击金属物品或投掷软物品，白天应挥动鲜艳布条发出求救信号，晚上可挥动手电筒或白布引起救援人员的注意。

⑨ 逆风疏散法。应根据火灾发生时的风向来确定疏散方向，迅速逃到火场上风处躲避火焰和烟气。同时也可获得更多的逃生时间。

⑩ 互助法。互相帮助，共同逃生，对老、弱、病、残、孕妇、儿童及不熟悉环境的人要引导疏散，帮助逃生。

2.2.3　火场逃生注意事项

火场逃生要迅速，动作越快越好，切记不要因为穿衣服或寻找贵重物品而延误时间，要有时间就是生命、逃生第一的意识。

① 逃生时要注意随手关闭通道上的门窗，以阻止和延缓烟雾向逃离的通道流窜。通过浓烟区时，要尽可能以最低姿势或匍匐姿势快速前进，并用湿毛巾捂住口鼻。不要向狭窄的角落退避，如墙角、桌子底下、大衣柜里等。

② 如果身上衣服着火，应迅速将衣服脱下，如果来不及脱掉可就地翻滚，将火压灭，不要身穿着火衣服跑动，如附近有水池、河塘等，可迅速跳入水中。如人体已被烧伤，应注意不要跳入污水中，以防感染。

③ 火场中不要轻易乘坐普通电梯。这个道理很简单。其一，发生火灾后，往往容易断电而造成电梯“卡壳”，给救援工作增加难度；其二，电梯口直通大楼各层，火场上烟气涌入电梯井极易形成“烟囱效应”，人在电梯里随时会被浓烟毒气熏呛而窒息。火灾刚刚发生的时候，应迅速向消防部门报警，同时积极参加初起火灾的扑救。

④ 开房间门时。先用手背接触房间门，看是否发热。如果门已经热了，则不能打开，否则烟和火会冲进房间；如果门不热，火势可能不大，离开房间以后，一定要随手关门。

⑤ 走向下的楼梯。一般建筑物都会有两条以上的逃生楼梯，高层着火时，要尽量往下面跑。即使楼梯被火焰封住，也要用湿棉被等物作掩护迅速冲出去。当然，不一定高层一起

火就往下跑，如果上层的人都往下跑，反而会给救援增加困难，这时正确的做法是，视具体情况，可以更上一层楼。

⑥ 尽量暴露。暂时无法逃避时，不要藏到顶楼或者壁橱等地方。应该尽量待在阳台、窗口等易被人发现的地方。

⑦ 扑灭火苗。身上一旦着火，而手边又没有水或灭火器时，千万不要跑或用手拍打，必须立即设法脱掉衣服，或者就地打滚，压灭火苗。

⑧ 沿墙躲避。消防人员进入室内时，都是沿墙壁摸索进行的，所以当被烟气窒息失去自救能力时，应努力滚向墙边或者门口。

⑨ 打报警电话。发生火灾后，要立即拨打火警电话“119”。报警时，不要紧张，简要说清发生火灾地点，如哪个区、哪条路、哪个住宅区、第几栋楼，几层楼，烧什么东西，有条件的应到路口引导消防车进来，争取时间让消防队员及时赶到现场灭火、救人。

习　题

1. 火灾分类及依据是什么？
2. 六类火灾与重特大火灾分类的区别和联系是什么？
3. 火灾下的人员自救和互救有哪些？

第3章 耐火等级与耐火设计

3.1 建筑物分类与耐火等级

常见的建筑分类方式有两种，一种是按照建筑的使用功能，可以分为工业建筑、民用建筑和农业建筑，其中，民用建筑又包括了居住建筑和公共建筑两大类；另外一种是按照建筑层数进行划分，可分为单层建筑、多层建筑以及高层建筑。本章主要讨论工业建筑和民用建筑。

每类建筑物受多种因素影响其耐火等级是不一样的，因此在对某一具体建筑物进行防火设计时，需要确定其相应的耐火等级。大多数建筑物的耐火等级可由通过现行建筑设计防火规范中查得，需要注意的是一些特殊建筑需要采用专门的防火规范，比如《高层民用建筑设计防火规范（2005版）》（GB 50045—1995）、《人民防空工程设计防火规范》（GB 50098—2009）、《石油化工企业设计防火规范》（GB 50160—2008）等。耐火等级的合理确定对建筑物防火设计具有非常重要的意义，等级设置过高会造成不必要的浪费，过低则不能保证建筑的防火安全。

3.1.1 厂房和仓库的耐火等级

除厂房、仓库的耐火等级、层数和每个防火分区的最大允许建筑面积另有规定者外，其余均应符合《建筑设计防火规范》（GB 50016—2014）中的相应规定，见表3-1、表3-2。

表3-1 厂房的耐火等级、层数和防火分区的最大允许建筑面积

生产类别	厂房的耐火等级	最多允许层数	每个防火分区的最大允许建筑面积/m²			
			单层厂房	多层厂房	高层厂房	地下、半地下厂房，厂房的地下室、半地下室
甲	一级	除生产必须采用多层者外，宜采用单层	4000	3000	—	—
	二级		3000	2000	—	—
乙	一级	不限	5000	4000	2000	—
	二级	6	4000	3000	1500	—
丙	一级	不限	不限	6000	3000	500
	二级	不限	8000	4000	2000	500
	三级	2	3000	2000	—	—
丁	一、二级	不限	不限	不限	4000	1000
	三级	3	4000	2000	—	—
	四级	1	1000	—	—	—

续表

生产类别	厂房的耐火等级	最多允许层数	每个防火分区的最大允许建筑面积/m²			
			单层厂房	多层厂房	高层厂房	地下、半地下厂房，厂房的地下室、半地下室
戊	一、二级	不限	不限	不限	6000	1000
	三级	3	5000	3000	—	—
	四级	1	1500	—	—	—

注：1. 防火分区之间应采用防火墙分隔。除甲类厂房外的一、二级耐火等级厂房，当其防火分区的建筑面积大于本表规定，且设置防火墙确有困难时，可采用防火卷帘或防火分隔水幕分隔。采用防火卷帘时应符合本规范第 6.5.3 条的规定；采用防火分隔水幕时，应符合现行国家标准《自动喷水灭火系统设计规范》(GB 50084—2001) 的有关规定。

2. 除麻纺厂房外，一级耐火等级的多层纺织厂房和二级耐火等级的单层或多层纺织厂房，其每个防火分区的最大允许建筑面积可按本表的规定增加 50%，但厂房内的原棉开包、清花车间与厂房内其他部位均应采用耐火极限不低于 2.50h 的防火隔墙分隔，需要开设门、窗、洞口时，应设置甲级防火门、窗。

3. 一、二级耐火等级的单层或多层造纸生产联合厂房，其每个防火分区的最大允许建筑面积可按本表的规定增加 1.5 倍。一、二级耐火等级的湿式造纸联合厂房，当纸机烘缸罩内设置自动灭火系统，完成工段设置有效灭火设施保护时，其每个防火分区的最大允许建筑面积可按工艺要求确定。

4. 一、二级耐火等级的谷物筒仓工作塔，当每层工作人数不超过 2 人时，其层数不限。

5. 一、二级耐火等级卷烟生产联合厂房内的原料、备料及成组配方、制丝、储丝和卷接包、辅料周转、成品暂存、二氧化碳膨胀烟丝等生产用房应划分独立的防火分隔单元，当工艺条件许可时，应采用防火墙进行分隔。其中制丝、储丝和卷接包车间可划分为一个防火分区，且每个防火分区的最大允许建筑面积可按工艺要求确定。但制丝、储丝及卷接包车间之间应采用耐火极限不低于 2.00h 的墙体和 1.00h 的楼板进行分隔。厂房内各水平和竖向分隔间的开口应采取防止火灾蔓延的措施。

6. 厂房内的操作平台、检修平台，当使用人员少于 10 人时，该平台的面积可不计入所在防火分区的建筑面积内。

7. 本表中"—"表示不允许。

表 3-2　仓库的耐火等级、层数和面积

储存物品类别		仓库的耐火等级	最多允许层数	每座仓库的最大允许占地面积和每个防火分区的最大允许建筑面积/m²						
				单层仓库		多层仓库		高层仓库		地下、半地下仓库或仓库的地下室、半地下室
				每座仓库	防火分区	每座仓库	防火分区	每座仓库	防火分区	防火分区
甲	3、4项	一级	1	180	60	—	—	—	—	—
	1、2、5、6项	一、二级	1	750	250	—	—	—	—	—
乙	1、3、4项	一、二级	3	2000	500	900	300	—	—	—
		三级	1	500	250	—	—	—	—	—
	2、5、6项	一、二级	5	2800	700	1500	500	—	—	—
		三级	1	900	300	—	—	—	—	—
丙	1项	一、二级	5	4000	1000	2800	700	—	—	150
		三级	1	1200	400	—	—	—	—	—
	2项	一、二级	不限	6000	1500	4800	1200	4000	1000	300
		三级	3	2100	700	1200	400	—	—	—
丁		一、二级	不限	不限	3000	不限	1500	4800	1200	500
		三级	3	3000	1000	1500	500	—	—	—
		四级	1	2100	700	—	—	—	—	—
戊		一、二级	不限	不限	不限	不限	2000	6000	1500	1000
		三级	3	3000	1000	2100	700	—	—	—
		四级	1	2100	700	—	—	—	—	—

注：1. 仓库中的防火分区之间必须采用防火墙分隔，甲、乙类仓库内防火分区之间的防火墙不应开设门、窗、洞口；地下或半地下仓库（包括地下或半地下室）的最大允许占地面积，不应大于相应类别地上仓库的最大允许占地面积。

2. 石油库内桶装油品仓库应按现行国家标准《石油库设计规范》(GB 50074—2002) 的有关规定执行。

3. 一、二级耐火等级的煤均化库，每个防火分区的最大允许建筑面积不应大于 12000m²。

4. 独立建造的硝酸铵仓库、电石仓库、聚乙烯等高分子制品仓库、尿素仓库、配煤仓库、造纸厂的独立成品仓库等，当建筑的耐火等级不低于二级时，每座仓库的最大允许占地面积和每个防火分区的最大允许建筑面积可按本表的规定增加 1.0 倍。

5. 一、二级耐火等级粮食平房仓的最大允许占地面积不应大于 12000m²，每个防火分区的最大允许建筑面积不应大于 3000m²；三级耐火等级粮食平房仓的最大允许占地面积不应大于 3000m²，每个防火分区的最大允许建筑面积不应大于 1000m²。

6. 一、二耐火等级且占地面积不大于 2000m² 单层棉花库房，其防火分区的最大允许建筑面积不应大于 2000m²。

7. 一、二级耐火等级冷库的最大允许占地面积和防火分区的最大允许建筑面积，应按现行国家标准《冷库设计规范》(GB 50072—2010) 的有关规定执行。

8. 本表中"—"表示不允许。

3.1.2 民用建筑分类和耐火等级

对民用建筑进行分类，需要考虑其使用性质、火灾危险性等多种影响因素，可分为单层、多层及高层建筑。其中高层建筑分类有具体规定，见表3-3。民用建筑的耐火等级共分为四级，其中一级建筑耐火程度要求最高，四级最低，表3-4为《建筑设计防火规范》(GB 50016—2014)中对民用建筑耐火等级的相应规定。

表3-3 民用建筑分类

名称	高层建筑		单、多层民用建筑
	一类	二类	
住宅建筑	建筑高度大于54m的住宅建筑(包括设置商业服务网点的住宅建筑)	建筑高度大于27m,但不大于54m的住宅建筑(包括设置商业服务网点的住宅建筑)	建筑高度不大于27m的住宅建筑(包括设置商业服务网点的住宅建筑)
公共建筑	1. 建筑高度大于50m的公共建筑。 2. 任一楼层建筑面积大于1000m^2的商店、展览、电信、邮政、财贸金融建筑和其他多种功能组合的建筑。 3. 医疗建筑、重要公共建筑。 4. 省级及以上的广播电视和防灾指挥调度建筑、网局级和省级电力调度。 5. 藏书超过100万册的图书馆、书库	除一类高层公共建筑外的其他高层民用建筑	1. 建筑高度大于24m的单层公共建筑。 2. 建筑高度不大于24m的其他民用建筑

表3-4 不同耐火等级建筑的允许建筑高度或层数、防火分区最大允许建筑面积

名称	耐火等级	允许建筑高度或层数	防火分区最大允许面积/m^2	备注
高层民用建筑	一、二级	按规范GB 50016—2014第5.1.1条确定	1500	对于体育馆、剧场的观众厅，防火分区的最大允许面积可适当增加
单、多层民用建筑	一、二级	按规范GB 50016—2014第5.1.1确定	2500	
	三级	5层	1200	—
	四级	2层	600	—
地下或半地下建筑(室)	一级	—	500	设备用房的防火分区最大允许建筑面积不应大于1000m^2

注：1. 表中规定的防火分区最大允许建筑面积，当建筑内设置自动灭火系统时。可按本表的规定增加1.0倍；局部设置时，防火分区的增加面积可按局部面积的1.0倍计算。

2. 裙房与高层建筑主体之间设置防火墙时，裙房的防火分区可按单、多层建筑的要求确定。

3.2 建筑构件的耐火性能

与其他建筑材料相比，钢材与混凝土在梁、柱、楼板、屋顶、楼梯等建筑构件中使用更为频繁和广泛，它们的燃烧性能在很大程度上将直接影响结构的防火安全性能。钢材与混凝土在燃烧性能上均属于非燃烧体，即受火或高温作用时不起火、不燃烧、不炭化。然而两者的燃烧过程、机理又有所区别，相比之下，混凝土的抗火性能优于钢材。鉴于钢材不耐火这一缺陷，目前出现了耐热钢、耐火钢等新型结构用钢，它们在高温性能方面均有一定程度的提高，下面将主要介绍钢-混凝土构件的耐火性能及设计。

3.2.1 耐火极限

建筑构件受火作用一段时间后就会失去稳定性、完整性或隔热性，这段时间就是指耐火极限，用小时（h）表示。耐火等级不同的建筑，其构件要求的耐火极限也不同。单、多层建筑和高层建筑中的各类钢构件、组合构件等的耐火极限不应低于《建筑钢结构防火技术规范》（CECS 200—2006）中的相关规定，见表 3-5。

表 3-5 单、多层和高层建筑构件的耐火极限

<table>
<tr><td rowspan="2">耐火等级
耐火极限/h
构件名称</td><td colspan="6">单、多层建筑</td><td colspan="2">高层建筑</td></tr>
<tr><td>一级</td><td>二级</td><td colspan="2">三级</td><td colspan="2">四级</td><td>一级</td><td>二级</td></tr>
<tr><td>承重墙</td><td>3.00</td><td>2.50</td><td colspan="2">2.00</td><td colspan="2">0.50</td><td>2.00</td><td>2.00</td></tr>
<tr><td>柱、柱间支撑</td><td>3.00</td><td>2.50</td><td colspan="2">2.00</td><td colspan="2">0.50</td><td>3.00</td><td>2.50</td></tr>
<tr><td>梁、桁架</td><td>2.00</td><td>1.50</td><td colspan="2">1.00</td><td colspan="2">0.50</td><td>2.00</td><td>1.50</td></tr>
<tr><td rowspan="2">楼板、楼面支撑</td><td rowspan="2">1.50</td><td rowspan="2">1.00</td><td>厂、库房</td><td>民用</td><td>厂、库房</td><td>民用</td><td rowspan="6">1.50</td><td rowspan="6">1.00</td></tr>
<tr><td>0.75</td><td>0.50</td><td>0.50</td><td>不要求</td></tr>
<tr><td rowspan="2">屋顶承重构件、屋面支撑、系杆</td><td rowspan="2">1.50</td><td rowspan="2">0.50</td><td>厂、库房</td><td>民用</td><td colspan="2" rowspan="2">不要求</td></tr>
<tr><td>0.50</td><td>不要求</td></tr>
<tr><td rowspan="2">疏散楼梯</td><td rowspan="2">1.50</td><td rowspan="2">1.00</td><td>厂、库房</td><td>民用</td><td colspan="2" rowspan="2">不要求</td></tr>
<tr><td>0.75</td><td>0.50</td></tr>
</table>

注：对造纸车间、变压器装配车间、大型机械装配车间、卷烟生产车间、印刷车间等及类似的车间，当建筑耐火等级较高时，吊车梁体系的耐火极限不应低于表中梁的耐火极限要求。

3.2.2 构件耐火设计

要保证构件达到要求的耐火极限，就需要采用一些相应的防火保护措施。目前常见的构件防火保护措施有喷涂防火涂料（膨胀型或非膨胀型防火涂料）、外包防火板材（低密度防火板、中密度防火板和高密度防火板）、采用其他防火隔热材料（黏土砖、C20 混凝土或金属网抹 M5 砂浆等）等，其中喷涂钢结构防火涂料是目前应用最广泛的一种防火保护方法。本节主要针对采用喷涂防火涂料进行构件抗火保护设计这一方法进行说明。

目前有关建筑构件的耐火设计方法可分为三类：一是对构件进行耐火试验，得到其达到耐火等级时的相关数据（界面尺寸、保护层厚度等），在此基础上进行修正，利用该数据进行耐火设计；二是通过经验计算公式进行计算得到相关数据进行耐火设计；三是根据目前较新出现的采用一些计算模拟软件来模拟构件的耐火情况，进行相关设计。

3.2.2.1 基于试验的耐火设计

对构件进行一系列标准耐火试验，若耐火时间达到构件对应耐火极限的要求，则此时构件的截面尺寸和防火措施可被用于构件的耐火设计。国家相关规范对耐火试验提出了相应的标准和要求，基于试验的耐火设计方法是一种传统的设计方法，试验费用比较昂贵，因此在耐火设计时可参考已有的构件标准耐火试验结果，尽可能地减少试验次数。表 3-6、表 3-7 分别为钢结构防火涂料和防火板的主要特性。表 3-8～表 3-10 为钢-混凝土构件外包防火材

料时的耐火极限，可供设计时参考。

表 3-6　防火涂料的特性、类型以及适用范围

类　别	特　性	厚度/mm	耐火时限/h	适用范围
超薄型防火涂料	附着力强，干燥快，多种颜色，有装饰效果，一般不需外保护层	3～5	2.0～2.5	钢梁，钢柱
薄型防火涂料	附着力强，多种颜色，一般不需外保护层	2～7	1.5	楼屋盖
厚型防火涂料	喷涂施工，附着力小，需要装饰外保护层	8～50	1.5～3.0	有装饰面层的钢梁，钢柱
室外用防火涂料	喷涂施工，耐候性好	3～10 25～40	0.5～2.0 3.0	室外框(构)架

注：本表来源于《简明钢结构设计与计算》，牟在根编，人民交通出版社，2005。

表 3-7　各种防火板的主要技术性能

名　称	长×宽×厚 /mm³	密度 /(kg/m³)	标准构件试验 耐火极限/h	最高使用 温度/℃	热导率 /[W/(m·℃)]
纸面石膏板	(1800～3600)×1200×(9～12)	800	0.15(9mm) 0.25(12mm)	600	0.194
TK 板	(1200～3000)×(800～1200)×(4～8)	1700	<0.25 (8mm)	600	0.35
FC 板	3000×1200×(4～6)	1800	<0.25(6mm)	600	0.35
纤维增强硅酸钙板	1800×900×(6～10)	1000	0.25(10mm)	600	0.28
无机玻璃钢板	1000×2000×(2～12)	1500～1700	—	600	0.24～0.45
蛭石板(英国 Vicuclad)	1000×610×(20～65)	430	1(20mm) 2(30mm) 3(50mm)	1000	0.113 (250℃时)
超轻硅酸钙板(日本 KB 板)	1000×610×(25～50)	400	2(25mm) 3(35mm)	1000	0.06
超轻硅酸钙板(上海 XT 板)	600×300×(20～60)	400	3(40mm)	1000	0.05

注：本表来源于《高层钢-混凝土组合结构》，钟善桐主编，华南理工大学出版社，2003。

表 3-8　钢构件外包防火材料时的耐火极限

构件类别	序号	防火做法		外包最小厚度/mm					
				耐火极限/h					
				0.5	1.0	1.5	2.0	3.0	4.0
钢梁 (三面受火)	1	外包材料与钢梁没有间隙	含轻集料石膏钢板	13	13	15	20	25	
	2		含轻集料石膏钢板 1. 涂层厚度>9.5mm 2. 涂层厚度>19mm	 10 10	 10 10	 15 15	 20		
	3		石棉绝热板 1. 单层 2. 双层			19	25	38	50
	4	加气混凝土板(ALC 板)			25		50	75	
	5	外包混凝土	1. 普通混凝土不承重 2. 普通混凝土承重	25 50	25 50	25 50	25 50	50 75	75 75
	6		轻混凝土不承重	25	25	25	25	40	60

续表

构件类别	序号	防火做法		外包最小厚度/mm					
				耐火极限/h					
				0.5	1.0	1.5	2.0	3.0	4.0
钢柱（四面受火）	1	外包材料与钢柱没有间隙	含轻集料石膏钢板	13	13	15	20	25	
	2		含轻集料石膏钢板						
			1. 涂层厚度＞9.5mm	10	10	15			
			2. 涂层厚度＞19mm	10	10	13	20		
	3		石棉绝热板						
			1. 单层			19	25		
			2. 双层					38	50
	4		黏土砖、灰砂砖	50	50	50	50	75	100
	5		矿渣、浮石砌块	50	50	50	50	60	75
	6		加气混凝土砌块	60	60	60	60		
	7		轻混凝土砌块	50	50	50	50	60	75
	8		加气混凝土板（ALC板）		25		50	75	
	9	外包混凝土	1. 普通混凝土不承重	25	25	25	25	50	75
			2. 普通混凝土承重	50	50	50	50	75	75
	10		轻混凝土不承重	25	25	25	25	40	60

注：本表来源于《简明钢结构设计与计算》，牟在根编，人民交通出版社，2005。

表 3-9 圆形截面钢管混凝土柱非膨胀型防火涂料保护层厚度

圆形截面直径/mm	耐火极限/h	保护层厚度 d_i/mm			
		$\lambda=20$	$\lambda=40$	$\lambda=60$	$\lambda=80$
200	1.0	6	8	10	13
	1.5	8	11	13	17
	2.0	10	13	17	21
	2.5	12	16	20	25
	3.0	14	18	23	30
300	1.0	6	7	9	12
	1.5	8	10	13	16
	2.0	9	12	16	20
	2.5	11	14	19	24
	3.0	13	17	22	28
400	1.0	5	7	9	12
	1.5	7	9	12	16
	2.0	9	11	15	19
	2.5	10	14	18	23
	3.0	12	16	21	27
500	1.0	5	7	9	11
	1.5	7	9	12	15
	2.0	8	11	14	19
	2.5	10	13	17	23
	3.0	12	15	20	26
600	1.0	5	6	8	11
	1.5	6	8	11	15
	2.0	8	11	14	18
	2.5	9	13	17	22
	3.0	11	15	19	26

续表

圆形截面直径/mm	耐火极限/h	保护层厚度 d_i/mm			
		$\lambda=20$	$\lambda=40$	$\lambda=60$	$\lambda=80$
700	1.0	5	6	8	11
	1.5	6	8	11	15
	2.0	8	10	14	18
	2.5	9	12	16	22
	3.0	11	14	19	25
800	1.0	5	6	8	11
	1.5	6	8	11	14
	2.0	7	10	13	18
	2.5	9	12	16	21
	3.0	10	14	19	25
900	1.0	4	6	8	11
	1.5	6	8	10	14
	2.0	7	10	13	18
	2.5	9	12	16	21
	3.0	10	14	18	25
1000	1.0	4	6	8	10
	1.5	6	8	10	14
	2.0	7	9	13	17
	2.5	8	11	16	21
	3.0	10	13	18	24
1100	1.0	4	6	8	10
	1.5	6	7	10	14
	2.0	7	9	13	17
	2.5	8	11	15	20
	3.0	10	13	18	24
1200	1.0	4	6	8	10
	1.5	5	7	10	14
	2.0	7	9	12	17
	2.5	8	11	15	20
	3.0	9	12	17	24

注：1. 本表来源于 CECS 200—2006《建筑钢结构防火技术规范》。

2. $\lambda=4L/D$，其中 L 为柱的计算长度；D 为柱截面直径。

表 3-10　矩形截面钢管混凝土柱非膨胀型防火涂料保护层厚度

矩形截面短边尺寸/mm	耐火极限/h	保护层厚度 d_i/mm			
		$\lambda=20$	$\lambda=40$	$\lambda=60$	$\lambda=80$
200	1.0	9	8	9	10
	1.5	13	12	12	14
	2.0	16	15	16	19
	2.5	20	19	20	23
	3.0	24	24	24	27
300	1.0	7	7	7	8
	1.5	11	10	10	12
	2.0	14	13	13	16
	2.5	17	16	16	19
	3.0	20	19	20	23

续表

矩形截面短边尺寸/mm	耐火极限/h	保护层厚度 d_i/mm			
		λ=20	λ=40	λ=60	λ=80
400	1.0	7	6	6	7
	1.5	9	9	9	11
	2.0	12	11	12	14
	2.5	15	14	15	17
	3.0	18	16	17	20
500	1.0	6	6	6	7
	1.5	9	8	8	10
	2.0	11	10	11	13
	2.5	14	13	13	16
	3.0	16	15	16	18
600	1.0	6	5	5	6
	1.5	8	7	8	9
	2.0	10	9	10	12
	2.5	13	12	12	14
	3.0	15	14	16	17
700	1.0	5	5	5	6
	1.5	7	7	7	8
	2.0	10	9	9	11
	2.5	12	11	11	13
	3.0	14	13	13	16
800	1.0	5	5	5	6
	1.5	7	6	7	8
	2.0	9	8	9	10
	2.5	11	10	11	13
	3.0	13	12	13	15
900	1.0	5	4	5	5
	1.5	7	6	6	8
	2.0	9	8	8	10
	2.5	10	10	10	12
	3.0	12	11	12	14
1000	1.0	4	4	4	5
	1.5	6	6	6	7
	2.0	8	8	8	9
	2.5	10	9	10	12
	3.0	12	11	11	14
1100	1.0	4	4	4	5
	1.5	6	6	6	7
	2.0	8	7	8	9
	2.5	10	9	9	11
	3.0	11	10	11	13
1200	1.0	4	4	4	5
	1.5	6	5	6	7
	2.0	8	7	7	9
	2.5	9	9	9	11
	3.0	11	10	11	13

注：1. 本表来源于 CECS 200—2006《建筑钢结构防火技术规范》。

2. $\lambda=2\sqrt{3}L/D$ 或 $2\sqrt{3}L/B$，其中 L 为柱的计算长度；D 和 B 分别为柱截面长边和短边尺寸。

3.2.2.2　基于计算的耐火设计

钢-混凝土构件包括钢构件、钢管混凝土柱、钢骨钢筋混凝土构件、钢梁-混凝土板组合梁等，下面对前两类构件的耐火设计方法进行简要介绍。

1）钢结构构件耐火设计，可采用承载力法或临界温度法。

(1) 临界温度法步骤

① 按式(3-1)、式(3-2) 进行作用效应组合。

$$S_m=\gamma_0(S_{Gk}+S_{Tk}+\phi_f S_{Qk}) \tag{3-1}$$

$$S_m=\gamma_0(S_{Gk}+S_{Tk}+\phi_q S_{Qk}+0.4S_{Wk}) \tag{3-2}$$

式中　S_m——作用效应组合的设计值；

S_{Gk}——永久荷载标准值的效应；

S_{Tk}——火灾下结构的标准温度作用效应；

S_{Qk}——楼面或屋面活荷载标准值的效应；

S_{Wk}——风荷载标准值的效应；

ϕ_f——楼面或屋面活荷载的频遇值系数，按现行国家标准《建筑结构荷载规范》(GB 50009—2012) 的规定取值；

ϕ_q——楼面或屋面活荷载的准永久值系数，按现行国家标准《建筑结构荷载规范》(GB 50009—2012) 的规定取值；

γ_0——结构抗火重要性系数，对于耐火等级为一级的建筑取 1.15，对于其他建筑取 1.05。

② 根据构件和荷载类型，按《建筑钢结构防火技术规范》(CECS 200—2006) 中第 7.4 和 7.5 节有关条文，计算构件的临界温度 T_d。

③ 当保护材料为膨胀型时，保护层厚度可按试验方法确定。当保护材料为非膨胀型时，可按下述方法计算所需防火被覆厚度。

a. 由构件的临界温度 T_d、耐火极限（标准升温时间 t 或等效曝火时间 t_e）按《建筑钢结构防火技术规范》(CECS 200—2006) 中附录 G 查表确定构件单位长度综合传热系数 B。

b. 由下式计算保护层厚度：

$$d_i=\frac{-1+\sqrt{1+4k\left(\frac{F_i}{V}\right)^2\frac{\lambda_i}{B}}}{2k\frac{F_i}{V}} \tag{3-3}$$

$$k=\frac{c_i\rho_i}{2c_s\rho_s} \tag{3-4}$$

式中　V——构件单位长度的体积，m^3/m；

F_i——构件单位长度防火保护材料的内表面积，m^2/m；

λ_i——保护材料 500℃时的热传递系数或等效热传递系数，W/(m³·℃)；

c_i——保护材料的比热容，J/(kg·K)；

ρ_i——保护材料密度，kg/m^3；

c_s——钢材的比热容；

ρ_s——钢材的密度。

c. 当 $k\leqslant 0.01$ 或不便确定时，可偏于安全地按下式计算保护层厚度：

$$d_i=\frac{\lambda_i}{B}\cdot\frac{F_i}{V} \tag{3-5}$$

d. 当防火保护材料的平衡含水率 P 较大（延迟时间大于 5min），可先按式（3-3）计算初定厚度 d_i'，再按下式估计延迟时间：

$$t_v=\frac{P\rho_i\ (d_i')^2}{5\lambda_i} \tag{3-6}$$

以（$t-t_v$）代替 t 重新按《建筑钢结构防火技术规范》（CECS 200—2006）中附录G查表确定构件单位长度综合传热系数 B 值，t 为火灾升温时间（s），当为非标准火灾升温时，用等效曝火时间 t_e 代替。再根据式(3-3）求得最终厚度。

（2）承载力法步骤

① 设定防火被覆厚度。

② 计算构件在要求的耐火极限下的内部温度。

③ 确定高温下钢材的参数，并计算构件在外荷载和温度作用下的内力。

④ 进行结构分析（含温度效应分析）和荷载作用效应组合。

⑤ 根据构件和所受荷载的类型，进行构件抗火承载力极限状态验算。

⑥ 当设定的防火被覆厚度不合适时（过小或过大），可调整防火被覆厚度，重复上述①～⑤步骤。

2）钢管混凝土柱耐火设计。钢管混凝土柱的防火措施主要包括两类：一是在钢管外表面喷涂防火涂料；二是在钢管外表面包覆保护层（钢丝网水泥石灰砂浆或混凝土）。这里主要介绍厚涂型防火涂料保护层厚度的计算公式。

（1）《钢结构及钢-混凝土组合结构抗火设计》中的计算公式

对于圆钢管混凝土：

$$a=(19.2t+9.6)\cdot c^{-(0.28-0.0019\lambda)} \tag{3-7}$$

对于方、矩形钢管混凝土：

$$a=(149.6t+22)\cdot c^{-(0.42+0.0017\lambda-2\times10^{-5}\lambda^2)} \tag{3-8}$$

（2）《高层钢-混凝土组合结构》中的计算公式

$$d=300\lambda \mathrm{e}^{-(0.0068-\frac{0.013}{33}t)(t-15)} \tag{3-9}$$

式中 a，d——防火涂料保护层厚度，mm；

c——钢管截面周长，mm；

e——自然对数函数的底数；

λ——涂料的热导率，W/(m·℃)；

t——裸钢管混凝土柱的耐火时间，min，由式(3-10）或式(3-11）算得。

对于轴压柱：

$$t=\left(\frac{1.388}{\xi}+1.542\right)\left(0.6-\frac{\bar{\lambda}}{200}\right)(0.3D+0.171) \tag{3-10}$$

式中 ξ——标准箍系数，$\xi=\alpha f_y/f_{ck}$；

$\bar{\lambda}$——构件的长细比，在 20～50 范围内取值，大于 50 时取 50，小于 20 时取 20；

D——钢管直径，m；

α——含钢率；

f_y——钢材的屈服强度，MPa；

f_{ck}——混凝土的标准抗压强度，MPa。

对于偏心受压柱：

$$t=\left(\frac{1.388}{\xi}+1.542\right)\left(0.6-\frac{\bar{\lambda}}{200}\right)(0.3D+0.171)\qquad (e_0/r_0\leqslant 0.6) \tag{3-11a}$$

$$t=\left(\frac{1.388}{\xi}+1.542\right)\left(0.6-\frac{\bar{\lambda}}{200}\right)(0.3D+0.171)(0.73e^{-0.4e_0/r_0}+0.402) \qquad (e_0/r_0>0.6) \tag{3-11b}$$

式中　e_0——荷载偏心距；

r_0——钢管外半径，$r_0=D/2$。

3.2.2.3　基于数值模拟的耐火设计

基于数值模拟的耐火设计方法是利用有限元软件对构件进行数值模拟抗火分析，与前两种方法相比可以减少费用成本和时间成本，可较为准确和快速地得到保护层厚度等参数。

目前已经有不少学者采用计算机模拟的方法对构件进行耐火保护的研究，比如杨宁宁、刘栋栋等人用有限元模型分析了防火涂料钢构件内的温度场分布，并将结果与利用传热学原理建立的传热方程的差分结果进行了对比，验证了有限元方法分析防火涂料构件温度的可行性。闫石等人利用 ANSYS 有限元软件对 H 型钢梁进行了耐火分析，得到钢梁达到耐火时间需要的涂料厚度。褚航、冯颖慧进行了外包保护层厚度对火灾下钢骨混凝土柱温度场分布影响的有限元模拟分析。杨华、吕学涛等人同样运用有限元软件 ANSYS 分析了保护层种类及厚度等参数对矩形钢管混凝土截面温度场的影响。这些研究结果可为钢-混凝土构件的耐火设计研究提供参考。

这里以钢构件喷涂防火涂料为例说明该方法的步骤。

① 确定材料的各项参数指标，比如密度、热导率、比热容、弹性模量等。

② 建立有防火涂料保护的钢构件几何模型，防火涂层厚度参考相关规范设定一个初步值。

③ 施加约束与荷载（力、温度），进行热力耦合分析，其中温度荷载根据不同的火灾场景进行选取，一般包括标准温升、自然温升等温度模型。

④ 根据《建筑钢结构防火技术规范》（CECS 200—2006）中达到抗火承载力极限状态的条件，对模拟结果进行分析，判断构件是否达到抗火承载力极限状态。如果还没达到或已远超过极限状态，则需要对防火保护层进行调整，并重复上述步骤。

3.3　建筑结构耐火设计

结构整体的耐火极限在我国目前的《建筑防火设计规范》（GB 50016—2014）等相关规范中并未明确给出，从安全角度考虑，建筑结构的耐火极限可取所有构件中耐火极限的最高值。对结构的耐火设计保护主要通过对构件的防火处理来实现，即当建筑的耐火等级确定后，结构构件应达到相应的耐火极限。

火灾作用下，结构构件受高温影响，材料的物理力学性能、强度、弹性模量等都将显著下降，结构的承载力也会随之下降，当结构产生足够的塑性铰形成可变机构或整体丧失稳定时，可判断结构处于承载力极限状态。

3.3.1　结构耐火设计要求

在进行钢结构或钢-混凝土结构耐火设计时，只要满足下列要求之一即可。

① 在规定的结构耐火极限时间内，结构或构件的承载力 R_d 不应小于各种作用所产生的组合效应 S_m，即：

$$R_d \geqslant S_m \tag{3-12}$$

② 在各种荷载效应组合下，结构或构件的耐火时间 t_d 不应小于规定的结构或构件的耐火极限 t_m，即：

$$t_d \geqslant t_m \tag{3-13}$$

③ 结构或构件的临界温度 T_d 不应低于在耐火极限时间内结构或构件的最高温度 T_m，即：

$$T_d \geqslant T_m \tag{3-14}$$

3.3.2 结构耐火设计方法

多年来，我国采用的建筑结构耐火设计方法以构件的耐火试验数据为基础进行设计，是一种按照处方式防火规范进行设计的方法。该方法大致分为以下三个步骤。

① 根据建筑物的具体情况选择对应的耐火等级，比如用途、重要性、层数、面积、火灾危险性等。

② 由耐火等级确定相应承重构件的耐火极限。

③ 设计承重构件，由标准耐火试验校准构件实际的耐火极限为参照，如不满足，重新设计构件直至满足。

这种规范式的设计方法有其自身的不足，除了耐火试验费用较高以外，该方法设计时不能进一步结合建筑火灾的实际情况，比如建筑物内可燃物分布、通风条件等，因而得到的耐火设计从安全性和经济性的角度来讲不一定是最佳方案。鉴于此，近年来，国内外专家学者对结构耐火设计开展了不少研究工作，耐火设计方法也得到了进一步发展。新出现的性能化防火设计就是紧密结合特定建筑物的火灾特性，通过分析计算来决定建筑构件的耐火需要。这种方法的设计步骤主要如下。

① 通过合理设定与实际火灾相吻合的火灾场景，计算得到起火房间内的温度随时间变化的曲线。

② 在此基础上根据所用建筑材料的热物性参数，计算出相关构件内部的温度分布。

③ 根据这种温度分布，考虑构件材料的力学性能和荷载状况，求得构件的约束力、热应力，并由此确定构件的实际承载能力 R_1。

④ 将 R_1 与耐火设计时所选定的构件应具有的承载能力 R_2 相比较，判断该构件受到火灾作用时能否满足功能上的需要。

目前，在建筑物整体耐火设计的研究中，对钢结构建筑的研究较为成熟，其他结构类型的建筑研究工作开展较少，因此这里主要介绍钢结构的耐火设计过程。

① 设定结构所有构件的初始防火被覆厚度。

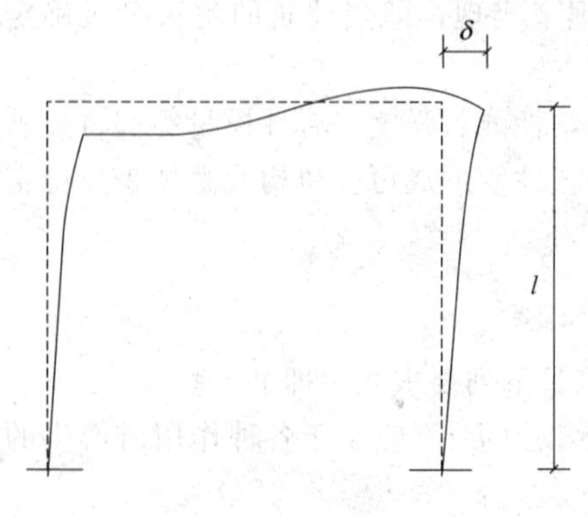

图 3-1　结构整体变形

② 确定火灾场景，分析火场温度和构件内部温度分布。

③ 由式(3-1)、式(3-2) 进行作用效应组合，分析结构整体达到承载力极限状态时，承载力、耐火时间、临界温度三者之一是否满足相应的耐火设计要求。结构是否处于承载力极限状态，可由式(3-15)判断。

$$\frac{\delta}{l} \geqslant \frac{1}{30} \tag{3-15}$$

式中，δ、l 的意义参见图 3-1。

④ 当设定的结构防火被覆厚度不合适时（过小或

过大），调整防火被覆厚度，重复上述分析步骤。

3.4　耐火设计实例分析

3.4.1　某简支钢梁的耐火设计分析

（1）模型介绍　某简支钢梁耐火时间要求 1h，采用 300mm×150mm×6.5mm×9mm 的 Q235HN 型钢，钢材材性参数采用欧洲规范 EUROCODE3 中给出的初始弹性模量和强度在不同温度的折减系数，钢梁跨度为 5.5m，上表面受均布荷载，该值取常温下梁能承受的最大荷载 20.7kN/m；防火涂料采用厚涂型钢结构防火涂料，密度为 400kg/m³，比热容为 1000kJ/(kg·℃)，热导率为 0.11W/(m·℃)，见图 3-2。

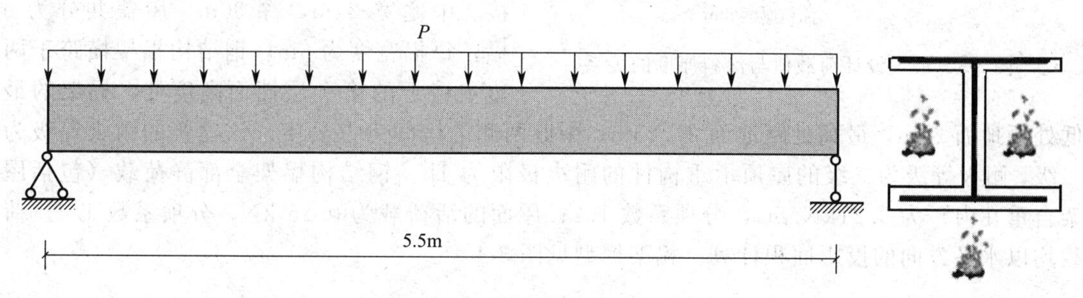

图 3-2　耐火保护钢梁简支示意图

（2）火灾场景　选取三种温升模型进行分析：ISO 834 标准火模型、自然火灾温升较快的 BFD 曲线以及自然火灾温升较慢的 BFD 曲线。

标准　$$T=20+345\log_{10}(8t+1) \tag{3-16}$$

快速　$$T=20+1046e^{-(\ln t-\ln 25)^2/2.4} \tag{3-17}$$

慢速　$$T=20+1046\ e^{-(\ln t-\ln 48)^2/2.4} \tag{3-18}$$

（3）耐火极限状态　根据 Robertson-Ryan 准则，当钢梁的最大挠度超过 $l^2/800h$ 时即认为达到其耐火极限状态，该简支梁经计算得到最大挠度为 126mm。即火灾高温作用下钢梁在 3600s 时其最大挠度才达到 126mm，此时处于耐火极限状态。

（4）结果分析　利用 ANSYS 有限元软件，对不同涂料厚度下的钢梁进行模拟分析，得到钢梁在 3600s 处于耐火极限状态时，不同厚度涂料保护下钢梁能承载的最大荷载值，见表 3-11。对该表进行数据整理，得到不同温度模型下最大设计荷载与涂料厚度关系见图 3-3。

表 3-11　火灾高温下耐火保护钢梁的最大设计荷载

温升模型	涂层厚度 8mm	涂层厚度 9mm	涂层厚度 10mm	涂层厚度 11mm	涂层厚度 12mm
	荷载/kN	荷载/kN	荷载/kN	荷载/kN	荷载/kN
标准温升	7.9	8.9	10.4	12.4	14.5
慢速 BFD	6.6	7.4	8.2	9.2	10.9
快速 BFD	6.9	7.6	8.5	9.7	11.5

由表分析可知，火灾环境一定的情况下，涂料越厚，钢梁能承受的最大荷载也越大；而不同火灾环境下，涂料厚度相同，钢梁的最大设计荷载却是不同的。

分析图 3-3 可知，在荷载值一定的情况下，不同火灾温升环境下钢梁采用的涂料厚度值是不一样的，标准火灾场景中需要喷涂涂料的厚度比自然温升火灾环境下的厚度小。

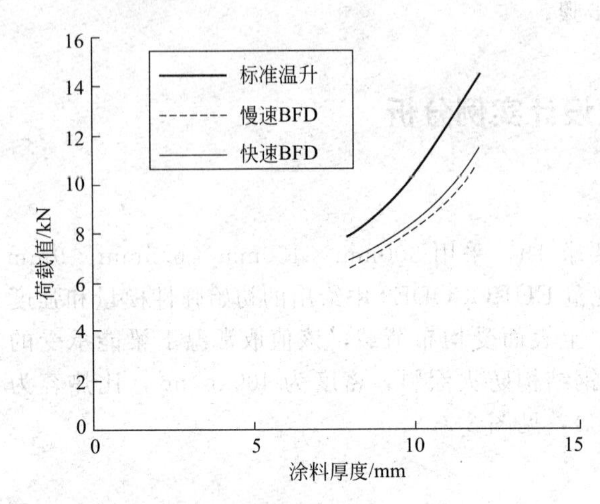

图 3-3 最大设计荷载值与涂料厚度的关系

(5) 结论 通过有限元软件模拟可以得到构件达到耐火时间的涂料保护层厚度，模拟结果反映出，火灾环境采用国际标准化组织给出的 ISO 834 标准升温曲线得到的涂料厚度值偏小，不能达到真实火场环境钢梁的耐火时间要求。

3.4.2 某钢结构屋架的耐火设计分析

(1) 工程概况 该建筑两边一高层综合楼，其结构形式为两边各有一个高 12 层的主楼，其层高为 4m，中间通过一中庭连接。中庭宽 24m，深 30m。屋盖共分为 5 榀，每榀宽度为 6m，钢结构榀架横跨于两边主楼上的第 7 层楼面高度处，榀架的最低处距地面 24m，最高处距地面 27.25m。中庭两侧的房间为办公室。该建筑的耐火等级为二级，耐火等级为二级的屋顶承重构件的耐火极限为 1h。钢结构榀架全部静荷载（包括屋架自重在内）为 3.21kN/m^2，分项系数 1.2；屋面的活荷载为 0.45 kN，分项系数 1.4。荷载均以水平方向的投影面积计算。榀架模型见图 3-4.

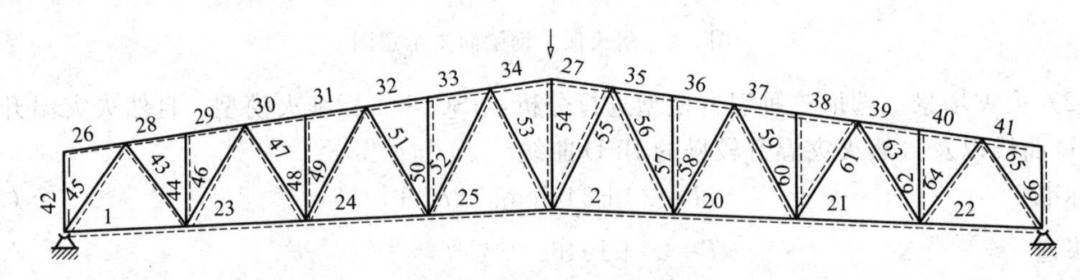

图 3-4 钢结构榀架示意图

(2) 火灾场景设计 与中庭屋面接近的第六层办公室内的火灾会对钢屋架造成很大的威胁，因此火源设置在该办公室的中间位置，火源类型为 t^2 快速火，功率为 8W，火灾持续时间 1h 以上。运用火灾动力学模拟软件 FDS 模拟该火灾场景，见图 3-5。由图分析可知钢屋架中处于高温区的构件为 38、39、40、41、63、62、64、65、66、22，其余构件受火灾产生的温度场的影响较小。因此在耐火设计时仅需考虑对高温区构件的防火涂料保护。

(3) 温度分析 对无保护层、保护层厚度为 8mm 及 10mm 三种情况下钢屋架的温升进行分析计算，分别采用无保护时、厚涂型防火涂料的钢构件温升公式，结果见表 3-12。分析可知在进行涂料保护后构件温升有所降低，保护层越厚，温度越低。

表 3-12 三种情况下钢构件所达到的最高温度

构　件	无保护	保护层厚度为 8mm	保护层厚度为 10mm
38、39、40、41	439	356	319
63	439	401	373
62	439	412	388
64	439	377	343
65	439	380	374
66	439	416	393
22	439	380	346

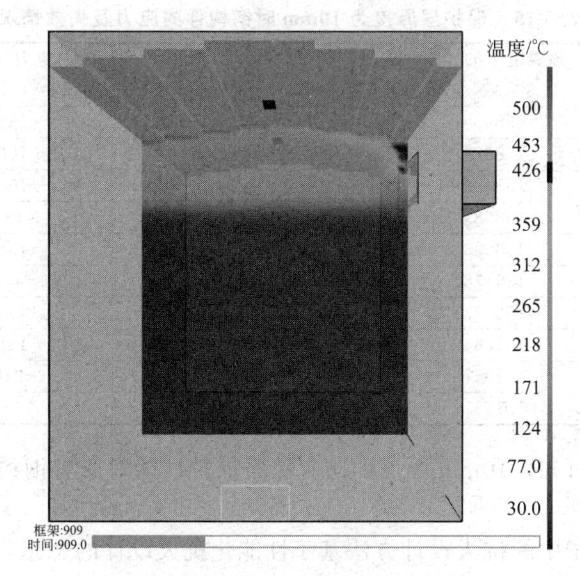

图 3-5　火灾场景设置

（4）结构分析　应用结构分析与设计软件 Ruckzuck 得到构件正应力，当应力超过一定温度对应下的钢材的屈服强度时，认为钢构件失效。三种情况下的结果见表 3-13～表 3-15。

表 3-13　无保护时钢构件的应力及失效情况

构件	温度/℃	该温度下的屈服强度/(kN/m²)	构件截面积 A/cm²	轴力 N/kN	轴向应力/(kN/m²) $\sigma=1.1N/A$	失效情况
38	439	123082	44	−612	−153000	×失效
39	439	123082	44	−400	−100000	√未失效
40	439	123082	44	−400	−100000	√
41	439	123082	44	−0.43	−108	√
63	439	123082	20.9	−252	−132632	×
62	439	123082	9.5	−40	−46316	√
64	439	123082	21.2	288	149434	×
65	439	123082	31.5	−405	−141429	×
66	439	123082	12	−22	−20167	√
22	439	123082	35.5	228	70648	√

表 3-14　保护层厚度为 8mm 时钢构件的应力及失效情况

构件	温度/℃	该温度下的屈服强度/(kN/m²)	构件截面积 A/cm²	轴力 N/kN	轴向应力/(kN/m²) $\sigma=1.1N/A$	失效情况
38	356	148791	44	−612	−153000	×失效
39	356	148791	44	−400	−100000	√未失效
40	356	148791	44	−400	−100000	√
41	356	148791	44	−0.78	−195	√
63	401	135485	20.9	−250	−131579	√
62	412	132008	9.5	−41	−47474	√
64	377	142761	21.2	289	149953	×
65	380	141874	31.5	−405	−141429	√
66	416	130722	12	−23	−21083	√
22	380	141874	35.5	228	70648	√

表 3-15　保护层厚度为 10mm 时钢构件的应力及失效情况

构件	温度 /℃	该温度下的屈服强度/(kN/m²)	构件截面积 A /cm²	轴力 N /kN	轴向应力/(kN/m²) $\sigma=1.1N/A$	失效情况
38	319	158689	44	−612	−153000	√未失效
39	319	158689	44	−400	−100000	√
40	319	158689	44	400	−100000	√
41	319	158689	44	−0.77	−193	√
63	373	143933	20.9	−250	−131579	√
62	388	139478	9.5	−41	−47474	√
64	343	152373	21.2	288	149434	√
65	347	151283	31.5	−405	−141429	√
66	393	137957	12	−23	−21083	√
22	346	151557	35.5	228	70648	√

由以上结果分析可知，10mm 厚度的防火涂料保护层能对所有钢构件进行有效保护，可保证耐火极限的实现。

（5）结论　该例子中的抗火设计方法基于性能化抗火设计的思想，最后得到的耐火设计方案既保证了钢屋架的耐火时间，又避免了材料的浪费。

习　题

1. 什么是耐火时间与耐火等级？
2. 耐火时间及耐火等级要求是什么，与建筑构件的耐火性能、耐火设计之间关系如何？

第4章 人员安全疏散

4.1 安全疏散设施布置

建筑物内设计完善的安全疏散设施，可以为火灾时的安全疏散创造良好的条件。好的安全疏散通道设计可以起到三方面的作用，一是避免或者减少人员的伤亡；二是火灾损失可以降低；三是消防人员可以及时扑灭早期火灾。

安全疏散设施主要包括安全出口、疏散楼梯、走道和门等，而疏散阳台、缓降器、救生袋等则属于辅助安全疏散设施；在超高层建筑内还有避难层（间）和屋顶直升机停机坪等。安全疏散设计是建筑防火设计的重要内容之一。根据建筑物的规模、使用性质、重要性、耐火等级、生产和储存物品的火灾危险性、容纳人数以及火灾时人的心理状态等情况来合理设置安全疏散设施，同时要做好安全疏散设施的布置。

4.1.1 火灾条件下人的心理与行为

为了确保疏散安全可靠，必须充分考虑火灾时人的异常心理状态下的行动特点，并在此基础上做出相应的安全疏散路线设计。发生火灾，疏散人员的心理状态与行动特点主要有以下七点。

① 向经常使用的出入口、楼梯避险。

② 习惯于向明亮的方向避难。

③ 以开阔空间为行动目标。

④ 对烟火怀有恐惧心理。

⑤ 有时会因危险迫近而陷入极度慌乱中，可能会逃向狭小角落。

⑥ 越慌乱越容易随从他人，具有从众心理。

⑦ 紧急情况下能发挥出想象不到的力量。

4.1.2 安全疏散线路及设施的布置原则

依据火灾时疏散人员的心理状态与行动特点，在进行安全疏散设计时应遵照以下原则。

① 安全疏散路线要简捷明了。考虑到安全疏散时人们由于紧张一时缺乏思考安全疏散方法的能力和时间紧迫，所以安全疏散路线要简捷，易于辨认，并需设置安全疏散指示标志，要求简明易懂和醒目。

② 安全疏散路线要做到步步安全。安全疏散路线一般可分为四个步骤：第一步是从着火房间到房间门；第二步是公共走道中的安全疏散；第三步是在楼梯间内的安全疏散；第四

步为出楼梯间到室外等安全区域的疏散。这四个步骤必须做到步步走向安全，并保证不出现人员“逆流”。疏散路线的尽头端必须是安全区域。

③ 安全疏散路线设计要符合人们的习惯。人们在紧急情况下，习惯走平常熟悉的路线，这一点在布置安全疏散楼梯的位置时可以体现，疏散楼梯应靠近经常使用的电梯间。如图4-1所示，即是安全疏散楼梯靠近电梯布置的示意图。同时，要求安全疏散路线要有明显的安全疏散指示标志的引导。

④ 为了避免灭火时相互干扰，应尽量不使安全疏散路线和灭火扑救路线相交叉。疏散楼梯不宜与消防电梯共用一个前室，因为两者共用前室时，会造成疏散人员和扑救人员相撞，妨碍安全疏散和消防扑救。

⑤ 安全疏散过道不要布置成“S”形或“U”形，也不要有宽度变化的过道，过道上方不能有妨碍安全疏散的凸出物，脚下不能有突然改变地面标高的踏步。

⑥ 在建筑物内任何部位最好同时有两个或两个以上的疏散方向可供安全疏散。袋形过道是应该避免的，它只有一个疏散方向，火灾时一旦出口被烟火堵住，在过道内的人员就很难脱险。

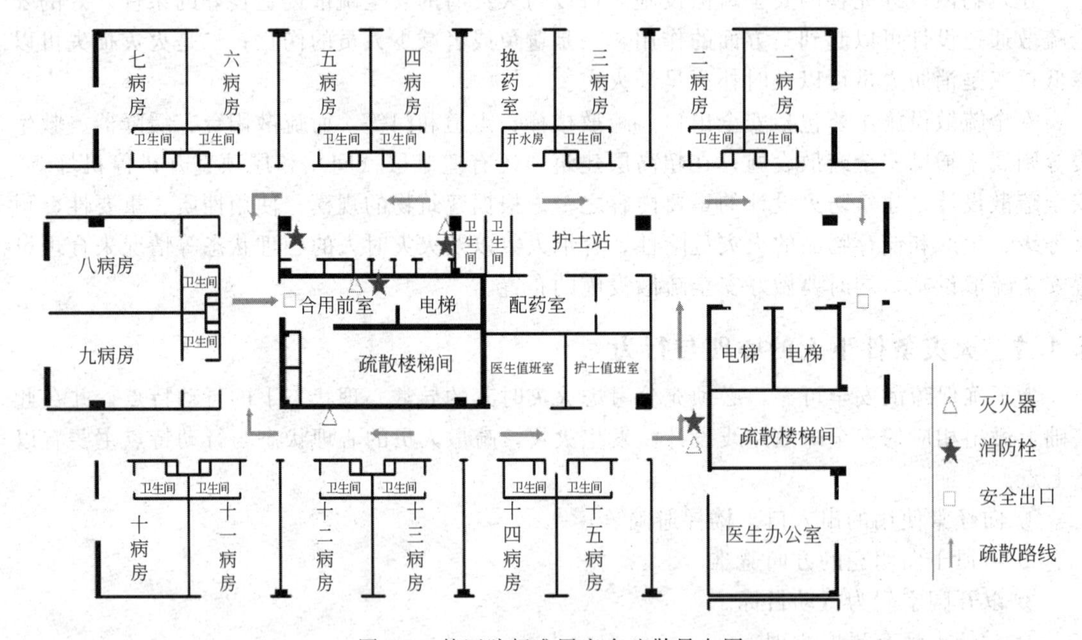

图4-1 某医院标准层安全疏散导向图

⑦ 合理设置各种安全疏散设施，做好其构造等设计。如疏散楼梯，要确定好其宽度、数量、布置位置、形式等，其防火分隔、楼梯宽度以及其他构造都要满足相关规范的相关要求，确保其在建筑物发生火灾时充分发挥作用，保证人员疏散安全。

4.2 疏散楼梯和消防电梯

4.2.1 疏散楼梯

安全疏散用的楼梯间应符合下列规定。

① 楼梯间应能天然采光和自然通风，并宜靠外墙设置。靠外墙设置时，楼梯间、前室及合用前室外墙上的窗口与两侧门、窗、洞口最近边缘的水平距离不应小于1.0m。

② 楼梯间内不应设置烧水间、可燃材料储藏室、垃圾道。

③ 楼梯间内不应有影响疏散的凸出物或其他障碍物。

④ 封闭楼梯间、防烟楼梯间及其前室，不应设置卷帘。

⑤ 楼梯间内不应该设置甲、乙、丙类液体管道。

⑥ 封闭楼梯间、防烟楼梯间及其前室内禁止穿过或设置可燃气体管道。敞开楼梯间内不应设置可燃气体管道，当住宅建筑的敞开楼梯间内确需设置可燃气体管道和可燃气体计量表时，应采用金属管和设置切断气源的阀门。

4.2.1.1　疏散楼梯的分类

疏散楼梯是供人员在火灾等紧急情况下安全疏散所用的楼梯。其形式按防烟火作用可分为防烟楼梯、封闭楼梯、室外楼梯、敞开楼梯，其中防烟楼梯的防烟火作用、安全疏散程度最好，而敞开楼梯最差。

(1) 防烟楼梯间　防烟楼梯间（smoke-proof staircase）是指在楼梯间入口处采取设置防烟前室等防烟措施，以防止烟和热气进入的楼梯间。防烟楼梯间前室不仅起防烟火作用，还能使不能同时进入楼梯间的人在前室内短暂地停留，以减缓楼梯间的拥挤程度。

平面设计时，应在楼梯间入口之前设有能阻止烟火进入的前室（或阳台、凹廊等）的挡阻烟技术措施，且通向前室和楼梯间的门均应采用乙级防火门。

防烟楼梯间在设置时应符合以下要求。

① 当不能天然采光和自然通风时，楼梯间应设置机械防烟或排烟设施和人工照明设施。

② 在楼梯间入口处应设置防烟前室、开敞式阳台或凹廊等。防烟前室可与消防电梯间前室合用。

③ 前室面积：公共建筑不应小于 $6.0m^2$，居住建筑不应小于 $4.5m^2$。合用前室的使用面积：公共建筑、高层厂房以及高层仓库不应小于 $10.0m^2$，居住建筑不应小于 $6.0m^2$。

④ 疏散走道通向前室、开敞式阳台、凹廊以及前室通向楼梯间的门应采用乙级防火门。

⑤ 除楼梯间门和前室门外，防烟楼梯间及其前室的内墙上不应开设其他门、窗、洞口（住宅建筑的楼梯间前室除外）。

⑥ 楼梯间的首层可将走道和门厅等包括在楼梯间前室内，形成扩大的防烟前室，但应采用乙级防火门等措施与其他走道和房间隔开。

前室如靠外墙设置，一般要尽可能利用自然排烟方式，也可利用阳台或凹廊进行自然排烟等。

受平面布置的限制，前室不能靠外墙设置时，必须在前室和楼梯间采用机械加压送风设施，以保障防烟楼梯间的安全。关于防排烟在后续章节有具体说明。

防烟楼梯间有如下类型。

① 带开敞前室的疏散楼梯间。这种楼梯间的特点是以阳台或凹廊作为前室，疏散人员须通过开敞的前室和两道防火门，才能进入封闭的楼梯间内。其优点是自然风能将随人流进入阳台的烟气迅速排走，同时转折的路线也使烟气很难进入楼梯间内，无须再设其他的排烟装置。因此，这是安全性最高和最为经济的一种类型。但是，只有当楼梯间靠外墙时才能采用，故有一定的局限性。

a. 以阳台作开敞前室（见图 4-2、图 4-3）。尽管疏散人员须通过阳台绕行才能进入楼梯间，但自然风可将进入阳台的烟气吹走，不受风向影响，所以防排烟的效果好。图 4-3 为与消防电梯间结合布置的用阳台作开敞前室，这对安全疏散和消防扑救都比较有利。

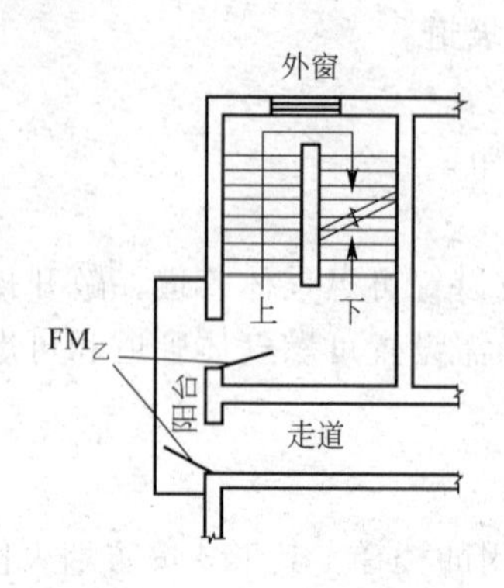

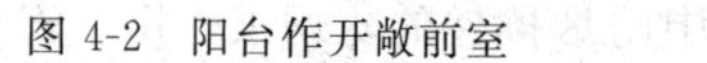
图 4-2　阳台作开敞前室

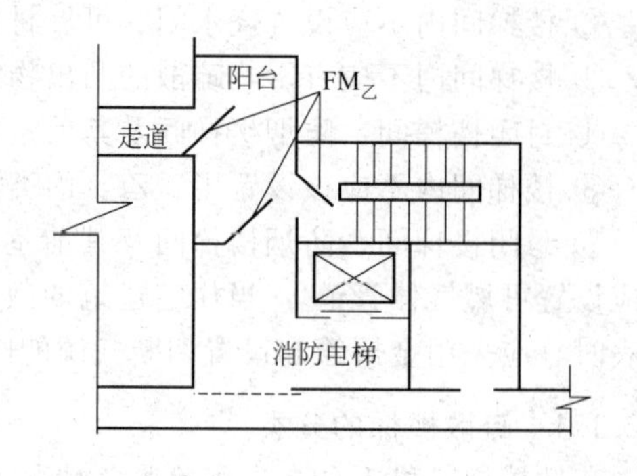

图 4-3　与消防电梯间结合布置的用阳台作开敞前室

b. 以凹廊作为开敞前室（见图 4-4、图 4-5、图 4-6）。以凹廊作为开敞前室的布置除自然排烟效果都较好外，在平面的设计上也各有特点。可以将疏散楼梯和电梯厅结合布置，使经常用的流线和火灾时的疏散路线结合起来，如图 4-5 所示。也可以将疏散楼梯配合消防电梯，在两者之间有一定的分隔措施，对安全疏散十分有利，如图 4-6 所示。

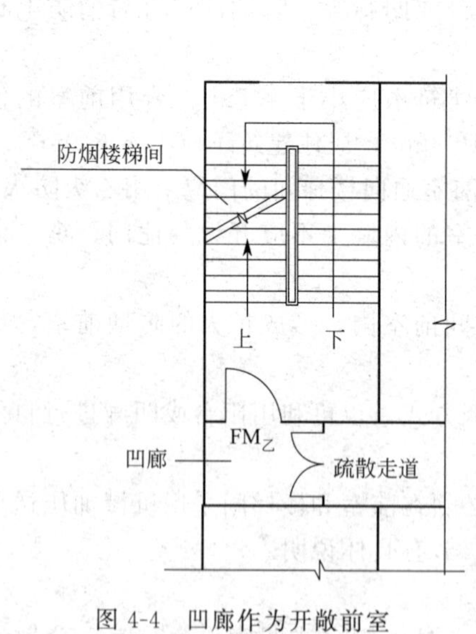

图 4-4　凹廊作为开敞前室

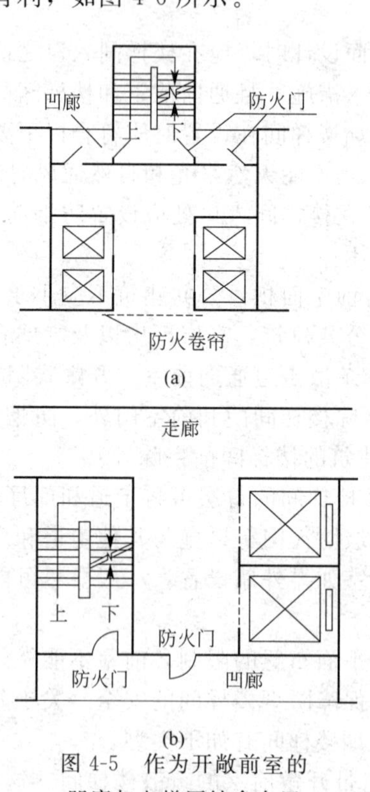

图 4-5　作为开敞前室的凹廊与电梯厅结合布置

② 带封闭前室的疏散楼梯间。其特点是人员须通过封闭的前室和两道乙级防火门（$\mathrm{FM}_{\text{乙}}$），才能到达楼梯间内。其主要优点是平面布置十分灵活，既可靠外墙设置，亦可放在建筑物内部。主要缺点是排烟比较困难；位于内部的前室和楼梯间须设排烟装置，以此来排除侵入的烟气，不但设备复杂和经济性差，而且效果不易完全保证。当靠外墙时虽可利用窗口自然排烟，但受室外风向的影响较大，可靠性仍较差。如果其布置在建筑内，则无法利用窗口自然采光。

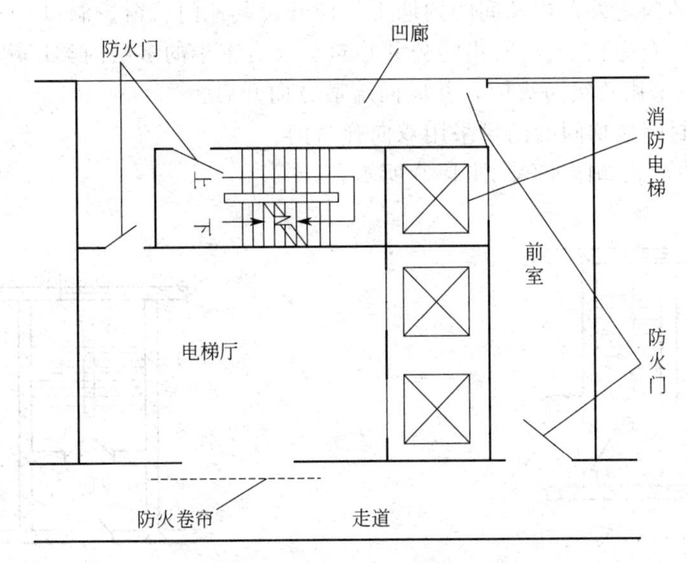

图 4-6　作为开敞前室的凹廊与消防电梯配合布置

带封闭前室的疏散楼梯间对筒体结构的建筑特别适合。筒体结构常将电梯、楼梯、服务设施及管道系统布置在中央部分，周围则是大面积的主要用房，即属于核心式安全疏散布置方式。这种楼梯间的一般形式见图 4-7，它们均可布置在建筑物内部；如靠外墙时应有向外开启的窗户（图 4-8）。

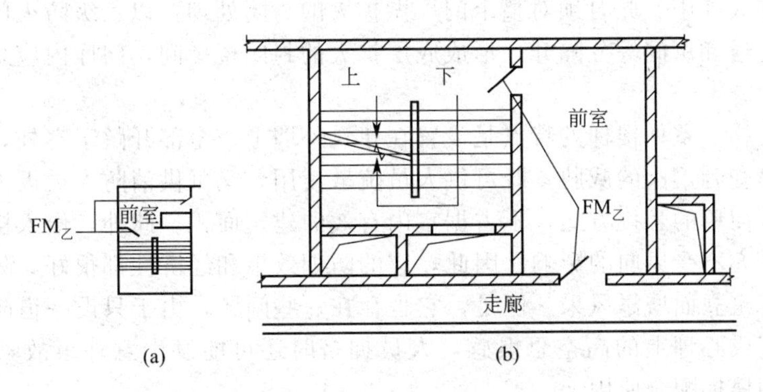

图 4-7　带封闭前室的疏散楼梯间

(2) 封闭楼梯间　封闭楼梯间（enclosed staircase）是指在楼梯间入口处设有防火分隔设施，以防止烟和热气进入的楼梯间。

封闭楼梯间设有能阻挡烟气的双向弹簧门（对单、多层建筑）或乙级防火门（对高层建筑）。封闭楼梯间的设置应符合下列规定。

① 当不能天然采光和自然通风时，应按防烟楼梯间的要求设置。

② 楼梯间的首层可将走道和门厅等包括在楼梯间内，形成扩大的封闭楼梯间，但应采用乙级防火门等措施与其他走道和房间隔开。

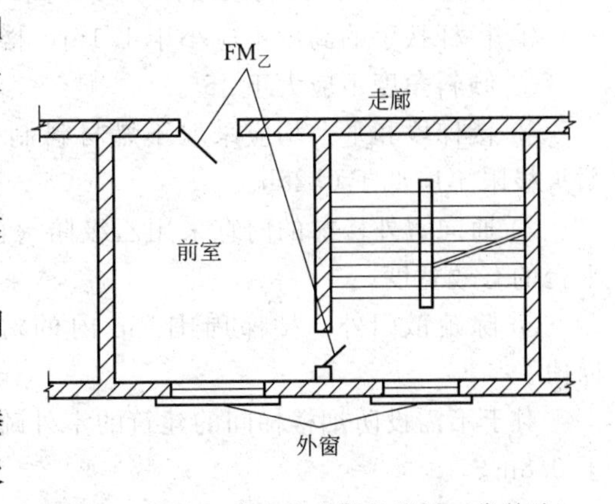

图 4-8　带封闭前室的疏散楼梯间（靠外墙）

③ 除楼梯间的门之外，楼梯间的内墙上不应开设其他门、窗、洞口。

④ 高层厂房（仓库）、人员密集的公共建筑、人员密集的多层丙类厂房设置封闭楼梯间时，楼梯间的门应采用乙级防火门，并应向疏散方向开启。

⑤ 其他建筑封闭楼梯间的门可采用双向弹簧门。

封闭楼梯间的形式如图 4-9、图 4-10 所示。

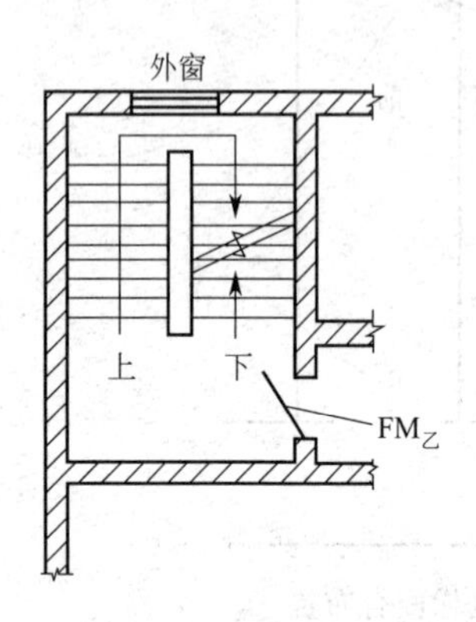

图 4-9　封闭楼梯间

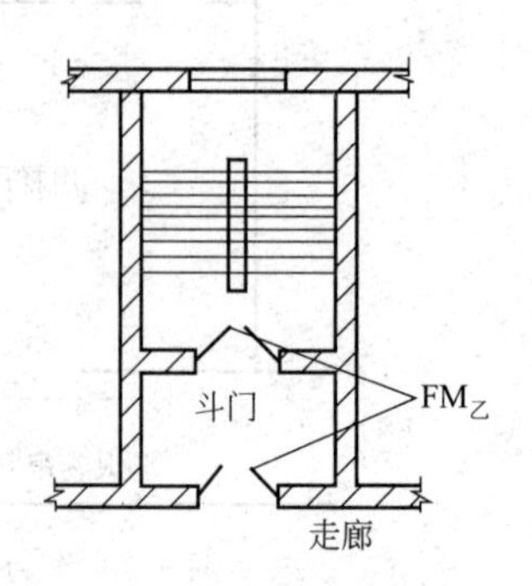

图 4-10　带斗门的封闭楼梯间

如有条件还可把楼梯间适当加长，设置两道防火门而形成门斗（因其面积很小，与前室有所区别），这样处理之后可以提高它的防护能力，并给疏散以回旋的余地，见图 4-10。

在建筑设计时，为了丰富门厅的空间艺术处理，并使交通流线清晰流畅，常把首层的封闭楼梯间敞开在大厅中。此时须对整个门厅做扩大的封闭处理，以乙级防火门或防火卷帘等将门厅与其他走道和房间等分隔开，形成底层扩大的封闭楼梯间，门厅内应采用不燃材料内装修。

（3）室外楼梯　室外楼梯的特点是设置在建筑外墙上、全部开敞于室外，且常布置在建筑端部。它不易受到烟火的威胁，既可供人员疏散使用，又可供消防人员灭火扑救使用。在结构上，它采取简单的悬挑方式，不占据室内有效的建筑面积。此外，侵入楼梯处的烟气能迅速被风吹走，亦不受风向的影响。因此，它的防烟效果和经济性都很好，只要造型处理得当，其还可为建筑立面增添风采。但是，它也存在一些问题，由于只设一道防火门而防护能力较差，且易造成心理上的高空恐惧感，人员拥挤时还可能发生意外事故，所以安全性不好，宜与前两种楼梯配合使用。

利用室外楼梯作为疏散楼梯，可替代封闭楼梯间或防烟楼梯间，应符合下列要求。

① 栏杆扶手的高度不应小于 1.1m，楼梯的净宽度不应小于 0.9m。

② 倾斜角度不应大于 45°。

③ 楼梯段和平台均应采取不燃材料制作。平台的耐火极限不应低于 1.00h，楼梯段的耐火极限不应低于 0.25h。

④ 通向室外楼梯的门宜采用乙级防火门，并应向室外开启；门开启时，不得减少楼梯平台的有效宽度。

⑤ 除疏散门外，楼梯周围 2m 内的墙面上不应设置门窗洞口。疏散门不应正对楼梯段。

对于不需设防烟楼梯间的建筑的室外疏散楼梯，其倾斜角度可不大于 60°，净宽可不小于 0.8m。

室外疏散楼梯的平面布置如图 4-11 所示。

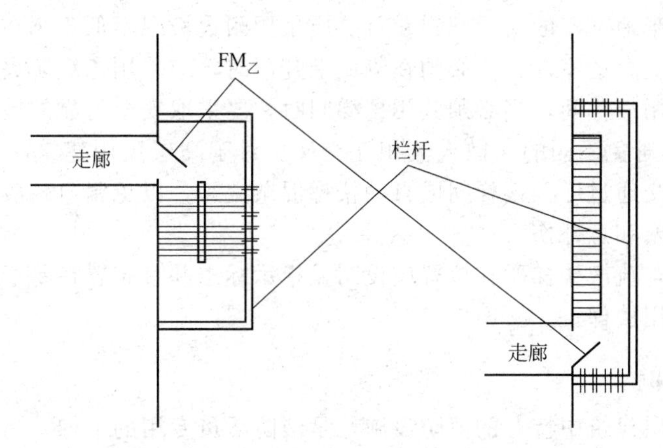

图 4-11　室外疏散楼梯的平面布置

（4）敞开楼梯　敞开楼梯即普通室内楼梯，通常是在平面上三面有墙、一面无墙无门的楼梯间，隔烟阻火作用最差，在建筑中作疏散楼梯要限制其使用。

在下列情况下可设置敞开楼梯间。

① 丁、戊类高层厂房，当每层工作平台人数不超过 2 人且各层工作平台上同时生产人数总和不超过 10 人时，可采用敞开楼梯。

② 五层及五层以下公共建筑（医院、疗养院除外），六层及六层以下的组合式单元住宅。

③ 用于七层至九层的单元式住宅，楼梯应通至屋顶，房门采用乙级防火门时可不通至屋顶。

④ 在高层建筑中，只能用于十至十一层的单元式住宅，但要求开向楼梯间的户门采用乙级防火门，且楼梯间应靠外墙，并应直接天然采光和自然通风。

其用于单元式住宅的平面布置如图 4-12 所示。

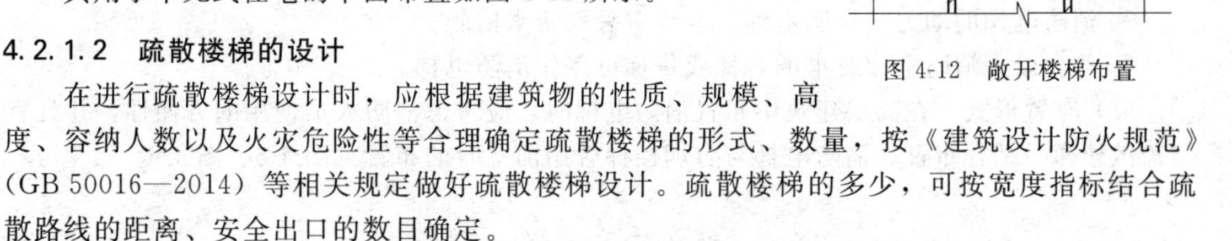

图 4-12　敞开楼梯布置

4.2.1.2　疏散楼梯的设计

在进行疏散楼梯设计时，应根据建筑物的性质、规模、高度、容纳人数以及火灾危险性等合理确定疏散楼梯的形式、数量，按《建筑设计防火规范》（GB 50016—2014）等相关规定做好疏散楼梯设计。疏散楼梯的多少，可按宽度指标结合疏散路线的距离、安全出口的数目确定。

为了保证疏散的安全性，在楼梯间的平面布置上宜满足以下要求。

① 疏散楼梯宜靠近标准层（或防火分区）的两端设置。这种布置便于进行双向疏散，疏散的安全可靠性得以提高。

② 疏散楼梯宜靠近电梯间设置。这一点是遵循人们的行为习惯。如果电梯厅为开敞式时，两者之间宜有一定的分隔，以免电梯井道烟火蔓延而切断通向楼梯的道路。

③ 疏散楼梯宜靠近外墙设置。这种布置有利于采用安全性高、经济性好，带阳台、凹廊等开敞前室的疏散楼梯间形式。同时，也便于自然采光、通风和进行火灾扑救。

同时，为了保证疏散的安全性，在楼梯间的竖向布置上宜满足以下要求。

① 疏散楼梯应保持上、下畅通。高层民用建筑的疏散楼梯应通向屋顶，以便当向下疏散的通道发生堵塞或被烟气切断时，人员可上到屋顶暂时避难，等待消防人员利用登高车或直升机进行救援。除通向避难层错位的疏散楼梯外，建筑中的疏散楼梯间在各层的平面位置

不应改变。地下、半地下室的楼梯间，在首层应采用耐火极限不低于 2.00h 的不燃烧体隔墙与其他部位隔开并应直通室外，当必须在隔墙上开门时，应采用乙级防火门。地下、半地下室与地上层不应共用楼梯间，当必须共用楼梯间时，要采取安全可靠的措施以保证畅通。

② 疏散楼梯应避免不同的疏散人流相互交叉。对于高层民用建筑，其高层部分的疏散楼梯不应与裙房的交通过厅、楼梯间或自动扶梯混杂交叉，以免紧急疏散时两部分人流发生冲撞拥挤，造成堵塞和意外伤亡。

值得注意的是，疏散楼梯所在位置应设明显指示标志并宜布置在易于寻找的位置，普通楼梯不能作为疏散用楼梯。

4.2.2 消防电梯

消防电梯是高层建筑中特有的消防设施，是消防队员专用的电梯。高层建筑一旦发生火灾，消防人员利用它可以迅速到达高层相应的起火部位，去扑救火灾和救援被困人员。

（1）设置要求　消防电梯的设置应符合下列要求。

① 消防电梯间应设置前室。前室的使用面积应符合规定，前室的门应采用乙级防火门；但设置在仓库连廊、冷库穿堂或谷物筒仓工作塔内的消防电梯，可不设置前室。

② 前室宜靠外墙设置，在首层应设置直通室外的安全出口或经过长度不大于 30m 的通道通向室外。

③ 消防电梯井、机房与相邻电梯井、机房之间，应采用耐火极限不低于 2.00h 的不燃烧体隔墙隔开；当在隔墙上开门时，应设置甲级防火门。

④ 在首层的消防电梯井外壁上应设置供消防队员专用的操作按钮。消防电梯轿厢的内装修应采用不燃烧材料且其内部应设置专用消防对讲电话。

⑤ 消防电梯的井底应设置排水设施，排水井的容量不应小于 $2m^3$，排水泵的排水量不应小于 10L/s。消防电梯间前室门口宜设置挡水设施。

⑥ 消防电梯的载重量不应小于 800kg。

⑦ 消防电梯从首层到顶层的运行时间不宜超过 60s。

⑧ 消防电梯的动力与控制电缆、电线应采取防水措施。

⑨ 符合以上消防电梯要求的客梯或货梯可兼作消防电梯。

（2）布置形式　在高层建筑中布置消防电梯时，应考虑消防人员使用的方便性，并且宜与疏散楼梯间结合布置。消防电梯与防烟楼梯合用前室时的布置见图 4-3、图 4-6。

4.3 厂房和仓库的安全疏散

4.3.1 安全出口及数量

安全出口（safety exit）是指供人员安全疏散用的楼梯间、室外楼梯的出入口或直通室内外安全区域的出口。为了在发生火灾时，能够迅速、安全地疏散人员和搬出贵重物资，减少火灾损失，在设计时必须设计足够数量的安全出口。安全出口应分散布置，且易于寻找，并应设明显标志。每个防火分区、一个防火分区的每个楼层，其相邻 2 个安全出口的最近边缘之间的水平距离不应小于 5m。

对厂房、库房安全出口的数量规定如下。

（1）厂房的每个防火分区、一个防火分区内的每个楼层，其安全出口的数量应经计算确定，且不应少于 2 个；当符合下列条件时，可设置 1 个安全出口。

① 甲类厂房，每层建筑面积不大于$100m^2$，且同一时间的生产人数不超过5人。

② 乙类厂房，每层建筑面积不大于$150m^2$，且同一时间的生产人数不超过10人。

③ 丙类厂房，每层建筑面积不大于$250m^2$，且同一时间的生产人数不超过20人。

④ 丁、戊类厂房，每层建筑面积不大于$400m^2$，且同一时间的生产人数不超过30人。

⑤ 地下、半地下厂房或厂房的地下室、半地下室，其建筑面积不大于$50m^2$，经常停留人数不超过15人。

(2) 地下、半地下厂房（仓库）或厂房（仓库）的地下室、半地下室，当有多个防火分区相邻布置，并采用防火墙分隔时，每个防火分区可利用防火墙上通向相邻防火分区的甲级防火门（$FM_{甲}$）作为第二安全出口，但每个防火分区必须至少有1个直通室外的安全出口，如图4-13所示。

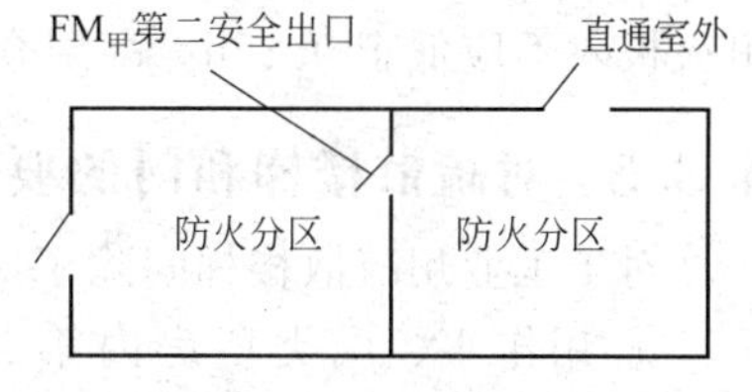

图4-13 地下室安全出口

(3) 每座仓库的安全出口不应少于2个，当一座仓库的占地面积不大于$300m^2$时，可设置1个安全出口。仓库内每个防火分区通向疏散走道、楼梯或室外的出口不宜少于2个，当防火分区的建筑面积不大于$100m^2$时，可设置1个。通向疏散走道或楼梯的门应为乙级防火门。

(4) 地下、半地下仓库或仓库的地下室、半地下室的安全出口不应少于2个；当建筑面积不大于$100m^2$时，可设置1个安全出口。

(5) 粮食筒仓上层面积小于$1000m^2$，且该层作业人数不超过2人时，可设置1个安全出口。

4.3.2 安全疏散距离

厂房的安全疏散距离是指厂房内最远工作地点到外部出口或楼梯的最大允许距离。规定安全疏散距离的目的在于缩短人员疏散的距离，使人员尽快安全地疏散到安全地点。

厂房内最远工作地点到外部出口或楼梯间的距离不应超过表4-1的规定。

表4-1 厂房内任一点到最近安全出口的距离 单位：m

生产类别	耐火等级	单层厂房	多层厂房	高层厂房	地下、半地下厂房或厂房的地下室、半地下室
甲	一、二级	30	25	—	—
乙	一、二级	75	50	30	—
丙	一、二级	80	60	40	30
	三级	60	40	—	—
丁	一、二级	不限	不限	50	45
	三级	60	50	—	—
	四级	50	—	—	—
戊	一、二级	不限	不限	75	60
	三级	100	75	—	—
	四级	60	—	—	—

库房的安全疏散距离可参照厂房的安全疏散距离规定执行。

4.3.3 安全出口、走道、楼梯的宽度

厂房内的疏散楼梯、走道、门的各自总净宽度应根据疏散人数，按表4-2的规定经计算确定。但疏散楼梯的最小净宽度不宜小于1.1m，疏散走道的最小净宽度不宜小于1.4m，门的最小净宽度不宜小于0.9m。当每层人数不相等时，疏散楼梯的总净宽度应分层计算，下

层楼梯总净宽度应按该层或该层以上人数最多的一层计算。首层外门的总净宽度应按该层或该层以上人数最多的一层计算，且该门的最小净宽度不应小于1.2m。

表4-2 厂房疏散楼梯、走道和门的净宽度指标 单位：m/百人

厂房层数	一、二层	三层	≥四层
宽度指标	0.6	0.8	1.0

4.3.4 疏散楼梯设置

高层厂房和甲、乙、丙类多层厂房应设置封闭楼梯间或室外楼梯。建筑高度大于32m且任一层人数超过10人的高层厂房，应设置防烟楼梯间或室外楼梯。

仓库、筒仓的室外金属梯，当符合相关规定时可作为疏散楼梯，但筒仓室外楼梯平台的耐火极限不应低于0.25h。高层仓库应设置封闭楼梯间。

4.3.5 对疏散楼梯和门的要求

对于工业用疏散楼梯间除了应符合前述相关要求外，其他的要求如下。

① 用作丁、戊类厂房内第二安全出口的楼梯可采用金属梯，但其净宽度不应小于0.9m，倾斜角度不应大于45°。

② 丁、戊类高层厂房，当每层工作平台人数不超过2人且各层工作平台上同时生产人数总和不超过10人时，可采用敞开楼梯，或采用净宽度不小于0.9m、倾斜角度不大于60°的金属梯兼作疏散梯。

③ 疏散用楼梯和疏散通道上的阶梯不宜采用螺旋楼梯和扇形踏步。当必须采用时，踏步上下两级所形成的平面角度不应大于10°，且每级离扶手250mm处的踏步深度不应小于220mm。

④ 高度大于10m的三级耐火等级建筑应设置通至屋顶的室外消防梯。室外消防梯不应面对老虎窗，宽度不应小于0.6m，且宜从离地面3.0m高处设置。

建筑中的封闭楼梯间、防烟楼梯间、消防电梯间前室及合用前室，不应设置卷帘门。疏散走道在防火分区处应设置甲级常开防火门。

建筑中的疏散用门应符合下列规定。

① 民用建筑和厂房的疏散用门应向疏散方向开启。除甲、乙类生产车间外，人数不超过60人且每樘门的平均疏散人数不超过30人的房间，其门的开启方向不限。

② 民用建筑及厂房的疏散用门应采用平开门，不应采用推拉门、卷帘门、吊门、转门和折叠门。

③ 仓库的疏散用门应为向疏散方向开启的平开门，但丙、丁、戊类仓库首层靠墙的外侧可采用推拉门或卷帘门。

④ 疏散楼梯的门或开向疏散楼梯间的门开启时，不应减小楼梯梯段平台的有效宽度。

⑤ 人员密集的场所中平时需要控制人员随意出入的疏散用门，或设置有门禁系统的居住建筑外门，应保证火灾时不需使用钥匙等任何工具即能从内部易于打开，并应在显著位置设置标识和使用提示。

4.3.6 消防电梯

对于工业用消防电梯除了应符合前述相关要求外，其他的要求如下。

① 建筑高度大于32m且设置电梯的高层厂房或高层仓库，每个防火分区内宜设置1台消防电梯。

② 符合前述消防电梯要求的客梯或货梯可兼作消防电梯。

符合下列条件的建筑可不设置消防电梯。

① 建筑高度大于32m且设置电梯，任一层工作平台人数不超过2人的高层塔架。

② 局部建筑高度大于32m，且升起部分的每层建筑面积不大于50m^{2}的丁、戊类厂房。

4.4 公共建筑安全疏散

民用建筑包括公共建筑和居住建筑。公共建筑应根据建筑的高度、规模、使用功能和耐火等级等因素合理设置安全疏散和避难设施。安全出口、疏散出口的位置、数量、宽度及疏散楼梯的形式应满足人员安全疏散的要求。

4.4.1 安全出口的布置和数量

(1) 安全出口的数量　公共建筑内的每个防火分区或一个防火分区的每个楼层，其安全出口的数量应经计算确定，且不应少于2个。

当符合下列条件之一时，可设一个安全出口或疏散楼梯。

① 除托儿所、幼儿园外，建筑面积不大于200m^{2}且人数不超过50人的单层公共建筑或多层公共建筑的首层。

② 除医院、疗养院、老年人建筑及托儿所、幼儿园的儿童用房和儿童游乐厅等儿童活动场所和歌舞娱乐放映游艺场所等外，符合表4-3规定的2、3层公共建筑。

表4-3　公共建筑可设置一个疏散楼梯的条件

耐火等级	最多层数	每层最大建筑面积/m^2	人　数
一、二级	3层	200	第二层和第三层的人数之和不超过50人
三级	3层	200	第二层和第三层的人数之和不超过25人
四级	2层	200	第二层人数不超过15人

一、二级耐火等级的公共建筑，当设置不少于2部疏散楼梯且顶层局部升高部位的层数不超过2层、人数之和不超过50人、每层建筑面积不大于200m^{2}时，该局部高出部位可设置1部与下部主体建筑楼梯间直接连通的疏散楼梯，但至少应另外设置1个直通主体建筑上人平屋面的安全出口，该上人屋面应符合人员安全疏散的要求。

自动扶梯和电梯不应计作安全疏散设施。

(2) 安全出口的布置　民用建筑内需要设置多个安全出口时，安全出口应分散布置，并应符合双向疏散的要求。建筑中每个防火分区、一个防火分区的每个楼层，其相邻2个安全出口最近边缘之间的水平距离不应小于5m。

公共建筑中的客、货电梯宜设置电梯候梯厅。

一类高层建筑、建筑高度大于32m的二类高层建筑的疏散楼梯应采用防烟楼梯间。裙房和建筑高度不大于32m的二类高层建筑的疏散楼梯应采用封闭楼梯间。

下列多层公共建筑的疏散楼梯除与敞开式外廊直接相连的楼梯间外，均应采用封闭楼梯间。

① 医疗建筑、旅馆、公寓、老年人建筑及类似使用功能的建筑。

② 设置歌舞娱乐放映游艺场所的建筑。

③ 商店、图书馆、展览建筑、会议中心及类似使用功能的建筑。

④ 6层及以上建筑。

⑤ 除了超过 2 层或室内地面与室外出入口地坪高差大于 10m 的地下、半地下建筑（室）的疏散楼梯应采用防烟楼梯间外，其他地下、半地下建筑（室）的疏散楼梯应采用封闭楼梯间。

塔式公共建筑内的两座疏散楼梯独立设置有困难时，可采用剪刀楼梯，并应符合下列规定。

① 楼梯间应为防烟楼梯间。

② 梯段之间应采用耐火极限不低于 1.00h 的实体墙分隔。

③ 楼梯间应分别设置前室。

地下、半地下建筑（室）安全出口的设置应符合下列规定。

① 每个防火分区的安全出口数量应经计算确定，且不应少于 2 个；当防火分区的建筑面积不大于 $50m^2$，且经常停留人数不超过 15 人时，可设置 1 个安全出口。

② 当有两个或两个以上防火分区相邻，且将设置在相邻防火分区之间防火墙上的防火门作为安全出口时，防火分区的安全出口应符合下列规定。

a. 防火分区建筑面积大于 $1000m^2$ 的商业营业厅等场所，直通室外的安全出口或疏散楼梯间或通向避难走道的安全出口数量不应少于 2 个。

b. 当防火分区建筑面积不大于 $1000m^2$ 时，直通室外的安全出口或疏散楼梯间或通向避难走道的安全出口数量不应少于 1 个。

c. 在一个防火分区内，直通室外的安全出口或疏散楼梯或通向避难走道的安全出口的净宽度之和，不应小于相关规范规定的安全出口总净宽度的 70%。

③ 使用人数不超过 30 人且建筑面积不大于 $500m^2$ 的地下、半地下建筑（室），其直通室外的金属竖向梯可作为第二安全出口。

④ 歌舞娱乐放映游艺场所的安全出口不应少于 2 个。

⑤ 地下、半地下室的疏散楼梯间应符合前述规定。

4.4.2 房间疏散门的数量和布置

公共建筑中各房间疏散门的数量应经计算确定，且不应少于 2 个，该房间相邻 2 个疏散门最近边缘之间的水平距离不应小于 5m。当符合下列条件之一时，可设置 1 个。

① 房间位于 2 个安全出口之间或袋形走道两侧，且建筑面积不大于 $120m^2$，疏散门的净宽度不小于 0.9m。

② 除托儿所、幼儿园、老年人建筑、医院、疗养院外，房间位于走道尽端，且由房间内任一点到疏散门的直线距离不大于 15m、房间建筑面积不大于 $200m^2$，其疏散门的净宽度不小于 1.4m。

③ 歌舞、娱乐、放映、游艺场所内建筑面积不大于 $50m^2$ 的房间。

剧院、电影院和礼堂的观众厅，其疏散门的数量应经计算确定，且不应少于 2 个。每个疏散门的平均疏散人数不应超过 250 人；当容纳人数超过 2000 人时，其超过 2000 人的部分，每个疏散门的平均疏散人数不应超过 400 人。

体育馆的观众厅，其疏散门的数量应经计算确定，且不应少于 2 个，每个疏散门的平均疏散人数不宜超过 400～700 人。

地下、半地下建筑（室）房间疏散门的设置应符合：每个房间的疏散门不应少于 2 个；当房间的建筑面积不大于 $50m^2$，且经常停留人数不超过 15 人时，可设置 1 个疏散门；歌舞、娱乐、放映、游艺场所的每个厅室或房间的疏散门不应少于 2 个；当其建筑面积不大于

$50m^2$且经常停留人数不超过 15 人时，可设置 1 个疏散门。

4.4.3　安全疏散距离

民用建筑的安全疏散距离应符合下列规定。

（1）直通疏散走道的房间疏散门至最近安全出口的距离应符合表 4-4 的规定。

表 4-4　直通疏散走道的房间疏散门至最近安全出口的最大距离　　单位：m

名　称			位于两个安全出口之间的疏散门			位于袋形走道两侧或尽端的疏散门		
			一、二级	三级	四级	一、二级	三级	四级
托儿所、幼儿园、老年人建筑			25	20	15	20	15	10
歌舞娱乐放映游艺场所			25	20	15	9	—	—
医疗建筑	单、多层		35	30	25	20	15	10
	高层	病房部分	24	—	—	12	—	—
		其他部分	30	—	—	15	—	—
教学建筑	单、多层		35	30	25	22	20	10
	高层		30	—	—	15	—	—
高层旅馆、公寓、展览建筑			30	—	—	15	—	—
其他建筑	单、多层		40	35	25	22	20	15
	高层		40	—	—	20	—	—

注：1. 建筑内开向敞开式外廊的房间疏散门至最近安全出口的直线距离可按本表的规定增加 5m。

2. 直通疏散走道的房间门至最近敞开式楼梯间的直线距离，当房间位于两个楼梯间之间时，应按本表规定减少 5m；当房间位于袋形走道两侧或尽端时，应按本表的规定减少 2m。

3. 建筑物内全部设置自动喷水灭火系统时，其安全疏散距离可按本表及注 1. 的规定增加 25%。

（2）直通疏散走道的房间疏散门至最近非封闭楼梯间的距离，当房间位于两个楼梯间之间时，应按表 4-4 的规定减少 5m；当房间位于袋形走道两侧或尽端时，应按表 4-4 的规定减少 2m。

（3）楼梯间的首层应设置直通室外的安全出口或在首层采用扩大封闭的楼梯间。当层数不超过 4 层时，可将直通室外的安全出口设置在离楼梯间不大于 15m 处。

（4）房间内任一点到该房间直通疏散走道的疏散门的距离，不应大于表 4-4 中规定的袋形走道两侧或尽端的疏散门至安全出口的最大距离。

一、二级耐火等级建筑，当其疏散距离执行确有困难时，可利用相邻防火分区之间防火墙上设置的耐火极限不低于 3.00h 的防火门作为安全出口，该防火门应向疏散方向开启。

4.4.4　安全疏散通道

安全疏散通道包括安全出口、走道和楼梯。为了避免在疏散时人员的拥挤堵塞，安全通道的宽度设计必须足够。特别是对于剧院、电影院、礼堂、体育馆等人员密集场所，其安全疏散通道的设计更应引起重视。

学校、商店、办公楼、候车（船）室、民航候机厅、展览厅、歌舞娱乐放映游艺场所等民用建筑中的疏散走道、安全出口、疏散楼梯以及房间疏散门的各自总宽度，应按下列规定经计算确定。

（1）每层疏散走道、安全出口、疏散楼梯以及房间疏散门的每 100 人净宽度不应小于表 4-5 的规定；当每层人数不等时，疏散楼梯的总宽度可分层计算，地上建筑中下层楼梯的总宽度应按其上层人数最多的一层计算；地下建筑中上层楼梯的总宽度应按其下层人数最多的一层计算。

表 4-5　疏散走道、安全出口、疏散楼梯和房间疏散门每 100 人的净宽度　　单位：m

建筑层数	耐火等级		
	一、二级	三级	四级
地上一、二层	0.65	0.75	1.00
地上三层	0.75	1.00	—
地上四层及四层以上	1.00	1.25	—
与地面出入口地面的高差不超过 10m 的地下建筑	0.75	—	—
与地面出入口地面的高差超过 10m 的地下建筑	1.00	—	—

（2）当人员密集的厅、室以及歌舞、娱乐、放映、游艺场所设置在地下或半地下时，其疏散走道、安全出口、疏散楼梯以及房间疏散门的各自总宽度，应按其通过人数每 100 人不小于 1.0m 计算确定。

（3）首层外门的总宽度应按该层及该层以上人数最多的一层计算确定，不供楼上人员疏散的外门，可按本层人数计算确定。

（4）录像厅、放映厅的疏散人数，应根据该厅的建筑面积按 1.0 人/m^2 计算确定；其他歌舞、娱乐、放映、游艺场所的疏散人数，应根据该场所内厅室的建筑面积按 0.5 人/m^2 计算确定。

（5）商店的疏散人数应按每层营业厅建筑面积乘以面积折算值和疏散人数换算系数计算。地上商店的面积折算值宜为 50%～70%，地下商店的面积折算值不应小于 70%。商店营业厅内的疏散人数换算系数可按表 4-6 确定。

表 4-6　商店营业厅内的疏散人数换算系数　　单位：人/m^2

楼层位置	地下第二层	地下第一层	地上一、二层	地上三层	地上第四层及以上各层
人员密度	0.56	0.60	0.43～0.60	0.39～0.54	0.30～0.42

一、二级耐火等级建筑，当其疏散宽度执行确有困难时，防火分区内设置的直通室外的疏散楼梯或避难走道的疏散净宽度之和不应小于前述规定的安全出口总净宽度的 70%。

另有规定者外，建筑中的疏散走道、安全出口、疏散楼梯以及房间疏散门的各自总宽度应经计算确定。

安全出口的门、房间疏散门的净宽度不应小于 0.9m，疏散走道和疏散楼梯的最小净宽度不应小于 1.1m。

高层建筑疏散楼梯、首层疏散外门和走道的最小净宽度不应小于表 4-7 的规定。

表 4-7　高层建筑疏散楼梯、首层疏散外门和走道的最小净宽度　　单位：m

高层建筑	疏散楼梯	首层疏散外门	走道	
			单面布房	双面布房
医院	1.30	1.30	1.40	1.50
其他建筑	1.20	1.20	1.30	1.40

人员密集的公共场所、观众厅的疏散门不应设置门槛，其净宽度不应小于 1.4m，且紧靠门口内外各 1.4m 的范围内不应设置踏步。剧院、电影院、礼堂的疏散用门应符合前述的规定。

人员密集的公共场所的室外疏散小巷的净宽度不应小于 3.0m，并应直通宽敞地带。

对于剧院、电影院、礼堂、体育馆等的疏散走道、疏散楼梯、疏散门、安全出口的各自总宽度，应根据其通过人数和疏散净宽度指标经计算确定，并应符合下列规定。

（1）观众厅内疏散走道的净宽度应按每 100 人不小于 0.6m 的净宽度计算，且不应小于

1.0m；边走道的净宽度不宜小于0.8m。

在布置疏散走道时，横走道之间的座位排数不宜超过20排；纵走道之间的座位数，剧院、电影院、礼堂等，每排不宜超过22个，体育馆，每排不宜超过26个；前后排座椅的排距不小于0.9m时，可增加1.0倍，但不得超过50个。仅一侧有纵走道时，座位数应减少一半。

(2) 剧院、电影院、礼堂等场所供观众疏散的所有内门、外门、楼梯和走道的各自总宽度，应按表4-8的规定计算确定。

表4-8 剧院、电影院、礼堂等场所每100人所需最小疏散净宽度 单位：m

观众厅座位数/座			≤2500	≤1200
耐火等级			一、二级	三级
疏散部位	门和走道	平坡地面	0.65	0.85
		阶梯地面	0.75	1.00
	楼梯		0.75	1.00

(3) 体育馆供观众疏散的所有内门、外门、楼梯和走道的各自总宽度，应按表4-9的规定计算确定。

表4-9 体育馆每100人所需最小疏散净宽度 单位：m

观众厅座位数档次/座			3000～5000	5001～10000	10001～20000
疏散部位	门和走道	平坡地面	0.43	0.37	0.32
		阶梯地面	0.50	0.43	0.37
	楼梯		0.50	0.43	0.37

注：表中较大座位数档次按规定计算的疏散总宽度，不应小于相邻较小座位数档次按其最多座位数计算的疏散总宽度。

(4) 有等场需要的入场门不应作为观众厅的疏散门。

人员密集的多层公共建筑不宜在窗口、阳台等部位设置金属栅栏，当必须设置时，应有从内部易于开启的装置。窗口、阳台等部位宜设置辅助疏散逃生设施。

建筑高度超过100m的公共建筑，应设置避难层（间）。避难层（间）的设置应符合下列规定。

① 自建筑的首层至第一个避难层的高度不应大于45m；两个避难层之间的高差不宜大于45m。

② 通向避难层的防烟楼梯应在避难层分隔、同层错位或上下层断开，使人员均必须经避难层方能上下。

③ 净面积应能满足设计避难人员避难的要求，并宜按5.0人/m²计算。

④ 避难层可兼作设备层，但设备管道宜集中布置。

⑤ 应设置消防电梯出口。

⑥ 应设置消防专线电话、消火栓和消防软管卷盘。

⑦ 封闭式避难层应设置独立的防烟设施。

⑧ 应设置应急广播和应急照明，且其供电时间不应小于1.0h，照度不应低于10.0lx。

高层建筑直通室外的安全出口上方，应设置宽度不小于1.0m的金属或钢筋混凝土挑檐。

4.5 居住建筑安全疏散

居住建筑应根据建筑的耐火等级、建筑高度、建筑面积和疏散距离等因素设置安全出口。

4.5.1 安全出口的数量和布置

居住建筑每个单元每层的安全出口不应少于 2 个，且两个安全出口之间的距离不应小于 5m。当符合下列条件时，每个单元每层可设置 1 个安全出口。

① 建筑高度不大于 27m，每个单元任一层的建筑面积小于 650m^2 且任一套房的户门至安全出口的距离小于 15m。

② 建筑高度大于 27m、不大于 60m，每个单元任一层的建筑面积小于 650m^2 且任一套房的户门至安全出口的距离小于 10m。

③ 建筑高度大于 60m 的多单元建筑，每个单元设置有一座通向屋顶的疏散楼梯，60m 以上部分每层相邻单元楼梯通过阳台或凹廊连通（屋顶可以不连通），60m 及其以下部分单元与单元之间设置有防火墙，且户门采用乙级防火门，窗间墙宽度、窗槛墙高度均大于 1.2m 且为耐火极限不低于 1.00h 不燃烧体实体墙。

4.5.2 房间疏散门的数量和布置

居住建筑的安全出口和各房间疏散门的设置应与公共建筑的规定一致。

4.5.3 安全疏散距离

住宅建筑的安全疏散距离应符合前述有关“其他建筑”的规定。住宅的户内安全疏散距离应按下列规定确定。

① 住宅房间内任一点到该房间直通疏散走道的疏散门的距离计算，应为最远房间内任一点到户门的距离。

② 跃层式住宅，户内楼梯的距离可按其梯段总长度的水平投影尺寸计算。

③ 跃廊式住宅，应从户门算起，小楼梯的一段距离可按其 1.50 倍水平投影尺寸计算。

4.5.4 安全疏散通道

居住建筑的疏散走道、安全出口、疏散楼梯以及房间疏散门的各自总宽度应经计算确定，且疏散走道和疏散楼梯的净宽度不应小于 1.1m，安全出口的门、房间疏散门的净宽度不应小于 0.9m，首层疏散外门的净宽度不应小于 1.1m。

高层居住建筑疏散走道的净宽度不应小于 1.2m。

建筑高度大于 32m 的居住建筑，其疏散楼梯间应采用防烟楼梯间。当户门采用甲级防火门时，户门可直接开向前室，楼梯间的门应采用乙级防火门。

建筑高度大于 21m、不大于 32m 的居住建筑，其疏散楼梯间应采用封闭楼梯间，当户门为甲级防火门时，可不设置封闭楼梯间。

住宅建筑内的两座疏散楼梯独立设置有困难时，可采用剪刀楼梯，但应符合下列规定。

① 楼梯间应采用防烟楼梯间。

② 梯段之间应采用耐火极限不低于 1.00h 的不燃烧体实体墙分隔。

③ 其前室可合用，与消防电梯前室合用时，前室的建筑面积不应小于 12.0m^2，且短边

不应小于 2.4m。

居住建筑的楼梯间宜通至屋顶，通向平屋面的门或窗应向外开启。建筑高度大于 27m 的居住建筑，其疏散楼梯均应通至屋顶。

当居住建筑中的电梯井与疏散楼梯相邻布置时，疏散楼梯应采用封闭楼梯间；当户门采用甲级防火门时，可不设置封闭楼梯间。

当电梯直通住宅楼层下部的汽车库时，应设置电梯候梯厅并应采用耐火极限不低于 2.00h 的隔墙和乙级防火门进行分隔。

习　　题

1. 火灾条件下人的异常心理与行为有哪些？

2. 疏散线路及设施的布置原则是什么？

3. 论述疏散楼梯设置要求、分类及设计。

4. 论述厂房和仓库的安全出口及数量要求，疏散距离的规定和安全出口、走道、楼梯的宽度的规定，疏散楼梯和门的设置要求，消防电梯设置要求。

5. 论述公共建筑的安全出口及数量要求，房间疏散门的数量和布置、疏散距离和疏散通道的规定。

6. 论述居住建筑的安全出口及数量要求，房间疏散门的数量和布置、疏散距离和疏散通道的规定。

5.1 防火分区概述

5.1.1 防火分区的定义及作用

当建筑物的某个地方起火时，燃烧产生的热对流、热辐射和热传导，能够使火灾向周围区域迅速蔓延，最终导致整个建筑物起火。所以，有效地阻止火灾在建筑物水平及竖直方向的蔓延，将火灾限制在一定的范围之内是非常必要的。

防火分区（fire compartment）是指在建筑内部采用防火墙、楼板及其他防火分隔设施分隔而成，能在一定时间内防止火灾向同一建筑的其余部分蔓延的局部空间。其蔓延方式主要通过热对流、热辐射作用。当火灾发生的时候，如果在建筑内部设置了有效的防火分区，那么就可以尽早地将火势控制在一定的范围内，在减少火灾危害的同时，也为人员的安全疏散，消防人员的及时扑救提供有利的条件。在现实生活中，消防人员为了尽快扑灭火灾，常常利用防火分区把火区隔断，然后再扑灭火灾。

5.1.2 防火分区的分类

按照防止火灾向防火分区以外扩散的功能，可以将防火分区分为两类：一类是水平防火分区（图 5-1），是指用防火墙或防火门、防火卷帘等防火分隔物将各楼层在水平方向分隔出的防火区域，用来防止火灾在楼层的水平方向扩散；另一类是竖向防火分区（图 5-2），是指用耐火性能较好的楼板及窗间墙（含窗下墙），在建筑物的垂直方向对每个楼层进行的防火分隔，用来防止多层或者高层建筑物层与层之间竖直方向发生火灾扩散。

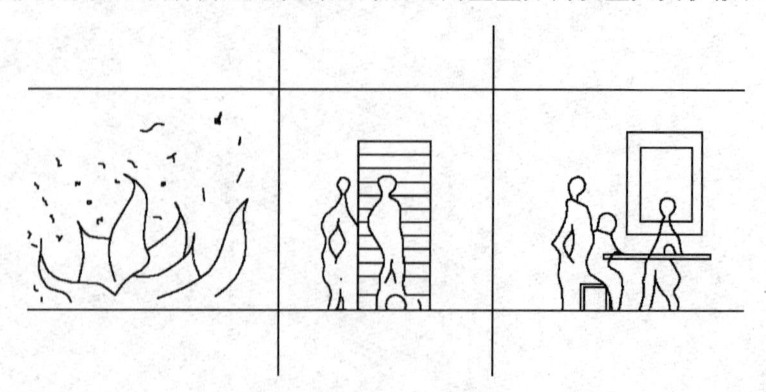

图 5-1 水平防火分区示意图

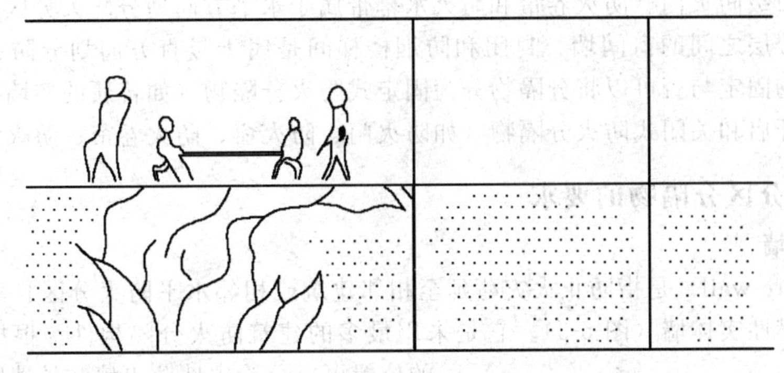
图 5-2 竖向防火分区示意图

特殊部位和重要房间的防火分隔划分的范围大小、分隔的对象和分隔物的耐火性能要求等与上述两类防火分区有所不同。特殊部位和重要房间主要有各种竖向井道、附设在建筑物中的消防控制室、设置贵重设备和储存贵重物品的房间、火灾危险性大的房间以及通风空调机房等。

5.1.3 防火分区的划分

在一定时间内将火势控制住的重要性不言而喻，那么防火分区如何划分？分区越小越好，还是越大越好？从防火的角度看，防火分区划分得越小，越有利于保证建筑物的防火安全，但如果划分得过小，则势必会影响建筑物的使用功能和增加建筑成本。防火分区面积的大小应综合考虑建筑物的高度、火灾危险性、消防救援能力、人员疏散要求以及建筑物的使用性质等因素。对于不同种类建筑物的防火分区划分将在后续章节详细阐述。防火分区的划分原则主要有以下几点。

① 使作为避难通道使用的楼梯间、前室和某些具有避难功能的走廊受到安全保护，确保其不受火灾的侵害，并能保持畅通。

② 在同一个建筑物内设置有多种使用功能的场所时，不同使用功能的场所之间应进行防火分隔。

③ 高层建筑中的各种竖向井道，如电缆井、管道井、垃圾井等，其本身应是独立的防火单元，保证井道外部火灾不得传入井道内部，井道内部火灾也不得传到井道外部。

④ 有特殊防火要求的建筑，如医院等在防火分区之内尚应设置更小的防火区域。

⑤ 高层建筑在垂直方向应以每个楼层为单元划分防火分区。

⑥ 所有建筑的地下室，在垂直方向应以每个楼层为单元划分防火分区。

⑦ 为扑救火灾而设置的消防通道，其本身应受到良好的防火保护。

⑧ 设有自动喷水灭火设备的防火分区，其允许面积可以适当扩大。

5.2 防火分区分隔设施及其要求

5.2.1 防火分区分隔物的定义及类型

防火分区的分隔物是指在一定时间内能够阻止火势蔓延，将建筑物内部空间分隔成若干较小防火空间的构件，它是防火分区的边缘构件。常用的分隔物主要有防火墙、防火卷帘、防火水幕带、耐火楼板、甲级防火门、上下楼层之间的窗间墙、封闭和防烟楼梯间等。其中，防火墙、甲级防火门、防火卷帘和防火水幕带属于水平方向划分防火分区的分隔物；耐火楼板、上下楼层之间的窗间墙、封闭和防烟楼梯间是属于竖直方向划分防火分区的分隔物。按照分隔物固定与否可以将分隔物分为固定式防火分隔物（如普通的砖墙、楼板、防火墙等）与可以开启和关闭式防火分隔物（如防火门、防火窗、防火卷帘、防火水幕等）。

5.2.2 防火分区分隔物的要求

5.2.2.1 防火墙

防火墙（fire wall）是指防止火灾蔓延至相邻建筑或相邻水平防火分区且耐火极限不低于 3.00h 的不燃性实体墙（图 5-3）。它是采用最多的建筑防火分隔构件。根据其在建筑中的位置可以分为内墙防火墙和外墙防火墙。内墙防火墙是划分防火分区的内部隔墙；外墙防火墙是两栋建筑间因防火间距不够而设置的无门窗或设有防火门、窗的外墙。另外，从建筑平面上看，还可以将防火墙分为横向防火墙和纵向防火墙。

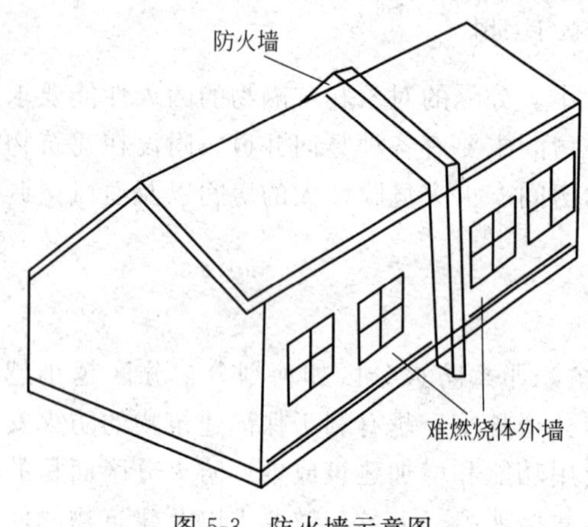

图 5-3 防火墙示意图

防火墙需满足以下要求。

（1）对耐火极限的要求　防火墙具有不燃性，是具有不少于 4.00h 耐火极限（高层民用建筑不少于 3.00h）的非燃烧体墙壁。

（2）对设置的要求　设置防火墙的时候，应将防火墙直接设置在基础上或钢筋混凝土的框架上。防火墙应截断燃烧体或者难燃烧体的屋顶结构，且相对于非燃烧体层面，其高度 H 应该满足 $H \geqslant 40\text{cm}$，相对于燃烧体或者难燃烧体层面，$H \geqslant 50\text{cm}$，如图 5-4 所示。

当建筑物的屋盖为耐火极限不低于 0.5h 的不燃烧体时，高层建筑屋盖为耐火极限不低于 1.0h 的不燃烧体时，防火墙（包括纵向防火墙）可砌至屋面基层的底部，不必高出屋面，如图 5-5 所示。

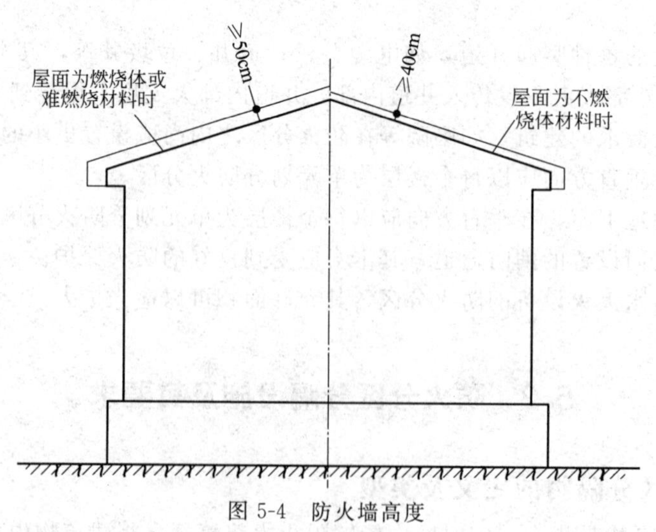

图 5-4 防火墙高度

当用防火墙分隔难燃烧体外墙时，防火墙应突出难燃烧体墙的外表 40cm，如图 5-6 所示。

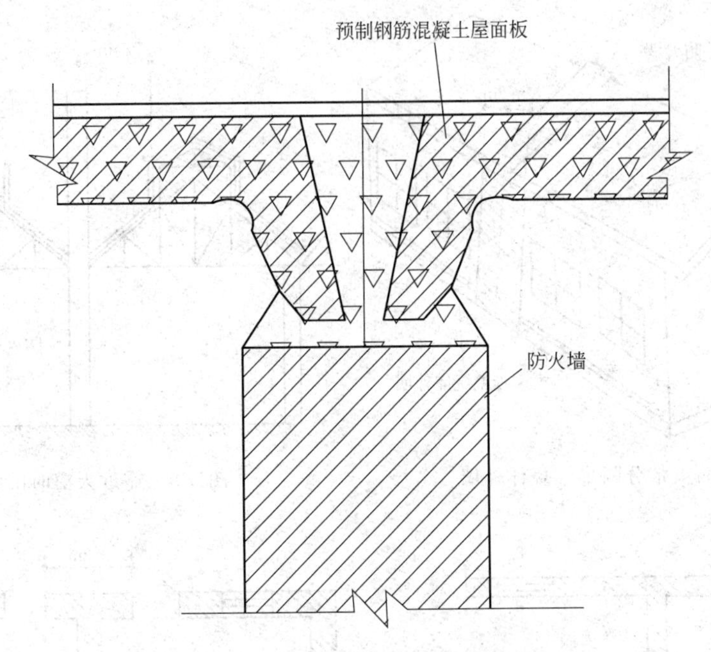

图 5-5　防火墙砌至屋面基层底部

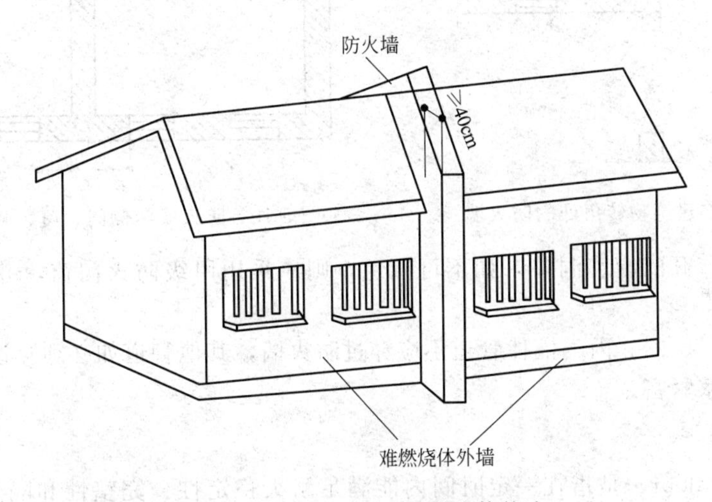

图 5-6　用防火墙分隔难燃烧体外墙

当用防火带分隔难燃烧体外墙时，从防火墙中心线起每侧不应小于 2cm，如图 5-7 所示。

防火墙中心距天窗端面的水平距离 $d \leqslant 4$m，且天窗端面为燃烧体时，应将防火墙加高，使之超过天窗结构 40～50cm，以防止火势蔓延，如图 5-8 所示。

不应在转角处设置防火墙，如果不可避免，则两侧门、窗、洞口之间最近的水平距离 $d \geqslant 4$m。若相邻一侧装有固定乙级防火窗，此时距离不限。如图 5-9 所示。

防火墙两侧门、窗、洞口之间的距离 $d \geqslant 2$m，如果装有耐火极限不低于 0.9h 的非燃烧固定窗扇时，距离可不受限制，如图 5-10 所示。

防火墙内不应设置排气道，民用建筑如必须设置时，其两例的墙身截面厚度均应大于 12cm。

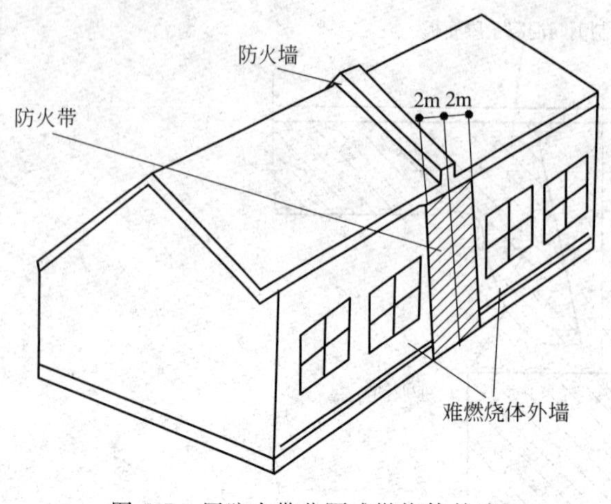

图 5-7 用防火带分隔难燃烧体外墙

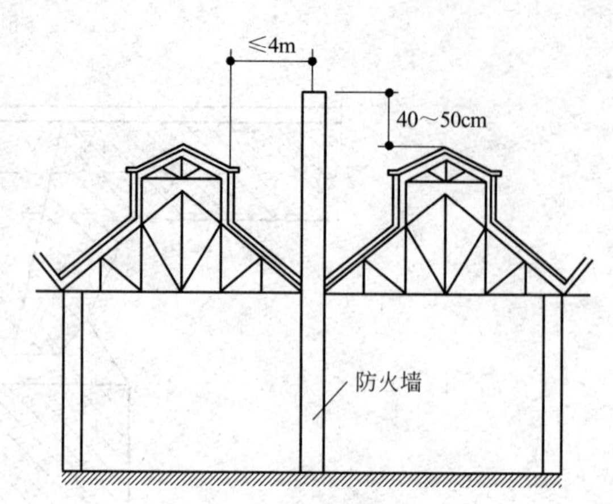

图 5-8 靠近天窗时的防火墙

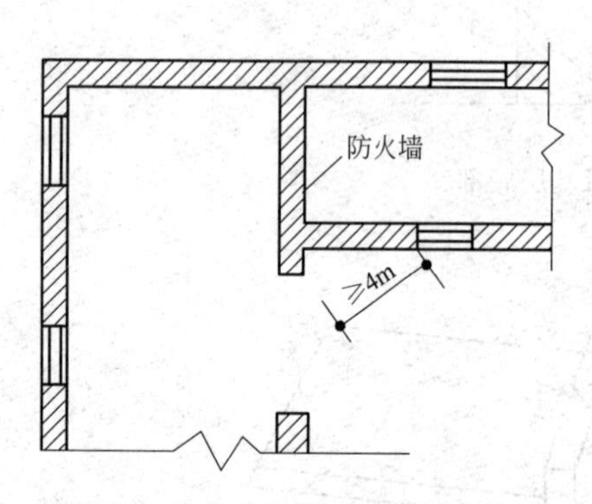

图 5-9 设在建筑物转角处的防火墙

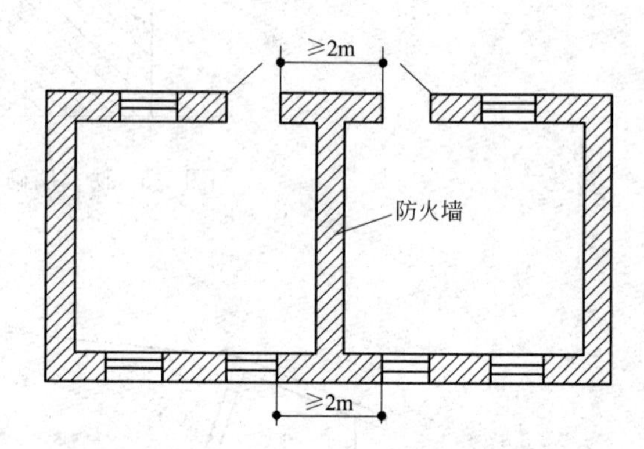

图 5-10 防火墙两侧门、窗、洞口之间的距离

防火墙上不应开门窗、洞口，如不可避免，则应采用甲级防火门窗，并应该能够自行关闭。

可燃气体和甲、乙、丙类液体管道不应穿过防火墙，其他管道如必须穿过，则应用非燃烧材料将缝隙填塞紧密。

5.2.2.2 防火门

防火门（fire door）是指在一定时间内能满足耐火稳定性、完整性和隔热性要求的门。它是设在防火分区间、疏散楼梯间、垂直竖井等地方的具有一定耐火性的防火分隔物。防火门除具有普通门的作用外，还具有阻止火势蔓延和烟气扩散的作用，可在一定时间内阻止火势的蔓延，确保人员安全疏散。

防火门有多种规格，除了按照标准制订外，还可以依据用户的要求进行订制。它的主要特点有美观大方、表面光滑平整、坚固耐用、开启灵活、使用方便、安全可靠等。

（1）防火门的分类　防火门种类繁多，按照材料的不同，防火门一般分为木质防火门、钢质防火门、钢木防火门等；按照耐火极限的不同，防火门可分为甲、乙、丙级；按照燃烧性能不同，防火门可分为非燃烧体防火门和难燃烧体防火门；按照功能的不同，防火门可分为常开防火门、常闭防火门、流动防火门。

（2）防火门的耐火极限要求及适用范围　甲级防火门主要用于防火墙和重要设备用房，其耐火极限不低于 1.2h；乙级防火门主要用于疏散楼梯间及消防电梯前室的门洞口，以及单元式高层住宅开向楼梯间的门户等，其耐火极限不低于0.9h；丙级防火门主要用于电缆井、管道井、排烟竖井等的检查门，其耐火极限不低于0.6h。

（3）防火门的密闭性要求　防火门不仅要具有一定的耐火极限，还应具备良好的密闭性能，以免火灾发生时，发生窜烟窜火，导致火灾的蔓延。因此，应在门扇与框架缝隙处粘贴防火膨胀胶条。

国家标准对防火门各搭接处的缝隙大小有明确要求：对钢质防火门，要求其扇与门框搭接量不得小于10mm，扇与门框之间的两侧缝隙不得大于4mm。防火门安装完毕以后的缝隙不能过大，否则防火门的密闭性能难以保证，也难以体现其在火灾条件下抑制火灾及烟气蔓延的作用。

（4）防火门的设置要求

① 防火门应为向疏散方向开启（设防火门的空调机房、库房、客房门等除外）的平开门，并在关闭后能从任何一侧手动开启。

② 用于疏散走道、楼梯间和前室的防火门，应具有自动关闭功能，火灾时能迅速关闭，并可随时开启。

③ 双扇和多扇防火门应设置顺序闭门器。

④ 当火灾发生时，经常处于开启状态的防火门应具有自行关闭和信息反馈的功能。

⑤ 设在变形缝附近的防火门，应设在楼层数较多的一侧，且门开启后不应跨越变形缝，防止烟火通过变形缝蔓延扩大。

⑥ 防火门上部的缝隙、孔洞应采用不燃烧材料填充，并应达到相应的耐火极限要求。

5.2.2.3　防火卷帘

防火卷帘（fire resisting shutter）类似于防火门，是指在一定时间内，能满足耐火稳定性、完整性和隔热性要求的卷帘。当发生火灾时，放下卷帘在一定时间内可以阻止、延缓火势蔓延的速度，为消防救助和人员的安全疏散赢得时间。其卷起方法有手动式和电动式两种。手动式由拉链控制，电动式由按钮控制，该按钮可以同时控制几个卷帘门，亦可以进行远距离控制。

（1）防火卷帘的类型　防火卷帘一般由钢板或者铝合金等金属材料制成，另外还有由无机织物组合而成的软质防火卷帘。根据帘板的厚度，防火卷帘可以分为重型防火卷帘（其厚度约为1.5～1.6mm）和轻型防火卷帘（其厚度约为0.5～0.6mm）。根据帘板的构造，防火卷帘分为普通型钢质防火卷帘（由单片钢板制成）和复合型钢质防火卷帘（由双片钢板中间加隔热材料制成）。

（2）防火卷帘的设置要求

① 用防火卷帘代替防火墙的场所，防火卷帘的两侧应设水幕系统保护，或者使用耐火极限不小于3.0h的复合防火卷帘。

② 防火卷帘应该有一定的启闭速度，使在火灾刚发生时，人员的安全疏散和消防人员的救援工作能得到保证。

③ 防火卷帘的自动启闭机构应用金属外壳封闭，以保证不受损坏和在遭受火灾时能正常运转。

④ 将防火卷帘设在前室和疏散走道时，其应具有自动、手动和机械控制的功能，并且在降落时，应该有段时间停滞以及能从两侧手动控制的功能。

⑤ 设置在自动扶梯周围、中庭与房间、走道等开口部位，用于划分防火分区的防火卷帘，应与火灾探测器联动，当火灾发生时，应能够采取进一步的控制方式。

⑥ 防火卷帘还应具有温度控制功能，该种功能能够确保在火灾探测器、联动装置、消防电源发生故障时，能够靠易熔金属的熔断，发挥防火卷帘的防火分隔作用。

⑦ 防火卷帘的导轨应该留有足够的间隙，以保障受火作用时，导轨在垂直方向上可发生一定的膨胀变形。安装在边框之间的导轨可以外露也可以在凹处暗装。

⑧ 防火卷帘的上部和周围的缝隙应该采用耐火极限相同的不燃烧材料填充、封隔。

⑨ 门扇各接缝处、导轨、卷筒等缝隙应该有防火防烟密封措施，以防止烟火窜过。

5.2.2.4 其他

防火分隔物还有防火水幕、防火带、防火窗、耐火楼板等。防火水幕可以起防火墙的作用，在某些需要设置防火墙或其他防火分隔物而无法设置的情况下，可以采用防火水幕进行分隔。当厂房内由于生产工艺连续性的要求等原因，无法设置防火墙的时候就可以改设防火带。

5.2.3 防火分隔与防火分区在划分上的不同

对重要部位和房间进行防火分隔的目的与防火分区划分的目的是一样的。它是用耐火分隔物将建筑物内某些重要部位、房间等加以分隔，阻止火势蔓延扩大的防火措施。但在划分的范围大小、分隔的对象、分隔的要求等方面都与防火分区不同。

5.3 单、多层建筑防火分区设计

根据有关规定，单、多层民用建筑主要包括，一是建筑高度不大于 27m 的住宅建筑（包括设置商业服务点的住宅建筑）；二是建筑高度小于 24m 的其他民用建筑；三是建筑高度大于 24m 的单层公共建筑。

随着人们经济生活水平的不断提高和经济的快速发展，单、多层建筑不断增多，单、多层建筑的消防设计，特别是防火分区的设计尤其重要。我国对建筑的防火分区面积做了规定，在设计时必须结合工程实际，严格执行。

5.3.1 单、多层民用建筑的防火分区

表 5-1 不同耐火等级建筑的允许建筑高度或层数和防火分区最大允许建筑面积　　单位：m^2

名　称	耐火等级	防火分区的最大允许建筑面积	备　注
高层民用建筑	一、二级	1500	对于体育馆、剧场的观众厅，防火分区的最大允许面积可适当增加
单、多层民用建筑	一、二级	2500	
	三级	1200	—
	四级	600	—
地下或半地下建筑（室）	一级	500	设备用房的防火分区最大允许建筑面积不应大于 $1000m^2$

5.3.1.1 防火分区的一般规定

民用建筑的防火分区面积是以建筑面积计算的，每个防火分区的最大允许面积应符合表 5-1 规定。

与下节叙述的高层民用建筑防火分区的设计要求进行对比，单、多层民用建筑的防火分

区的规定具有如下特点。

① 防火分区既有最大允许面积规定，也有最大允许长度的规定。

② 防火分区的面积和长度标准与建筑耐火等级相对应。

③ 防火分区与最多允许层数、耐火等级及备注是统一配套规定的，相互之间有影响有制约。

单、多层建筑一般进深小，使有的建筑面积虽然不超过最大允许面积，但长度过长，有了防火分区最大允许长度的限制，能在火灾发生时，有效地阻止火势在水平方向上的蔓延。

5.3.1.2　防火分区设计中的特殊规定

在防火分区设计中，由于建筑物的差异性可能会遇到一些特殊情况，如建筑中的直通层或者设有自动灭火系统、有地下室的建筑，也可能会遇到一些特殊部位和房间，如电梯井、电梯机房、消防控制室、锅炉房等。这些特殊情况、特殊部位及特殊房间，在防火分区的设计时有一些特殊要求，我国在现行规范中做了统一规定，在设计时要遵照执行。例如在进行防火分区设计时应注意以下几点。

① 防火分区之间应采用防火墙分隔，如有困难可采用耐火等级 3.0h 以上的防火卷帘、防火卷帘加水幕和防火水幕来进行分隔。防火墙上设门窗时，应采用能自行关闭的甲级防火门窗。

② 建筑内设有自动灭火系统时，每层最大允许建设面积可按表 5-1 增加 1.0 倍，局部设置时，增加面积可按该局部面积 1.0 倍计算。

③ 建筑物内如设有上下层相连通的走廊、自动扶梯等开口部位时，应按上下连通部分作为一个防火分区，其建筑面积之和不宜超过表 5-1 的规定。但在多层建筑的中庭，出现以下情况：当房间、走道与中庭相通的开口部位设有可自行关闭的乙级防火门或防火卷帘时；与中庭相同的过厅、通道等处设有乙级防火门或卷帘时；中庭每层回廊设有火灾自动报警系统和自动喷水灭火系统时；以及封闭屋盖设有自动排烟设施时，中庭上下各层的建筑面积可不叠加计算。

④ 托儿所、幼儿园以及儿童游乐厅等儿童活动场所应独立建造。当必须设置在其他建筑物内时，应设置独立的出入口。

⑤ 由于地下室、半地下室发生火灾时，人员不易疏散，消防人员扑救困难，故对其防火分区面积应控制严格一些，规定建筑物的地下室、半地下室应采用防火墙划分防火分区，其面积不应超过 500m^2。

⑥ 地下民用建筑防火分区的面积应根据其使用性质的不同区别对待。对于商店、医院餐厅等，每个防火分区的最大允许使用面积应小于 400m^2；对于电影院、礼堂、体育馆、展览厅、舞厅、电子游乐场等，每个防火分区最大允许使用面积应小于 1000m^2。但商店、医院、餐厅等设有自动喷水灭火系统时，防火分区面积可增加 1.0 倍。

⑦ 设置在一、二级耐火等级建筑中的营业厅、展览厅，当该建筑为单层或仅设置在多层建筑的首层，并设置有火灾自动报警系统和自动灭火系统时，其每个防火分区的允许建筑面积可适当扩大，但不应大于 10000m^2。

⑧ 裙房与高层建筑主体之间设置防火墙时，裙房的防火分区可按单、多层建筑的要求确定。

5.3.2 厂房的防火分区

厂房每个防火分区面积的最大允许占地面积应符合表 3-1 的规定。表中最大允许占地面积指每层允许的最大建筑面积。

在进行防火分区设计时应注意的内容见表 3-1 表注。

5.3.3 库房的防火分区

库房及其每个防火分区的最大允许建筑面积应符合表 3-2 的规定。

库房在进行防火分区设计时应注意的方面见表 3-2 表注。

5.4 高层民用建筑防火分区设计

高层民用建筑从使用功能来说，有的是普通办公楼，有的是四、五星级宾馆。同样规模的高层民用建筑，其防火要求也不一样，所以高层建筑很有必要根据其使用性质、火灾危险性、疏散和扑救难度等进行分类。根据《建筑设计防火规范》，高层民用建筑分类应符合表 5-2 的规定。

表 5-2 高层民用建筑的分类

名称	高层民用建筑	
	一类	二类
住宅建筑	建筑高度大于 54m 的住宅建筑(包括设置商业服务网点的住宅建筑)	建筑高度大于 27m,但不大于 54m 的住宅建筑(包括设置商业服务网点的住宅建筑)
公共建筑	(1)建筑高度大于 50m 的公共建筑;(2)任一楼层建筑面积大于 $1000m^2$ 的商店、展览、电信、邮政、财贸、金融建筑和其他多种功能组合的建筑;(3)医疗建筑、重要公共建筑;(4)省级及以上的广播电视和防灾指挥调度建筑、网局级和省级电力调度建筑;(5)藏书超过 100 万册的图书馆、书库	除住宅建筑和一类高层公共建筑外的其他高层民用建筑

注：1. 表中未列入的建筑，其类别应根据本表类比确定。宿舍、公寓等非住宅类居住建筑的防火要求，除规范另有规定外，应符合规范有关公共建筑的规定。

2. 除本规范有特别规定外，裙房的防火要求应符合本规范有关高层民用建筑的规定。

一般说来，高层建筑规模大，可燃物总量大，一旦发生火灾，火势和烟气会迅速地扩散蔓延，由火灾造成的损失将是巨大的。因此高层民用建筑内应采用防火墙划分防火分区，每个防火分区的最大允许建筑面积不应超过表 5-3 的规定。

表 5-3 高层民用建筑每个防火分区的最大允许建筑面积

建筑类别	每个防火分区建筑面积/m^2
一类建筑	1000
二类建筑	1500
地下室	500

5.4.1 防火分区划分的一般原则

在划分高层民用建筑防火分区时，应该注意以下问题。

① 在划分防火分区时，其面积的大小应根据建筑的用途和性能的不同而加以区别。如有些高层建筑的商业营业厅、展览厅常附设在建筑下部，面积往往超出规范很多，对这类建筑，其地上部分防火分区的最大允许建筑面积可增加到 $4000m^2$，地下部分防火分区的最大允许建筑面积可增加到 $2000m^2$。但为了保证安全，厅内应该设置火灾自动报警系统和自动

灭火系统，装修材料应采用不燃或难燃材料。

一般的高层建筑，若防火分区内设有自动灭火系统，则其允许最大建筑面积可按表 5-3 的规定增加 1.0 倍；当局部设置自动灭火系统时，增加面积可按该局部面积的 1.0 倍进行计算。

② 划分防火分区的防火分隔可根据具体情况设置，除防火墙外，也可使用防火卷帘加水幕和防火水幕带等。采用防火卷帘代替防火墙时，其防火卷帘应符合耐火极限的判定条件或在其两侧设闭式自动喷水灭火系统，其喷头间距不应大于 2.0m。

③ 当高层建筑与裙房之间设有防火墙等分隔设施时，裙房的防火分区允许最大建筑面积不应大于 $2500m^2$，当设有自动喷水灭火系统时，防火分区最大允许建筑面积可增加 1.0 倍。

④ 高层建筑内设有上下层连通的走廊、敞开楼梯、自动扶梯等开口部位时，为了保障防火安全，应将上下连通层作为一个整体看待，其最大允许建筑面积之和不应超过表 5-6 的规定。若总面积超过规定，则应在开口部位采取防火分隔设施，如采用耐火极限大于 3h 的防火卷帘加水幕等分隔设施，此时面积可不叠加计算。

⑤ 设在变形缝处的防火门，应设在楼层数较多的一侧，且门开后不应跨越变形缝。

⑥ 设在疏散走道上的防火卷帘应在卷帘的两侧设置启闭装置，并应具有手动、自动和机械控制的功能。

⑦ 高层建筑的中庭防火分区面积应按上下连通的面积叠加计算，当超过一个防火分区面积时，应采取 5.6 中关于中庭的防火分隔措施。

5.4.2 特殊防火分隔部位和房间及其分隔要求

（1）燃油、燃气的锅炉，可燃油油浸电力变压器，充有可燃油的高压电容器和多油开关等宜设置在高层建筑外的专用房间内。

除液化石油气作燃料的锅炉外，当上述设备受条件限制必须布置在高层建筑或裙房内时，其锅炉的总蒸发量不应超过 6t/h，且单台锅炉蒸发量不应超过 2t/h；可燃油油浸电力变压器总容量不应超过 1260 kV·A，单台容量不应超过 630 kV·A，并应符合下列规定。

① 不应布置在人员密集场所的上一层、下一层或贴邻，并采用无门窗洞口的耐火极限不低于 2.0h 的隔墙和 1.5h 的楼板与其他部位隔开；当必须开门时，应设置甲级防火门。

② 锅炉房、变压器室，应布置在首层或地下一层靠外墙部位，并应设直接对外的安全出口。外墙开口部位的上方，应设置宽度不小于 1.0 m 的不燃烧体防火挑檐。

③ 变压器下面应设有储存变压器全部油量的事故储油设施；变压器、多油开关室、高压电容器室内，应设置防止油品流散的设施。

④ 应设置火灾自动报警装置和自动灭火系统。

（2）柴油发电机房可布置在高层建筑、裙房的首层或地下一层，并应符合下列规定。

① 柴油发电机房应采用耐火极限不低于 2.0h 的隔墙和耐火极限不低于 1.5h 的楼板与其他部位隔开。

② 柴油发电机房内应设置储油间，其总储存量不应超过 8.0h 的需要量，储油间应采用防火墙与发电机间隔开；当必须在防火墙上开门时，应设置能自行关闭的甲级防火门。

③ 应设置火灾自动报警系统和自动灭火系统。

（3）消防控制室宜设在高层建筑的首层或地下一层，且应采用耐火极限不低于 2.0h 的隔墙和耐火极限不低于 1.5h 的楼板与其他部位隔开，并应设直通室外的安全出口。

(4) 独立设置的消防水泵房，其耐火等级不应低于二级。在高层建筑内设置消防水泵房时，应采用耐火极限不低于2.0h的隔墙和耐火极限不低于1.5h的楼板与其他部位隔开，并应设甲级防火门。

(5) 地下室、半地下室的楼梯间，在首层应采用耐火极限不低于2.0 h的隔墙与其他部位隔开并宜直通室外。当必须在隔墙上开门时，应采用乙级防火门。地下室或半地下室与地上层不宜共用楼梯间，当必须共用楼梯间时，宜在首层与地下或半地下层的入口处，设置耐火极限不低于2.0h的隔墙和乙级防火门隔开，并应有明显的标志。

(6) 设在高层建筑内的汽车停车库，其设计应符合现行国家标准《汽车库、修车库、停车场设计防火规范》(GB 50067—1997) 的规定。

(7) 高层建筑内的隔墙应砌至梁板底部，且不宜留有缝隙。

(8) 设在高层建筑内的自动灭火系统的设备室，应采用耐火极限不低于2.0h的隔墙、耐火极限不低于1.5h的楼板和甲级防火门与其他部位隔开。

(9) 地下室存放可燃物平均质量超过30kg/m^{2}的房间的隔墙，其耐火极限不应低于2.0h，房间的门应采用甲级防火门。

5.5 高层工业建筑防火分区设计

高层工业建筑是指层数大于等于两层，建筑高度超过24m的厂房或库房。高层工业建筑的火灾因素多、危害大，而且火灾后极易造成重大损失和人员伤亡。为了及时预防和控制火灾的发生，高层工业建筑防火分区的设计显得尤为重要。

5.5.1 高层厂房防火分区

为使高层厂房的防火分区能够有效地发挥防火分隔，阻止火灾蔓延、扩大的作用，设计时其每个防火分区最大允许建筑面积不应超过表5-4的规定。甲类厂房不能设在高层厂房内，高层厂房的耐火等级不应低于二级。

表5-4 高层厂房防火分区面积

生产类别	乙		丙		丁	戊
耐火等级	一级	二级	一级	二级	一、二级	一、二级
防火分区/m^2	2000	1500	3000	2000	4000	6000

在进行防火分区划分时，应注意以下问题。

① 防火分区间应采用防火墙分隔，且防火墙上不应开设门、窗、洞口，如必须开设时，应设耐火极限不小于1.2h的防火门窗。

② 防火墙内转角或防火墙两侧的门、窗、洞口之间应保持一定的距离，且防火墙不宜设在U形、L形等建筑物的转角处。

③ 输送可燃气体和易燃、可燃液体的管道，均严禁穿过防火墙，其他管道也不宜穿过，若必须穿过时，应采取堵塞、设防火阀等防火措施。

④ 划分垂直防火分区的楼板，通过楼板的竖向井道的外壁皆应具有足够的耐火能力。

⑤ 楼板上的孔洞和缝隙应用非燃烧材料紧密填实。

⑥ 上下层窗口之间的墙的高度不应小于1.7m，或者做挑出长度大于50cm的混凝土挑檐，以防下层火焰蔓延到上层室内。

⑦ 乙、丙类厂房设有自动灭火系统时，防火分区最大允许建筑面积可按表5-4的规定

增加 1.0 倍；丁、戊类厂房设自动灭火系统时，其建筑面积不限。局部设置时，增加面积可按该局部面积的 1.0 倍计算。

5.5.2　高层库房防火分区

甲、乙类物品及丙类可燃液体不应储存在高层库房内，高层库房的耐火等级不应低于二级。高层库房每个防火分区间的最大允许建筑面积应符合表 5-5 的规定。

表 5-5　高层库房最大允许建筑面积

储存火灾危险性类别	耐火等级	每座库房/m^2	防火墙间/m^2
丙类 2 项	一、二级	4000	1000
丁类	一、二级	4800	1200
戊类	一、二级	6000	1500

高层库房设有自动灭火系统时，建筑面积可按表 5-5 增加 1.0 倍，局部设置时，增加面积可按该局部面积的 1.0 倍计算。

5.5.3　特殊部位和房间的防火分隔及其要求

① 高层工业建筑的室内电梯井和电梯机房的墙壁应采用耐火极限不低于 2.5h 的不燃烧体。

② 高层厂房内，可设丙、丁、戊类物品库房，但必须采用耐火极限不低于 3.0h 的不燃烧体墙和耐火极限不低于 1.5h 的不燃烧体楼板与厂房隔开，库房的耐火等级和面积应符合表 5-5 的规定。高层工业建筑其他特殊部位和房间的防火分隔和布置要求见 5.3 的有关内容。

5.6　特殊建筑形式防火分隔设计

5.6.1　中庭的防火分隔

中庭是一种具有室外自然环境美的室内共享空间，它是以大型建筑内部上下楼层贯通的大空间为核心而创造的一种特殊建筑形式。中庭的高度不等，有的与建筑物同高，有的则或高或低。

5.6.1.1　中庭的火灾危险性

中庭的火灾危险性主要表现在以下几方面。

（1）中庭一旦失火，火势和烟气可以不受限制地急剧扩大。中庭空间由于形似烟囱，因此也易产生烟囱效应，若在中庭下层发生火灾，烟气便会很容易就进入中庭空间；若在中庭上层发生火灾，中庭空间的烟气不能向外排出时，就会向建筑物中其他空间扩散，并进而导致整个建筑物全部起火。

（2）当火灾发生时，由于烟气扩散迅速，必须同时对建筑物内的人员进行疏散，加之中庭是联系各功能的枢纽，人员集中，因而中庭部位的疏散比较困难。

（3）消防员要在数个楼层同时开展灭火行动，涉及的灭火力量大；建筑物的各主要出口有可能被疏散的人员占用，迫使消防员另外寻找进攻路线；火灾迅速蔓延成空间立体火灾，很难正确判断应从何处切断火势，并组织行动；烟气迅速扩散并充满中庭，严重影响人员疏散和灭火行动，难以确定起火地点，难以寻找和营救尚未撤离火场的人员。所以，在中庭着火时，其灭火和救援工作开展困难。

5.6.1.2 中庭的防火分隔

由于中庭内部十分高大，若采用防火卷帘加以分隔，则其需要的数量和造价都很高，并且发生火灾时，不能确保这些防火卷帘能够全部迅速降落，所以，我们必须认真研究中庭建筑防火技术措施的可靠性和可行性。规范提出了以下几点防火技术措施。

（1）建筑物内设中庭时，中庭与每层之间应进行防火分隔，防火分隔物的耐火极限不应小于3.0h。必须设置的门或窗，应采用火灾时能自行关闭的甲级防火门或甲级防火窗。

（2）与中庭相通的过厅、通道等应设置乙级防火门或耐火等级大于3.0h的防火卷帘分隔。

（3）为了控制火势，中庭每层回廊应设置自动喷水灭火系统，喷头间距为2～2.8m。

（4）中庭每层回廊均应设置火灾自动报警系统，并与排烟设备和防火门联锁控制。

（5）由于自然排烟受到自然条件及建筑物本身热压、密闭性等因素的影响，因此，只允许净空高度不超过12m的中庭可采用自然排烟，但可开启的天窗或高侧窗的面积不应小于该中庭地面面积的5%，其他情况下应采用机械排烟设施。

（6）房间与中庭回廊相通的门、窗应设置为能自行关闭的乙级防火门窗。

对中庭采用上述防火措施后，中庭的防火分区面积则不按上、下层连通的面积叠加计算，这样就很容易满足防火分区的划分要求。

为了方便客人的垂直运输，很多大型公共建筑常设置有自动扶梯。这些扶梯将上下楼层贯通，因此扶梯所处的空间也类似中庭。在进行防火分隔设计时，若有自动扶梯，也应将上下贯通的各层作为一个防火分区处理。

为了满足防火分区扩大的需要，我国常采用两种措施：一是在自动扶梯开口周边设置与防火墙耐火极限相当的分隔物，如复合型防火玻璃等；二是在自动扶梯处加钢质卷帘及水幕保护，以达到阻止火灾蔓延的效果。

5.6.2 玻璃幕墙的防火分隔

玻璃幕墙具有自重轻、装饰艺术效果好和便于施工等优点，因而被广泛用作建筑的外墙，尤其是高层建筑和大型公共建筑。

5.6.2.1 玻璃幕墙的火灾危险性

由于玻璃幕墙是用大片的玻璃作建筑物的围护墙，而且多采用全封闭式，因此一旦发生火灾，火势蔓延的危险性很大，主要表现在以下两方面。

（1）当火灾发生时，室内的温度会急剧的上升，用作幕墙的玻璃在火灾初期由于温度应力的作用会炸裂破碎，导致火灾由建筑物外部向上蔓延。一般幕墙玻璃在250℃左右即会炸裂，使大面积的玻璃幕墙成为火势向上蔓延的重要途径。

（2）由于建筑物构造的要求，在幕墙和楼板之间留有较大的缝隙，若对其没有进行密封或密封不好，烟火就会由此向上层扩散，造成火势蔓延。因此，垂直的玻璃幕墙与水平楼板之间的缝隙，是火灾发生时烟火扩散的路径。

5.6.2.2 玻璃幕墙的防火分隔

为了防止建筑发生火灾时，通过玻璃幕墙造成大面积蔓延，根据规范，在设置玻璃幕墙时，应遵循以下规定。

（1）窗间墙、窗槛墙的玻璃幕墙，其填充材料应采用玻璃棉、矿棉等不燃烧材料，当其外墙采用耐火极限不低于1.0h的不燃烧体时，其墙内封底材料可采用难燃烧材料，如B1级泡沫塑料。

(2) 无窗间墙、窗槛墙的玻璃幕墙，应在每层楼板外沿设置耐火极限不低于 1.0h、高度不低于 0.8m 的不燃烧实体裙墙。还可以在建筑幕墙内侧每层设置自动喷水灭火系统保护，其喷头间距宜在 1.8～2.2m 之间。

(3) 玻璃幕墙与每层楼板、隔墙处的缝隙，应采用不燃烧材料填塞密实。

当幕墙遇到防火墙时，应遵循防火墙设置要求。防火墙应与其框架连接，不应与玻璃直接连接。

5.6.3 各种竖井等特殊部位的防火分隔

为了交通、输送能源和信息等的需要，在现代建筑中往往设置了大量的相互连通和交叉的竖井和管道，在火灾发生时，它们形成了火势蔓延的通道。

(1) 建筑高度不超过 100m 的高层建筑，其电缆井、管道井应每隔 2～3 层在楼板处用相当于楼板耐火极限的不燃烧体作为防火分隔；建筑高度超过 100m 的高层建筑，应在每层楼板处用相当于楼板耐火极限的不燃烧体作为防火分隔。

电缆井、管道井与房间、走道等相连通的孔洞，其空隙应采用不燃烧材料填塞紧实。

(2) 电梯井应独立设置，井内严禁敷设可燃气体和甲、乙、丙类液体管道，并不应敷设与电梯无关的电缆、电线等。电梯井井壁除开设电梯门洞和通气孔洞以外，不应开设其他洞口。电梯门不应采用栏栅门。

(3) 垃圾道宜靠外墙设置，不应设在楼梯间内，垃圾道的排气口应直接开向室外。垃圾斗宜设在垃圾道前室内，该前室应采用丙级防火门。垃圾斗应采用不燃烧材料制作，并能自行关闭。

(4) 电缆井、管道井、排烟道、排气道、垃圾道等竖向管道井，应分别独立设置；其井壁应为耐火极限不低于 1.0h 的不燃烧体；井壁上的检查门应采用丙级防火门。

(5) 建筑物的伸缩缝、沉降缝、抗震缝等各种变形缝是火灾蔓延的途径之一，尤其是纵向变形缝具有很强的拔烟火作用，因此必须做好防火处理。变形缝的基层应采用不燃烧材料，其表面装饰层应采用不燃烧材料，严格限制可燃材料的使用。变形缝内不准敷设电缆、可燃气体管道和甲、乙、丙类液体管道。如上述电缆、管道需穿越变形缝时，应在穿过处加不燃材料套管保护，并在空隙处用不燃材料填塞严密。

(6) 管道穿过隔墙、楼板时，应采用不燃烧材料将其周围的缝隙填塞密实。当管道不允许有位移时，应采用不燃烧胶结材料（如水泥砂浆等）勾缝填实；当管道允许有少量位移时，宜采用膨胀性的不燃材料（胶泥）填塞；当管道允许有较大位移时，宜采用矿棉或岩棉、硅酸铝棉等松散不燃烧的纤维物填塞。

(7) 在风道贯通防火分区的部位（防火墙），必须设置防火阀门，此阀在火灾发生时由高温熔断装置或自动关闭装置关闭。为了有效地防止火灾蔓延，防火阀门应该有较好的气密性。此外，防火阀门应该可靠地固定在墙体上，防止火灾发生时因阀门受热、变形而脱落。同时，还要用水泥砂浆紧密填塞贯通的孔洞空隙。

习 题

1. 什么是防火分区？
2. 防火分区的分隔物构造和要求是什么？
3. 论述单、多层建筑防火分区设计。
4. 论述高层民用建筑防火分区设计。
5. 论述高层工业建筑防火分区设计。

6.1 总平面防火设计基础

在进行总平面防火设计时，应根据城市规划，合理确定建筑的位置、防火间距、消防车道、救援场地和消防水源等。一般来说，民用建筑不宜布置在火灾危险性为甲、乙类厂房(库房)，甲、乙、丙类液体和可燃气体储罐以及可燃材料堆场附近。

6.1.1 防火间距主要依据

建筑物发生火灾时，火灾除了在建筑物内部蔓延扩大外，有时还会通过一定的途径蔓延到相邻的建筑物上。为了防止火灾在建筑物之间传播，避免形成火烧连营，十分有效的措施是在相邻建筑物之间留出一定的防火安全距离。在建筑总平面布局防火中，布置好建筑物之间的防火安全距离是一项十分重要的技术措施。

防火间距（fire separation distance）是指防止着火建筑在一定时间内引燃相邻建筑的间隔距离。

火灾在相邻建筑物之间蔓延的途径包括热辐射、热对流、飞火、火焰直接接触延烧等，而其中将热辐射作为确定防火间距时的主要考量和计算依据。

确定防火间距时，不能以飞火作为依据，这是因为飞火引起火灾蔓延的情况比较少见，加之以飞火可能飞飘的距离范围来确定防火间距数值将很大，是不可取的。

火焰直接接触延烧仅在大风天气条件下建筑物发生火灾时才构成蔓延条件，在建筑物之间造成火灾蔓延的概率很小，防火间距理论计算可以不考虑这种因素。

热对流作用，由于其影响范围仅限于建筑物周围很小的空间，与热辐射作用相比，对邻近建筑物的影响较小，所以在确定防火间距时，不予考虑这个因素。

热辐射作用引起火灾向相邻建筑物蔓延是发生在建筑火灾进入猛烈的全面燃烧阶段。这时建筑物室内出现持续高温，从外墙开口部位释放出大量的辐射热，能把火灾传播给相当距离内的建筑物。因此，热辐射是引起火灾向邻近建筑物蔓延的主要因素，在防火间距理论计算时，应以热辐射这种因素作为主要考量和计算的依据。

热辐射是指物体在一定温度下以电磁波方式向外传递热能的过程。任何物体当其温度大于绝对零度时，它就能向空间发射出各种波长的电磁波。一般物体在通常所遇到的温度下，向空间发射的能量，绝大多数都集中于热辐射。热辐射可以在空气中传播，也可以不经任何媒介在真空中传播。物体向外界发出的辐射能是和其绝对温度的四次方成正比的。建筑物发生火灾时，火场的温度高达1000℃左右，将通过外墙开口部位向外发射很大的辐射热，从而对邻近建筑物构成火灾威胁。

6.1.2 影响防火间距的其他因素

影响防火间距的因素很多，除了辐射热外，还有风向、风速、外墙上材料的燃烧性能及开口面积大小、室内的可燃物种类及数量、相邻建筑物的高度、室内消防设施情况、着火时的气温和湿度、消防车到达的时间及扑救情况等。

《建筑设计防火规范》（GB 50016—2014）中规定的防火间距是综合考虑了火灾的热辐射作用，满足消防扑救火灾时消防车最大工作回转半径的要求，消防扑救的影响作用以及节约用地等因素得出的。

为了防止火灾在建筑物之间，建、构筑物等之间蔓延，规范规定了各种情况下的防火间距数值。在总平面布置时，应严格按照其布置建、构筑物等。

6.1.3 防火间距的计算方法

① 建筑之间的防火间距应按相邻建筑外墙的最近水平距离计算，当外墙有凸出的燃烧构件时，应从其凸出部分外缘算起。

② 储罐与建筑之间的防火间距应为距建筑最近的储罐外壁至相邻建筑外墙的最近水平距离。储罐之间的防火间距应为相邻两储罐外壁的最近水平距离。

③ 堆场与建筑之间的防火间距应为距建筑最近的堆场的堆垛外缘至相邻建筑外墙的最近水平距离。堆场之间的防火间距应为相邻两堆场堆垛外缘的最近水平距离。

④ 变压器与建筑之间的防火间距应从距建筑最近的变压器外壁算起。

⑤ 建筑与道路路边的防火间距应按建筑距道路最近一侧路边的最小水平距离计算。

6.2 各类建筑的防火间距

6.2.1 厂房的防火间距

(1) 厂房之间及其与乙、丙、丁、戊类仓库和民用建筑等之间的防火间距不应小于表6-1的规定。

表6-1 厂房之间及其与乙、丙、丁、戊类仓库、民用建筑等之间的防火间距 单位：m

名称			甲类厂房	乙类厂房(仓库)			丙、丁、戊类厂房(仓库)				民用建筑				
			单层或多层	单层或多层		高层	单层或多层			高层	裙房,单层或多层			高层	
			一、二级	一、二级	三级	一、二级	一、二级	三级	四级	一、二级	一、二级	三级	四级	一类	二类
甲类厂房	单层、多层	一、二级	12	12	14	13	12	14	16	13	25			50	
乙类厂房	单层、多层	一、二级	12	10	12	13	10	12	14	13	25			50	
		三级	14	12	14	15	12	14	16	15	25			50	
	高层	一、二级	13	13	15	13	13	15	17	13	25			50	
丙类厂房	单层或多层	一、二级	12	10	12	13	10	12	14	13	10	12	14	20	15
		三级	14	12	14	15	12	14	16	15	12	14	16	25	20
		四级	16	14	16	17	14	16	18	17	14	16	18	25	20
	高层	一、二级	13	13	15	13	13	15	17	13	13	15	17	20	15

续表

名称			甲类厂房	乙类厂房(仓库)			丙、丁、戊类厂房(仓库)				民用建筑				
			单层或多层	单层或多层		高层	单层或多层			高层	裙房,单层或多层			高层	
			一、二级	一、二级	三级	一、二级	一、二级	三级	四级	一、二级	一、二级	三级	四级	一类	二类
丁、戊类厂房	单层或多层	一、二级	12	10	12	13	10	12	14	13	10	12	14	15	13
		三级	14	12	14	15	12	14	16	15	12	14	16	18	15
		四级	16	14	16	17	14	16	18	17	14	16	18	18	15
	高层	一、二级	13	13	15	13	13	15	17	13	13	15	17	15	13
室外变、配电站	变压器总油量/t	≥5,≤10	25	25	25	25	12	15	20	12	15	20	25	20	
		>10,≤50					15	20	25	15	20	25	30	25	
		>50					20	25	30	20	25	30	35	30	

注:1. 乙类厂房与重要公共建筑之间的防火间距不宜小于50m,与明火或散发火花地点不宜小于30m。单层或多层戊类厂房之间及其与戊类仓库之间的防火间距,可按本表的规定减少2m。单层多层戊类厂房与民用建筑之间的防火间距可参照民用建筑防火间距相关规定执行。为丙、丁、戊类厂房服务而单独设立的生活用房应按民用建筑确定,与所属厂房之间的防火间距不应小于6m。必须相邻建造时,应符合本表注2、3的规定。

2. 两座厂房相邻较高一面的外墙为防火墙时,其防火间距不限,但甲类厂房之间不应小于4m。两座丙、丁、戊类厂房相邻两面的外墙均为不燃烧体,当无外露的燃烧体屋檐,每面外墙上的门、窗、洞口面积之和各不大于该外墙面积的5%,且门、窗、洞口不正对开设时,其防火间距可按本表的规定减少25%。甲、乙类厂房(仓库)不应与其他建筑贴邻建造。

3. 两座一、二级耐火等级的厂房,当相邻较低一面外墙为防火墙且较低一座厂房的屋顶耐火极限不低于1.00h,或相邻较高一面外墙的门窗等开口部位设置甲级防火门窗或防火分隔水幕或按相关规定设置防火卷帘时,甲、乙类厂房之间的防火间距不应小于6m;丙、丁、戊类厂房之间的防火间距不应小于4m。

4. 发电厂内的主变压器,其油量可按单台确定。

5. 耐火等级低于四级的原有厂房,其耐火等级可按四级确定。

6. 当丙、丁、戊类厂房与丙、丁、戊类仓库相邻时,应符合本表注2、3的规定。

(2) 甲类厂房与重要公共建筑之间的防火间距不应小于50m,与明火或散发火花地点之间的防火间距不应小于30m,与架空电力线的最小水平距离不应小于电杆(塔)高度的1.5倍。与甲、乙、丙类液体储罐,可燃、助燃气体储罐,液化石油气储罐,可燃材料堆场的防火间距,应符合相关规定。

(3) 散发可燃气体、可燃蒸气的甲类厂房与铁路、道路等的防火间距不应小于表6-2的规定,但甲类厂房所属厂内铁路装卸线当有安全措施时,其间距可不受表中规定的限制。

表6-2 甲类厂房与铁路、道路等的防火间距 单位:m

名称	厂外铁路线中心线	厂内铁路线中心线	厂外道路路边	厂内道路路边	
				主要	次要
甲类厂房	30	20	15	10	5

(4) 高层厂房与甲、乙、丙类液体储罐,可燃、助燃气体储罐,液化石油气储罐,可燃材料堆场(煤和焦炭场除外)的防火间距,应符合有关规定,且不应小于13m。

(5) 当丙、丁、戊类厂房与民用建筑的耐火等级均为一、二级时,其防火间距可按下列规定执行。

① 当较高一面外墙为不开设门、窗、洞口的防火墙,或比相邻较低一座建筑屋面高15m及以下范围内的外墙为不开设门、窗、洞口的防火墙时,其防火间距可不限。

② 相邻较低一面外墙为防火墙，且屋顶不设天窗、屋顶耐火极限不低于1.00h，或相邻较高一面外墙为防火墙，且墙上开口部位采取了防火保护措施，其防火间距可适当减小，但不应小于4m。

(6) 厂房外附设置有化学易燃物品的设备时，其室外设备外壁与相邻厂房室外附设设备外壁或相邻厂房外墙之间的距离，不应小于表6-1的规定。用不燃烧材料制作的室外设备，可按一、二级耐火等级建筑确定。

(7) 总储量不大于15m³的丙类液体储罐，当直埋于厂房外墙外，且面向储罐一面4.0m范围内的外墙为防火墙时，其防火间距可不限。

(8) 同一座U形或山形厂房中相邻两翼之间的防火间距，不宜小于表6-1的规定，但当该厂房的占地面积小于相关规范规定的每个防火分区的最大允许建筑面积时，其防火间距可为6m。

(9) 除高层厂房和甲类厂房外，其他类别的数座厂房占地面积之和小于相关规范规定的防火分区最大允许建筑面积（按其中较小者确定，但防火分区的最大允许建筑面积不限者，不应超过10000m²）时，可成组布置。当厂房建筑高度不大于7m时，组内厂房之间的防火间距不应小于4m；当厂房建筑高度大于7m时，组内厂房之间的防火间距不应小于6m。组与组或组与相邻建筑之间的防火间距，应根据相邻两座耐火等级较低的建筑，按表6-1的规定确定。

(10) 一级汽车加油站、一级汽车液化石油气加气站和一级汽车加油加气合建站不应建在城市建成区内。汽车加油、加气站和加油加气合建站的分级，汽车加油、加气站和加油加气合建站及其加油（气）机、储油（气）罐等与站外明火或散发火花地点、建筑、铁路、道路之间的防火间距，以及站内各建筑或设施之间的防火间距，应符合现行国家标准《汽车加油加气站设计与施工规范》（GB 50156—2012）的有关规定。

(11) 电力系统电压为35～500kV且每台变压器容量在10MV·A以上的室外变、配电站以及工业企业的变压器总油量大于5t的室外降压变电站，与建筑之间的防火间距不应小于表6-1和相关规范的规定。

(12) 厂区围墙与厂内建筑之间的间距不宜小于5m，且围墙两侧的建筑之间还应满足相应的防火间距要求。

6.2.2 库房的防火间距

(1) 甲类仓库之间及其与其他建筑、明火或散发火花地点、铁路、道路等的防火间距不应小于表6-3的规定，与架空电力线的最小水平距离不应小于电杆（塔）高度的1.5倍。厂内铁路装卸线与设置装卸站台的甲类仓库的防火间距，可不受表6-3规定的限制。

表6-3 甲类仓库之间及其与其他建筑、明火或散发火花地点、铁路、道路等的防火间距 单位：m

名称		甲类仓库及其储量/t			
		甲类储存物品第3、4项		甲类储存物品第1、2、5、6项	
		≤5	>5	≤10	>10
高层民用建筑、重要公共建筑		50			
裙房、其他民用建筑、明火或散发火花地点		30	40	25	30
甲类仓库		20	20	20	20
厂房和乙、丙、丁、戊类仓库	一、二级耐火等级	15	20	12	15
	三级耐火等级	20	25	15	20
	四级耐火等级	25	30	20	25

续表

名称	甲类仓库及其储量/t			
	甲类储存物品第3、4项		甲类储存物品第1、2、5、6项	
	≤5	>5	≤10	>10
电力系统电压为35～500kV且每台变压器容量在10MV·A以上的室外变、配电站，工业企业的变压器总油量大于5t的室外降压变电站	30	40	25	30
厂外铁路线中心线	40			
厂内铁路线中心线	30			
厂外道路路边	20			
厂内道路路边 主要	10			
厂内道路路边 次要	5			

注：甲类仓库之间的防火间距，当第3、4项物品储量不大于2t，第1、2、5、6项物品储量不大于5t时，不应小于12m，甲类仓库与高层仓库之间的防火间距不应小于13m。

(2) 乙、丙、丁、戊类仓库之间及其与民用建筑之间的防火间距，不应小于表6-4的规定。

表6-4　乙、丙、丁、戊类仓库之间及其与民用建筑之间的防火间距　　单位：m

名称			乙类仓库			丙类仓库				丁、戊类仓库			
			单层或多层		高层	单层或多层			高层	单层或多层			高层
			一、二级	三级	一、二级	一、二级	三级	四级	一、二级	一、二级	三级	四级	一、二级
乙、丙、丁、戊类仓库	单层或多层	一、二级	10	12	13	10	12	14	13	10	12	14	13
		三级	12	14	15	12	14	16	15	12	14	16	15
		四级	14	16	17	14	16	18	17	14	16	18	17
	高层	一、二级	13	15	13	13	15	17	13	13	15	17	13
民用建筑	裙房，单层或多层	一、二级	25			10	12	14	13	10	12	14	13
		三级	25			12	14	16	15	12	14	16	15
		四级	25			14	16	18	17	14	16	18	17
	高层	一类	50			20	25	25	20	15	18	18	15
		二类	50			15	20	20	15	13	15	15	13

注：1. 单层或多层戊类仓库之间的防火间距，可按本表减少2m。

2. 两座仓库相邻较高一面外墙为防火墙，且总占地面积不大于对应规范中一座仓库的最大允许占地面积规定时，其防火间距不限；两座仓库的相邻外墙均为防火墙时，防火间距可减小，但丙类仓库不能小于6m，丁、戊类仓库不应小于4m。

3. 除乙类第6项物品外的乙类仓库，与民用建筑之间的防火间距不宜小于25m，与重要公共建筑之间的防火间距不应小于50m，与铁路、道路等的防火间距不宜小于表6-3中甲类仓库与铁路、道路等的防火间距要求。

(3) 当丁、戊类仓库与民用建筑的耐火等级均为一、二级时，其防火间距可按下列规定执行。

① 当较高一面外墙为不开设门窗洞口的防火墙，或比相邻较低一座建筑屋面高15m及以下范围内的外墙为不开设门窗洞口的防火墙时，其防火间距可不限。

② 相邻较低一面外墙为防火墙，且屋顶不设天窗时，屋顶耐火极限不低于1.00h，或相邻较高一面外墙为防火墙，且墙上开口部位采取了防火保护措施，其防火间距可适当减小，但不应小于4m。

(4) 库区围墙与库区内建筑之间的间距不宜小于5m，且围墙两侧的建筑之间还应满足相应的防火间距要求。

6.2.3　民用建筑的防火间距

（1）民用建筑之间的防火间距不应小于表 6-5 的规定。

表 6-5　民用建筑之间的防火间距　　　　单位：m

建筑类别		高层民用建筑	裙房和其他民用建筑		
		一、二级	一、二级	三级	四级
高层民用建筑	一、二级	13	9	11	14
裙房和其他民用建筑	一、二级	9	6	7	9
	三级	11	7	8	10
	四级	14	9	10	12

注：相邻两座建筑物，当相邻外墙为不燃烧体且无外露的燃烧体屋檐，每面外墙上未设置防火保护措施的门、窗、洞口不正对开设，且各面积之和不大于该外墙面积的 5%时，其防火间距可按本表规定减少 25%。

（2）相邻两座建筑符合下列条件时，其防火间距可不限。

① 两座建筑物相邻较高一面外墙为防火墙，或高出相邻较低一座一、二级耐火等级建筑物的屋面 15m 及以下范围内的外墙为不开设门窗洞口的防火墙，如图 6-1 所示。

② 相邻两座建筑的建筑高度相同，且符合相应防火墙的规定。

（3）相邻两座建筑符合下列条件时，其防火间距不应小于 3.5m，对于高层建筑不宜小于 4.0m。

① 较低一座建筑的耐火等级不低于二级、屋顶不设置天窗、屋顶承重构件及屋面板的耐火极限不低于 1.00h，且相邻较低一面外墙为防火墙。

② 较低一座建筑的耐火等级不低于二级且屋顶不设置天窗，较高一面外墙的开口部位设置甲级防火门窗，或设置符合现行国家标准《自动喷水灭火系统设计规范（附条文说明）（2005 版）》（GB 50084—2001）规定的防火分隔水幕或相应防火卷帘的规定。

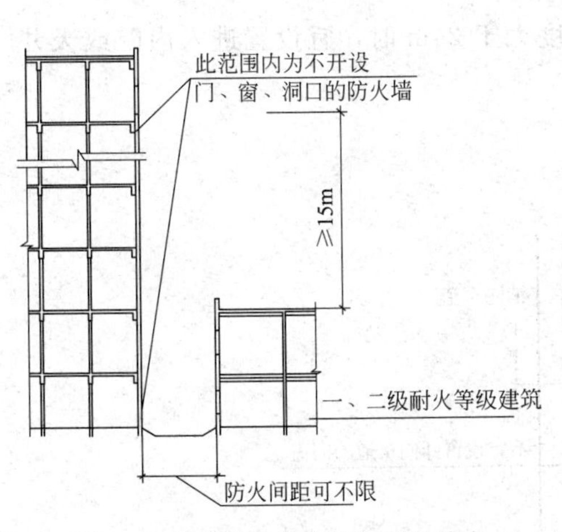

图 6-1　民用建筑的防火间距的确定

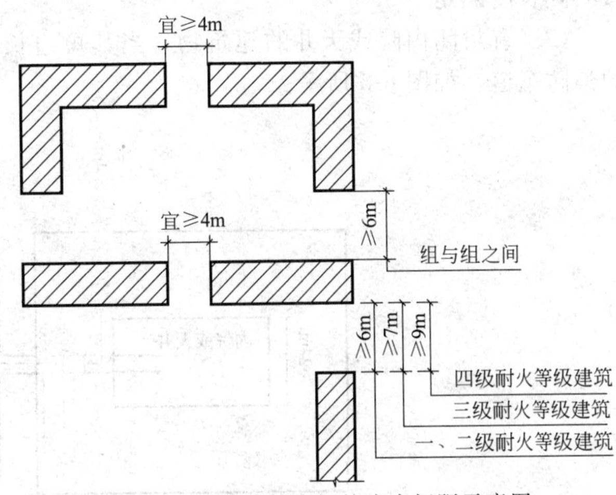

图 6-2　民用建筑之间的防火间距示意图

（4）民用建筑与单独建造的终端变电所、单台蒸汽锅炉的蒸发量不大于 4t/h 或单台热水锅炉的额定热功率不大于 2.8MW 的燃煤锅炉房，其防火间距可按表 6-5 的规定执行。民用建筑与单独建造的其他变电站，其防火间距应按表 6-1 有关室外变、配电站的规定执行。民用建筑与燃油或燃气锅炉房及蒸发量或额定热功率大于本条规定的燃煤锅炉房，其防火间距应按表 6-1 中有关丁类厂房的规定执行。10kV 及以下的预装式变电站与建筑物的防火间距不应小于 3m。

（5）除高层民用建筑外，数座一、二级耐火等级的住宅建筑或办公建筑，当建筑物的占地面积总和不大于2500m²时，可成组布置，但组内建筑物之间的间距不宜小于4m。组与组或组与相邻建筑物之间的防火间距不应小于表6-5的规定，如图6-2所示。

（6）民用建筑与燃气调压站、液化石油气气化站、混气站和城市液化石油气供应站瓶库之间的防火间距应按现行国家标准《城镇燃气设计规范》（GB 50028—2006）中的有关规定执行。

6.3 消防车道及场地布置

6.3.1 消防车道

（1）街区内的道路应考虑消防车的通行，其道路中心线间的距离不宜大于160m。这一点是由于城市区域内建筑比较密集，消防车开展灭火行动存在一定难度，加之室外消火栓的保护半径在150m左右，且室外消火栓按规定一般设在道路两旁，故将消防车道的间距定为160m是合情合理的。

当建筑物沿街道部分的长度大于150m或总长度大于220m时，应设置穿过建筑物的消防车道。当确有困难时，应设置环形消防车道。沿街建筑有不少是U形或者L形的，从建设情况看，其形状较复杂且总长度和沿街的长度过长，必然会给消防人员扑救火灾和内部区域人员疏散带来不便，从而延误灭火时机。根据实际情况，考虑在满足消防扑救和疏散要求的前提下，对U形或者L形建筑物的两翼长度不加限制，而对总长度做了必要的防火规定。因此，规定当建筑物的总长度超过220m时，应设置穿过建筑物的消防车道。注意，计算建筑长度时，其内折线或内凹曲线，可按突出点间的直线距离确定；其外折线或突出曲线，应按实际长度确定。

（2）有封闭内院或天井的建筑物，当其短边长度大于24m时，宜设置进入内院或天井的消防车道，如图6-3所示。

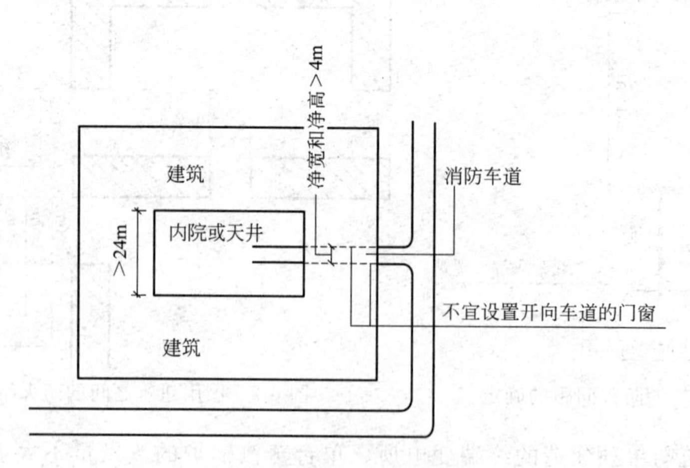

图6-3 消防车道设置

（3）有封闭内院或天井的建筑物沿街时，应设置连通街道和内院的人行通道（可利用楼梯间），其间距不宜大于80m。

（4）在穿过建筑物或进入建筑物内院的消防车道两侧，不应设置影响消防车通行或人员安全疏散的设施。

(5) 高层民用建筑，超过3000个座位的体育馆，超过2000个座位的会堂，占地面积大于3000m²的展览馆等单层和多层公共建筑的周围应设置环形消防车道。当设置环形车道有困难时，可沿该建筑的两个长边设置消防车道。

(6) 工厂、仓库区内应设置消防车道。占地面积大于3000m²的甲、乙、丙类厂房或占地面积大于1500m²的乙、丙类仓库，应设置环形消防车道，确有困难时，应沿建筑物的两个长边设置消防车道。

(7) 供消防车取水的天然水源和消防水池应设置消防车道。

(8) 消防车道的净宽度和净空高度均不应小于4m，消防车道的坡度不宜大于8%，其转弯处应满足消防车转弯半径的要求。消防车道距高层建筑或大型公共建筑的外墙宜大于5m。供消防车停留的作业场地，其坡度不宜大于3%。消防车道与厂房（仓库）、民用建筑之间不应设置妨碍消防车作业的障碍物。

(9) 环形消防车道至少应有两处与其他车道连通。尽头式消防车道应设置回车道或回车场，回车场的面积不应小于12m×12m（图6-4）；对于高层建筑，回车场的面积不宜小于15m×15m；供大型消防车使用时，其面积不宜小于18m×18m。消防车道的路面、扑救作业场地及消防车道和扑救作业场地下面的管道和暗沟等，应能承受大型消防车的压力。消防车道可利用交通道路，但该道路应满足消防车通行、转弯和停靠的要求。

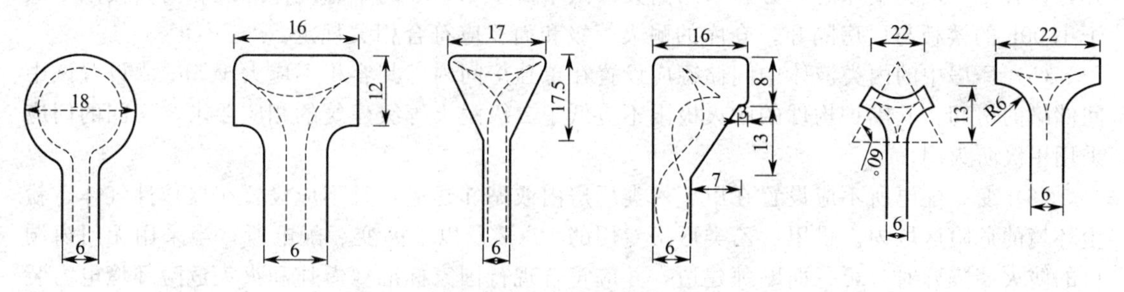

图6-4 尽头式消防车道回车场（单位：m）

(10) 消防车道不宜与铁路正线平交。如必须平交，应设置备用车道，且两车道之间的间距不应小于一列火车的长度。

6.3.2 消防救援场地

(1) 高层建筑的底边至少有一个长边或周边长度的1/4且不小于一个长边长度，不应布置进深大于4m的裙房，该范围内应确定一块或若干块消防登高车操作场地，且两块场地最近边缘的水平距离不宜超过40m。

(2) 消防登高操作场地应符合下列规定。

① 消防登高车操作场地可结合消防车道布置，宽度不应小于8m，场地靠建筑外墙一侧至建筑外墙的距离不宜小于5m，且不应大于15m。

② 登高车操作场地的长度和宽度分别不应小于15m和8m。

③ 作业场地及其下面的管道和暗沟等，应能承受大型消防车的压力。

(3) 建筑物与消防登高操作场地相对应的范围内，必须设置直通室外的楼梯或直通楼梯间的入口。

(4) 建筑物的外墙与消防登高操作场地相对应的范围内，每层均应设置可供消防救援人员进入的窗口，窗口的净尺寸不得小于0.8m×1.0m，窗口下沿距室内地面不宜大于1.2m。该窗口可利用建筑上符合上述要求的可开启外窗。

（5）供消防救援的建筑立面一侧不应设置影响灭火救援的架空高压电线、树木等。

6.4 建筑平面布置防火设计

6.4.1 厂房和仓库的平面布置

（1）甲、乙类生产场所不应设置在地下或半地下。甲、乙类仓库不应设置在地下或半地下。

（2）厂房内严禁设置员工宿舍。办公室、休息室等不应设置在甲、乙类厂房内，当必须与本厂房贴邻建造时，其耐火等级不应低于二级，并应采用耐火极限不低于3.00h的不燃烧体防爆墙隔开和设置独立的安全出口。在丙类厂房内设置的办公室、休息室，应采用耐火极限不低于2.50h的不燃烧体隔墙和耐火极限不低于1.00h的楼板与厂房隔开，并应至少设置1个独立的安全出口。如隔墙上需开设相互连通的门时，应采用乙级防火门。

（3）厂房内设置甲、乙类中间仓库时，其储量不宜超过1昼夜的需要量。中间仓库应靠外墙布置，并应采用防火墙和耐火极限不低于1.50h的不燃烧体楼板与其他部分隔开。

（4）厂房内设置丙类仓库时，必须采用防火墙和耐火极限不低于1.50h的楼板与厂房隔开，设置丁、戊类仓库时，必须采用耐火极限不低于2.50h的不燃烧体隔墙和耐火极限不低于1.00h的楼板与厂房隔开。仓库的耐火等级和面积应符合相关规定。

（5）厂房中的丙类液体中间储罐应设置在单独房间内，其容积不应大于5m^3。设置该中间储罐的房间，其围护构件的耐火极限不应低于二级耐火等级建筑的相应要求，房间的门应采用甲级防火门。

（6）变、配电所不应设置在甲、乙类厂房内或贴邻建造，且不应设置在爆炸性气体、粉尘环境的危险区域内。供甲、乙类厂房专用的10kV及以下的变、配电所，当采用无门窗洞口的防火墙隔开时，可一面贴邻建造，并应符合现行国家标准《爆炸和火灾危险环境电力装置设计规范》（GB 50058—1992）等规范的有关规定。乙类厂房的配电所必须在防火墙上开窗时，应设置不可开启的甲级防火窗。

（7）仓库内严禁设置员工宿舍。甲、乙类仓库内严禁设置办公室、休息室等，并不应贴邻建造。在丙、丁类仓库内设置的办公室、休息室，应采用耐火极限不低于2.50h的不燃烧体隔墙和耐火极限不低于1.00h的楼板与库房隔开，并应设置独立的安全出口。如隔墙上需开设相互连通的门时，应采用乙级防火门。

（8）物流配送建筑内应按功能划分防火分区，储存区应采用防火墙与其他功能空间进行分隔。储存区的防火设计应按仓库的规定确定，其中丙类2项和丁、戊类物品储存区的防火分区允许建筑面积和储存区的建筑允许面积，当库区全部设置有自动喷水灭火系统和火灾自动报警系统时，可按相关标准增加至4.0倍。其他功能区的防火设计应按有关厂房的要求确定。

（9）甲、乙类厂房（仓库）内不应设置铁路线。

6.4.2 民用建筑的平面布置

民用建筑的平面布置，应结合不同场所的实际用途及其火灾危险性、安全疏散要求等因素合理布置。

（1）建筑中火灾危险性较大的场所应采取防火分隔措施与其他部位分隔。

（2）经营、存放和使用甲、乙类物品的商店、作坊和储藏间，严禁设置在民用建筑内。

(3) 老年人活动场所及托儿所、幼儿园的儿童用房宜设置在独立的建筑内。当必须设置在其他民用建筑内时，应具有独立的安全出口。

(4) 一、二级耐火等级的托儿所、幼儿园的儿童用房和儿童游乐厅等儿童活动场所不应设置在四层及四层以上的楼层或地下、半地下建筑（室）内；单独建造时，不应超过3层。

三级耐火等级的托儿所、幼儿园的儿童用房和儿童游乐厅等儿童活动场所、老年人建筑和医院、疗养院的住院部分不应设置在三层及三层以上楼层或地下、半地下建筑（室）内；单独建造时，不应超过2层。

三级耐火等级的商店、学校、电影院、剧院、礼堂、食堂、菜市场不应设置在三层及三层以上楼层。单独建造时，不应超过2层。

四级耐火等级的学校、食堂、菜市场、托儿所、幼儿园、老年人建筑、医院建筑等应为单层建筑或设置在建筑的首层。

(5) 歌舞厅、录像厅、夜总会、放映厅、卡拉OK厅（含具有卡拉OK功能的餐厅）、游艺厅（含电子游艺厅）、桑拿浴室（不包括洗浴部分）、网吧等歌舞娱乐放映游艺场所，宜设置在一、二级耐火等级建筑物内的首层、二层或三层的靠外墙部位，不宜布置在袋形走道的两侧或尽端。受条件限制必须布置在袋形走道的两侧或尽端时，最远房间的疏散门至最近安全出口的距离不应大于9m。受条件限制必须布置在建筑物内首层、二层或三层以外的其他楼层时，尚应符合下列规定。

① 不应布置在地下二层及二层以下。当布置在地下一层时，地下一层地面与室外出入口地坪的高差不应大于10m。

② 一个厅、室的建筑面积不应大于200m^2，并应采用耐火极限不低于2.00h的不燃烧体隔墙和不低于1.00h的不燃烧体楼板与其他部位隔开，厅、室的疏散门应设置乙级防火门。

(6) 高层建筑内的观众厅、会议厅、多功能厅等人员密集的场所，应设在首层或二、三层。当必须设置在其他楼层时，除另有规定外，尚应符合下列规定。

① 一个厅、室的安全出口不应少于2个，且建筑面积不宜超过400m^2。

② 必须设置火灾自动报警系统和自动喷水灭火系统。

③ 幕布和窗帘应采用经阻燃处理的织物。

(7) 居住建筑与商业设施等其他功能空间处于同一建筑内时，应符合下列规定。

① 居住部分与商业设施等部分之间应采用不开设门、窗、洞口的耐火极限不低于1.50h的不燃烧体楼板和耐火极限不低于2.00h的不燃烧实体隔墙完全分隔，且居住部分的安全出口和疏散楼梯应独立设置。为居住部分服务地上车库应设置独立的疏散楼梯或安全出口，地下车库的疏散楼梯应按相关规定进行安全分隔。

② 居住部分和商业设施等其他功能场所的安全疏散、消防设施等防火设计，应分别按照规范有关居住建筑和公共建筑或商业服务网点的规定执行。

(8) 燃油或燃气锅炉、油浸电力变压器、充有可燃油的高压电容器和多油开关等，宜设置在建筑外的专用房间内。

当上述设备受条件限制必须贴邻民用建筑布置时，应设置在耐火等级不低于二级的建筑内，并应采用防火墙与所贴邻的建筑隔开，且不应贴邻人员密集的场所；必须布置在民用建筑内时，不应布置在人员密集的场所的上一层、下一层或贴邻，并应符合下列规定。

① 燃油和燃气锅炉房、变压器室应设置在首层或地下一层靠外墙的部位，但常（负）压燃油、燃气锅炉可设置在地下二层，当常（负）压燃气锅炉距安全出口的距离大于6m

时，可设置在屋顶上。

采用相对密度（与空气密度的比值）不小于0.75的可燃气体为燃料的锅炉，不得设置在地下或半地下建筑（室）内。

② 锅炉房、变压器室的门均应直通室外或直通安全出口；外墙开口部位的上方应设置宽度不小于1m的不燃烧体防火挑檐或高度不小于1.2m的窗槛墙。

③ 锅炉房、变压器室等与其他部位之间应采用耐火极限不低于2.00h的不燃烧体隔墙和耐火极限不低于1.50h的不燃烧体楼板隔开。在隔墙和楼板上不应开设洞口，当必须在隔墙上开设门窗时，应设置甲级防火门窗。

④ 当锅炉房内设置储油间时，其总储存量不应大于1m³，且储油间应采用防火墙与锅炉间隔开；当必须在防火墙上开门时，应设置甲级防火门。

⑤ 变压器室之间、变压器室与配电室之间，应采用耐火极限不低于2.00h的不燃烧体墙隔开。

⑥ 油浸电力变压器、多油开关室、高压电容器室，应设置防止油品流散的设施。油浸电力变压器下面应设置储存变压器全部油量的事故储油设施。

⑦ 锅炉的容量应符合现行国家标准《锅炉房设计规范》（GB 50041—2008）的有关规定。油浸电力变压器的总容量不应大于1260kV·A，单台容量不应大于630kV·A。

⑧ 应设置火灾报警装置。

⑨ 应设置与锅炉、油浸变压器容量和建筑规模相适应的灭火设施。

⑩ 燃气锅炉房应设置防爆泄压设施，燃油、燃气锅炉房应设置独立的通风系统，并应符合相关规范的有关规定。

（9）柴油发电机房布置在民用建筑内时，应符合下列规定。

① 宜布置在首层及地下一、二层，不应布置在人员密集的场所的上一层、下一层或贴邻。

② 应采用耐火极限不低于2.00h的不燃烧体隔墙和耐火极限不低于1.50h的不燃烧体楼板与其他部位隔开，门应采用甲级防火门。

③ 机房内应设置储油间，其总储存量不应大于8h的需要量，且储油间应采用防火墙与发电机间隔开，当必须在防火墙上开门时，应设置甲级防火门。

④ 应设置火灾报警装置。

⑤ 应设置与柴油发电机容量和建筑规模相适应的灭火设施。

（10）供建筑内使用的丙类液体燃料，其储罐布置应符合下列规定。

① 液体储罐总储量不应大于15m³，当直埋于建筑附近，且面向油罐一面4.0m范围内的建筑物外墙为防火墙时，其防火间距可不限。

② 中间罐的储量不应大于1m³，并应设在耐火等级不低于二级的单独房间内，该房间的门应采用甲级防火门。

③ 当液体储罐总储量大于15m³时，其布置应符合相关规范的有关规定。

（11）为建筑内燃油设备服务的储油间的油箱应密闭，且应设置通向室外的通气管，通气管应设置带阻火器的呼吸阀，油箱的下部应设置防止油品流散的设施。

（12）建筑采用集中瓶装液化石油气储瓶间供气时，应符合下列规定。

① 液化石油气总储量不超过1m³的瓶装液化石油气间，除人员密集的场所外，可与所服务的建筑贴邻建造。

② 总储量大于1m³、而不大于3m³的瓶装液化石油气间与所服务的建筑的防火间距不

应小于10m；与其他建筑的防火间距，应符合有关规定。

③ 在总进气管道、总出气管道上应设置紧急事故自动切断阀。

④ 应设置可燃气体浓度报警装置。

⑤ 电气设计应符合现行国家标准《爆炸和火灾危险环境电力装置设计规范》(GB 50058—2014) 的有关规定。

(13) 高层民用建筑内使用可燃气体燃料时，应采用管道供气。使用可燃气体的房间或部位宜靠外墙设置，并应符合现行国家标准《城镇燃气设计规范》(GB 50028—2006) 的有关规定。

(14) 建筑物内的燃料供给管道应在进入建筑物前和在设备间内设置自动和手动切断阀，并应符合现行国家标准《城镇燃气设计规范》(GB 50028—2006) 的有关规定。

习　　题

1. 什么是防火间距?
2. 防火间距主要计算依据是什么?
3. 试论述厂（库）房、民用建筑等各类建筑的防火间距要求。
4. 消防车道及场地布置要求有哪些?
5. 试论述建筑平面布置防火设计应该怎样进行?

第7章 消防系统

建筑消防系统主要包括消防给水系统、自动喷水灭火系统、气体灭火系统等。

7.1 消防给水系统

消防系统是建筑消防设施的重要组成部分。可以利用消防系统及时扑救火灾，使火灾损失降低到最低。消防给水系统是为建筑物设置的消防系统的重要组成部分，其中消火栓给水系统如图 7-1 所示。消防给水系统主要给室内外消火栓提供灭火所用需水量，并保证其可靠性，满足水量水压的要求。

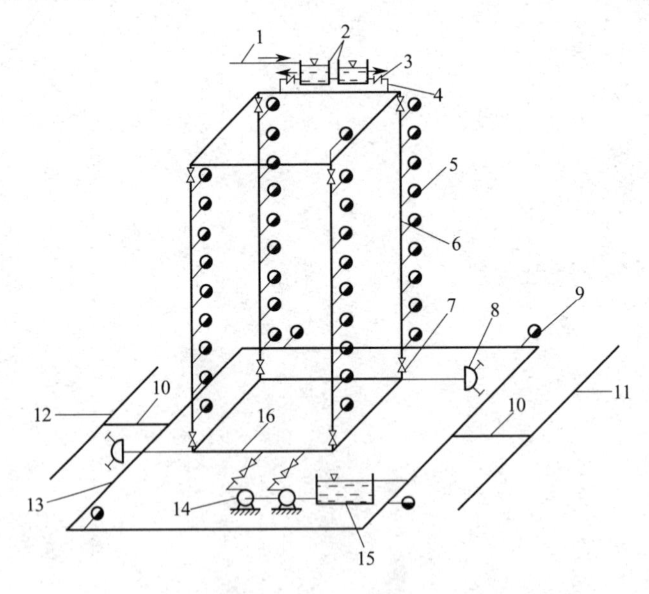

图 7-1 消火栓给水系统

1—水箱进水管；2—消防水箱；3—单向阀；4—消防用水出水管；
5—室内消火栓；6—消防竖管；7—阀门；8—水泵接合器；
9—室外消火栓；10—进户管；11—管网；12—市政管网；
13—室外消防给水管网；14—消防水泵；15—消防水池；16—水平干管

7.1.1 室外消火栓给水系统

消火栓给水系统是建筑物的主要灭火设备，是供消防队员或其他现场人员，在火灾时利用消火栓（箱）内的水带、水枪实施灭火的设备。

室外消火栓一般布置在城镇、居住区、企事业单位、民用建筑、厂方（仓库）、材料堆场和储罐等室外场所。耐火等级不低于二级且建筑物体积不大于 3000m³ 的戊类厂房，居住区人数不超过 500 人且建筑物层数不超过两层的居住区，可不设置室外消火栓系统。

室外消火栓给水系统按照管网内水压的不同来分，可以分为高压、临时高压和低压给水系统。

(1) 高压消防给水系统　只要消防给水管网内经常保持足够高的压力，灭火时不需使用消防车或者移动式消防水泵加压，直接由消火栓接出水带就可满足水枪出水灭火要求，这样的给水系统就属于高压消防给水系统。它可以利用地势的高程差修建高位水池或者集中设置高压水泵来实现。

高压消防给水系统中的给水管道压力应该能够保证生产、生活、消防用水量最大且水枪布置在最不利点（即建筑的最高处）时，水枪的充实水柱不小于 10m。

充实水柱（full water spout）是指由水枪喷嘴起到射流 90% 的水柱水量穿过直径 380mm 圆孔处的一段射流长度。如图 7-2 所示。

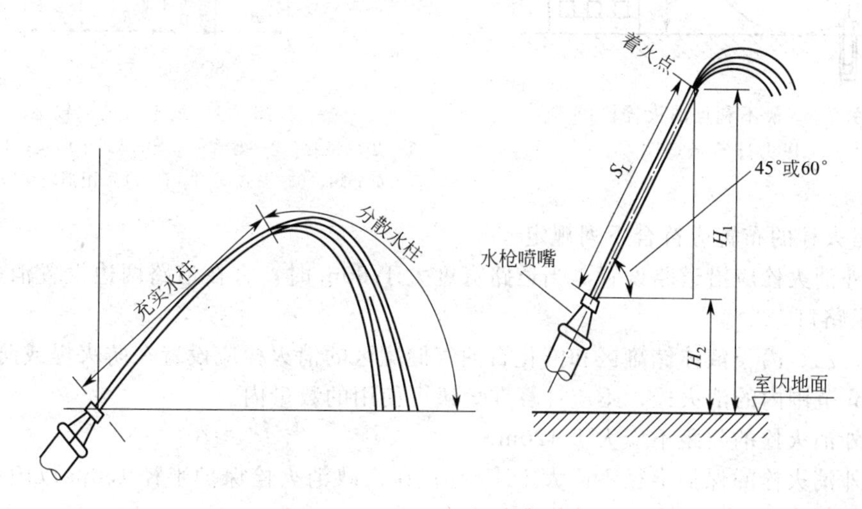

图 7-2　充实水柱

对于室外高压消防给水系统最不利点消火栓栓口最低压力可按式(7-1) 计算（见图 7-3）。

$$H_s = H_p + H_q + H_d \tag{7-1}$$

式中　H_s——最不利点消火栓栓口最低压力，MPa；

H_p——地面消火栓与最高屋面地形高程差所需静水压，MPa；

H_q——充实水柱不小于 10m，每支水枪的流量不小于 5L/s 时，口径为 19mm 水枪喷嘴所需压力，MPa；

H_d——6 条直径为 65mm 水带的水头损失之和，MPa。

(2) 临时高压消防给水系统　是指给水管网内平时压力不高，其水压和流量不能满足最不利点的灭火要求，在泵房内设消防加压水泵，一旦失火，启动消防水泵，临时加压，让管网内压力达到高压消防给水系统的压力要求。该系统用于无市政水源，水源取自区内自备井。

(3) 低压消防给水系统　是指管网内平时水压低，一旦失火主要借助于消防车或者移动式消防加压泵来提供灭火时所需水压。该系统要求最不利点消火栓的压力不小于 0.1MPa。

民用建筑室外多采用低压消防给水系统。这种系统一般与生产、生活给水管网合并使用，但必须注意管网中的水压及一次火灾最大消防流量应得到满足。

室外消火栓分为地上式和地下式。图 7-4 为 SQ 型地上式消火栓。

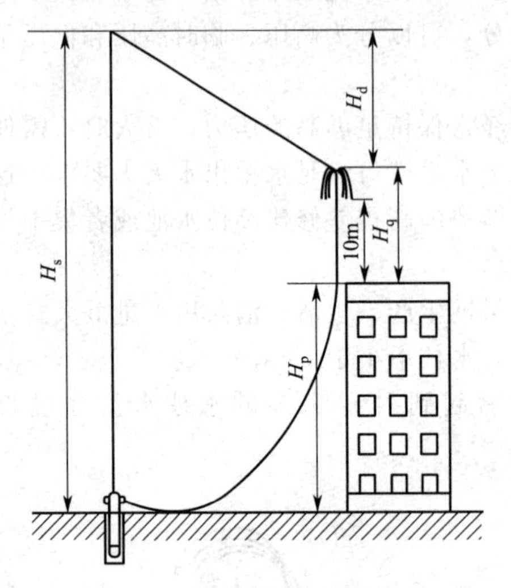

图 7-3　最不利点消火栓栓口压力计算示意图

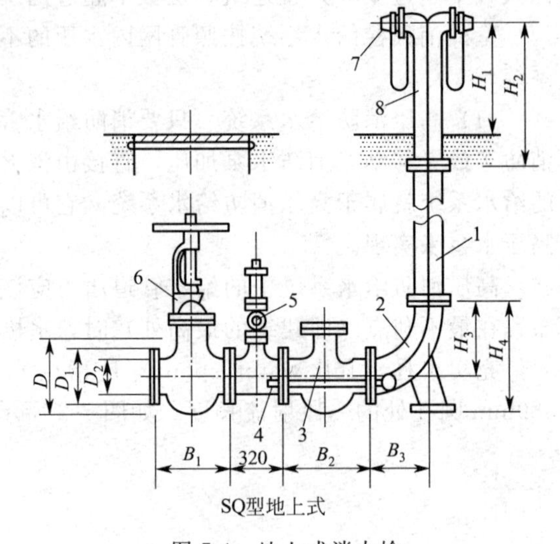

图 7-4　地上式消火栓

1—法兰接管；2—弯管；3—升降式单向阀；4—放水阀；5—安全阀；6—楔式闸阀；7—进水用消防接口；8—本体

室外消火栓的布置应符合下列规定。

① 室外消火栓应沿道路设置。当道路宽度大于 60m 时，宜在道路两边设置消火栓，并宜靠近十字路口。

② 甲、乙、丙类液体储罐区和液化石油气储罐区的消火栓应设置在防火堤或防护墙外。距罐壁 15m 范围内的消火栓，不应计算在该罐可使用的数量内。

③ 室外消火栓的间距不应大于 120m。

④ 室外消火栓的保护半径不应大于 150m；在市政消火栓保护半径 150m 以内，当室外消防用水量不大于 15L/s 时，可不设置室外消火栓。

⑤ 室外消火栓的数量应按其保护半径和室外消防用水量等情况综合计算确定，每个室外消火栓的用水量应按 10～15L/s 计算；与保护对象的距离在 5～40m 范围内的市政消火栓，可计入室外消火栓的数量内。

⑥ 室外消火栓宜采用地上式消火栓。地上式消火栓应有 1 个 *DN*150 或 *DN*100 和 2 个 *DN*65 的栓口。采用室外地下式消火栓时，应有 *DN*100 和 *DN*65 的栓口各 1 个。寒冷地区设置的室外消火栓应有防冻措施。

⑦ 消火栓应沿建筑物均匀布置，距路边不应大于 2m，距房屋外墙不宜小于 5m，并不宜大于 40m。

⑧ 工艺装置区内的消火栓应设置在工艺装置的周围，其间距不宜大于 60m。当工艺装置区宽度大于 120m 时，宜在该装置区内的道路边设置消火栓。

室外消防给水管道的布置应符合下列规定。

① 室外消防给水管网应布置成环状，当室外消防用水量不大于 15L/s 时，可布置成枝状。

② 向环状管网输水的进水管不应少于两条，当其中一条发生故障时，其余的进水管应

能满足消防用水总量的供给要求。

③ 环状管道应采用阀门分成若干独立段的方式，每段内室外消火栓的数量不宜超过5个，室外消防给水管道的直径不应小于 $DN100$。

④ 室外消防给水管道设置的其他要求应符合现行国家标准《室外给水设计规范》(GB 50013—2006) 的有关规定。

进水管是指市政给水管与建筑物周围生活和消防合用的给水管网的连接管。其和环状管网的管径可据式(7-2) 计算。

$$D=\sqrt{\frac{4Q}{\pi(n-1)v}} \tag{7-2}$$

式中 D——进水管管径，m；

Q——生活、生产和消防用水总量，m^3/s；

n——进水管数，$n>1$；

v——进水管流速，m/s，一般不宜大于 2.5 m/s。

建筑的室外消火栓、阀门、消防水泵接合器等设置地点应设置相应的永久性固定标识。寒冷地区设置市政消火栓、室外消火栓确有困难的，可设置水鹤等为消防车加水的设施，其保护范围可根据需要确定。

7.1.2 室外消防用水量

城市、居住区的室外消防用水量应按同一时间内的火灾次数和一次灭火用水量确定。同一时间内的火灾次数和一次灭火用水量不应小于表 7-1 的规定。

表 7-1 城市、居住区同一时间内的火灾次数和一次灭火用水量

人数 N/万人	同一时间内的火灾次数/次	一次灭火用水量/(L/s)	人数 N/万人	同一时间内的火灾次数/次	一次灭火用水量/(L/s)
$N\leqslant1$	1	10	$30<N\leqslant40$	2	65
$1<N\leqslant2.5$	1	15	$40<N\leqslant50$	3	75
$2.5<N\leqslant5$	2	25	$50<N\leqslant60$	3	85
$5<N\leqslant10$	2	35	$60<N\leqslant70$	3	90
$10<N\leqslant20$	2	45	$70<N\leqslant80$	3	95
$20<N\leqslant30$	2	55	$80<N\leqslant100$	3	100

注：城市的室外消防用水量应包括居住区、工厂、仓库、堆场、储罐（区）和民用建筑的室外消火栓用水量。当工厂、仓库和民用建筑的室外消火栓用水量按表 7-3 的规定计算，其值与按本表计算不一致时，应取较大值。

工厂、仓库、堆场、储罐（区）和民用建筑的室外消防用水量，应按同一时间内的火灾次数和一次灭火用水量确定。

(1) 工厂、仓库、堆场、储罐（区）和民用建筑在同一时间内的火灾次数不应小于表 7-2 的规定。

表 7-2 工厂、仓库、堆场、储罐（区）和民用建筑在同一时间内的火灾次数

名称	基地面积/hm^2	附有居住区人数/万人	同一时间内的火灾次数/次	备注
工厂	≤100	≤1.5	1	按需水量最大的一座建筑物(或堆场、储罐)计算
		>1.5	2	工厂、居住区各一次
	>100	不限	2	按需水量最大的两座建筑物(或堆场、储罐)之和计算
仓库、民用建筑	不限	不限	1	按需水量最大的一座建筑物(或堆场、储罐)计算

注：采矿、选矿等工业企业当各分散基地有单独的消防给水系统时，可分别计算。

（2）工厂、仓库和民用建筑一次灭火的室外消火栓用水量不应小于表 7-3 的规定。

表 7-3　工厂、仓库和民用建筑一次灭火的室外消火栓用水量　　单位：L/s

耐火等级	建筑物类别		建筑物体积 V/m^3					
			$V\leqslant 1500$	$1500<V\leqslant 3000$	$3000<V\leqslant 5000$	$5000<V\leqslant 20000$	$20000<V\leqslant 50000$	$V>50000$
一、二级	厂房	甲、乙类	10	15	20	25	30	35
		丙类	10	15	20	25	30	40
		丁、戊类	10	10	10	15	15	20
	仓库	甲、乙类	15	15	25	25	—	—
		丙类	15	15	25	25	35	45
		丁、戊类	10	10	10	15	15	20
	民用建筑	单层或多层	10	15	15	20	25	30
		除住宅建筑外的一类高层	30	30	30	30	30	30
		一类高层住宅建筑、二类高层	20	20	20	20	20	20
三级	厂房（仓库）	乙、丙类	15	20	30	40	45	—
		丁、戊类	10	10	15	20	25	35
	民用建筑		10	15	20	25	30	—
四级	丁、戊类厂房（仓库）		10	15	20	25	—	—
	民用建筑		10	15	20	25	—	—

注：1. 室外消火栓用水量应按消防用水量最大的一座建筑物计算。成组布置的建筑物应按消防用水量较大的相邻两座建筑物之和计算。

2. 国家级文物保护单位的重点砖木或木结构的建筑物，其室外消火栓用水量应按三级耐火等级民用建筑的消防用水量确定。

3. 铁路车站、码头和机场的中转仓库其室外消火栓用水量可按丙类仓库确定。

4. 建筑高度不超过 50m 且设置有自动喷水灭火系统的高层民用建筑，其室外消防用水量可按本表减少 5L/s。

（3）一个单位内有泡沫灭火设备、带架水枪、自动喷水灭火系统以及其他室外消防用水设备时，其室外消防用水量应按上述同时使用的设备所需的全部消防用水量加上表 7-3 规定的室外消火栓用水量的 50%计算确定，且不应小于表 7-3 的规定。

7.1.3　室内消火栓给水系统

根据建筑类别、规模和重要性等来决定是否应该在建筑内部设置消火栓。

下列场所应设置室内消火栓。

① 建筑占地面积大于 300m² 的厂房和仓库。

② 体积大于 5000m³ 的车站、码头、机场的候车（船、机）建筑、展览建筑、商店建筑、旅馆建筑、住院建筑、门诊建筑和图书馆建筑等。

③ 特等、甲等剧场，超过 800 个座位的其他等级的剧场和电影院等，超过 1200 个座位的礼堂、体育馆等。

④ 建筑高度大于 24m 或体积大于 10000m³ 的办公建筑、教学建筑和除住宅建筑外的其他居住建筑等民用建筑。

⑤ 建筑高度大于 24m 的住宅建筑或建筑高度不大于 27m 的住宅建筑当设置室内消火栓系统确有困难时，可只设置干式消防竖管和不带消火栓箱的 *DN*65 的室内消火栓。

⑥ 其他高层民用建筑。

注：1. 耐火等级为一、二级且可燃物较少的单层或多层丁、戊类厂房（仓库），耐火等级为三、四级且建筑体积不大于 3000m³ 的丁类厂房和建筑体积不大于 5000m³ 的戊类厂房（仓库），粮食仓库、金库等可不设置室内消火栓。

2. 存有与水接触能引起燃烧、爆炸的物品的建筑物和室内没有生产、生活给水管道，室外消防用水取自储水池且建筑体积不大于5000m^{3}的其他建筑可不设置室内消火栓。

国家级文物保护单位的重点砖木或木结构的古建筑，宜设置室内消火栓。

人员密集的公共建筑，建筑高度大于100m的建筑和建筑面积大于200m^{2}的商业服务网点内应设置消防软管卷盘或轻便消防水龙；不设置室内消火栓系统的建筑宜设置轻便消防水龙。

室内消火栓给水系统分为单、多层建筑和高层建筑消防给水。单、多层建筑给水分为无消防泵和高位水箱给水与有消防泵和高位水箱给水两种；高层建筑消防给水按照给水范围来分，可以分为独立式和区域集中式两种消防给水系统，独立式比较适用于对人防要求高等重要高层建筑物内，而区域集中式适用于集中的高层建筑群。就高层建筑来说，当消火栓栓口的静水压力大于1.0MPa时，必须采取分区供水方式，分区供水可以采用串联或者并联方式供水。

7.1.4 室内消火栓系统组成

室内消火栓系统一般是由消火栓箱（水枪、水带、消火栓、消防按钮、消防卷盘等）、消防给水管、阀门、高位水箱、消防水池、消防水泵、水泵接合器、消防增压设备等组成。建筑的室内消火栓、阀门等设置地点应设置永久性固定标识。

（1）消火栓箱由箱体及安放于箱内的水枪、水带、消火栓、消防按钮、消防卷盘等组成。消火栓有单栓和双栓之分，单栓有*SN*50和*SN*65两种规格，双栓只有*SN*65一种规格。消火栓箱如图7-5所示。

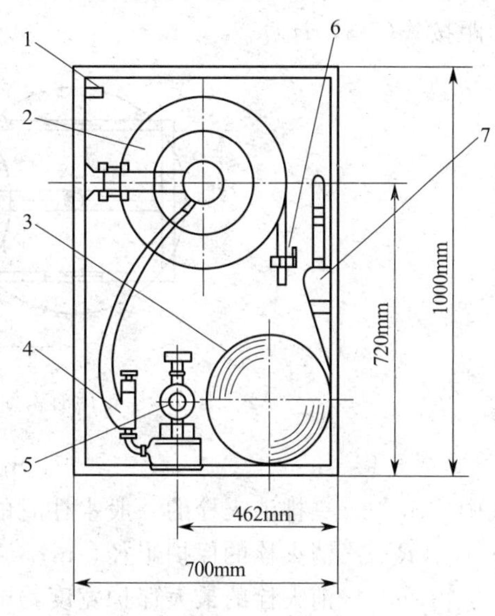

图7-5 消火栓箱

1—控制按钮；2—卷盘；3—ϕ65输水衬胶水带；4—小口径消火栓；5—消火栓栓口；6—小口径直流开关水枪；7—大口径直流水枪

注：1. 控制按钮是可直接启动水泵和向控制中心报警的带指示灯的按钮。

2. 消火栓栓口离地高1.1m，出水方向宜向下或与墙面呈90°角。

消防水带规格有*DN*65和*DN*50两种，长度有15m、20m、25m、30m四种，有衬胶和不衬胶之分，材质有麻质和化纤两种。水枪室内一般为直流式，喷嘴直径有13mm、16mm、19mm三种。

布设于消火栓箱内的消防卷盘（即消防水喉）主要用于在启动室内消火栓之前供建筑内一般人员在火灾早期灭火自救。

布置室内消火栓时应符合以下要求。

① 除无可燃物的设备层外，设置室内消火栓的建筑物，其各层均应设置消火栓。单元式、塔式住宅建筑中的消火栓宜设置在楼梯间的首层和各楼层休息平台上，当设2根消防竖管确有困难时，可设1根消防竖管，但必须采用双口双阀型消火栓。干式消火栓竖管应在首层靠出口部位设置便于给消防车供水的快速接口和止回阀。

② 消防电梯间前室内应设置消火栓。

③ 室内消火栓应设置在位置明显且易于操作的部位。栓口离地面或操作基面高度宜为1.1m，其出水方向宜向下或与设置消火栓的墙面成90°角；栓口与消火栓箱内边缘的距离不

应影响消防水带的连接。

④ 冷库内的消火栓应设置在常温穿堂或楼梯间内。

⑤ 室内消火栓的间距应由计算确定。对于高层民用建筑、高层厂房（仓库）、高架仓库和甲、乙类厂房，室内消火栓的间距不应大于30m；对于其他单层和多层建筑及建筑高度不超过24m的裙房，室内消火栓的间距不应大于50m。

⑥ 同一建筑物内应采用统一规格的消火栓、水枪和水带。每条水带的长度不应大于25m。

⑦ 室内消火栓的布置应保证每一个防火分区同层有两支水枪的充实水柱可同时到达任何部位。建筑高度不大于24m且体积不大于5000m³的多层仓库，可采用1支水枪的充实水柱到达室内任何部位。

水枪的充实水柱应经计算确定，甲、乙类厂房、层数超过6层的公共建筑和层数超过4层的厂房（仓库），充实水柱不应小于10m；高层建筑、高架仓库和体积大于25000m³的商店、体育馆、影剧院、会堂、展览建筑，车站、码头、机场建筑等，充实水柱不应小于13m；其他建筑，充实水柱不宜小于7m。

一股充实水柱时的室内消火栓间距计算：只设一排消火栓的布置情况如图7-6所示，其间距按式(7-3) 计算。

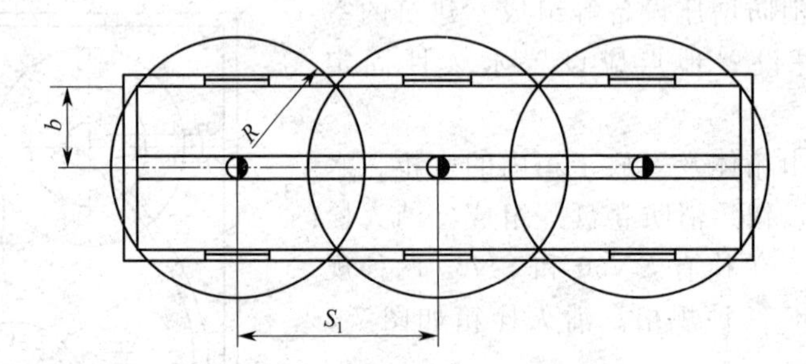

图 7-6　一排消火栓的一股水柱时的室内消火栓布置

$$S_1 = 2\sqrt{R^2 - b^2} \tag{7-3}$$

式中　S_1——一排消火栓的一股水柱时的室内消火栓间距，m；

R——消火栓的保护半径，m；

b——消火栓的最大保护宽度，m。

多排消火栓的一股水柱时的布置如图7-7所示，其间距按式(7-4) 计算。

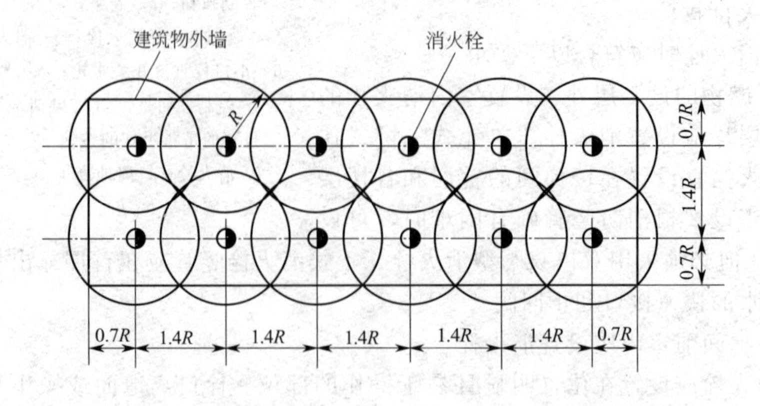

图 7-7　多排消火栓的一股水柱时的室内消火栓布置

$$S_n=\sqrt{2}R=1.414R \tag{7-4}$$

两股充实水柱时的室内消火栓间距的计算：多排消火栓的两股水柱时的布置如图7-8所示，其间距按式(7-5) 计算。

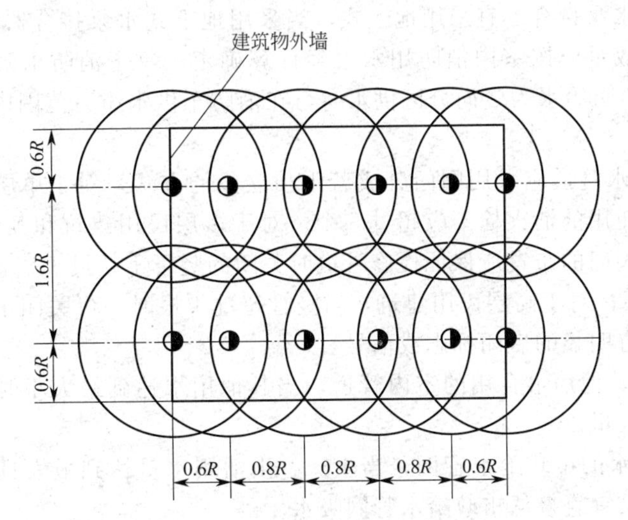

图7-8　多排消火栓的两股水柱时的室内消火栓布置

$$S_n=\sqrt{R^2-b^2} \tag{7-5}$$

室内消火栓的保护半径按式(7-6) 计算。

$$R=L_d+L_s \tag{7-6}$$

式中　L_d——实际水带长度，按水带长度乘以0.8的系数，m；

L_s——水枪充实水柱在平面上的投影，一般取$0.71S_k$，S_k为充实水柱长度，m。

⑧ 高层建筑和高位消防水箱静压不能满足最不利点消火栓水压要求的其他建筑，应在每个室内消火栓处设置直接启动消防水泵的按钮，并应有保护设施。

⑨ 室内消火栓栓口处的出水压力大于0.5MPa时，应设置减压设施；静水压力大于1.0MPa时，应采用分区给水系统。

⑩ 设置有室内消火栓的建筑，如为平屋顶时，宜在平屋顶上设置试验和检查用的消火栓，采暖地区可设在顶层出口处或水箱间内。

(2) 室内消防给水管网　室内消防给水管网包括进水管、消防竖管、水平管、阀门等。在布置室内消防给水管网时应符合以下要求。

① 室内消火栓超过10个且室外消防用水量大于15L/s时，其消防给水管道应连成环状，且至少应有2条进水管与室外管网或消防水泵连接。当其中一条进水管发生事故时，其余的进水管应仍能供应全部消防用水量。

② 高层建筑应设置独立的消防给水系统。室内消防竖管应连成环状，每根消防竖管的直径应按通过的流量经计算确定，但不应小于$DN100$。

③ 60m以下的单元式住宅建筑和60m以下、每层不超过8户、建筑面积不超过650m^2的塔式住宅建筑，当设两根消防竖管有困难时，可设一根竖管，但必须采用双阀双出口型消火栓。

④ 室内消火栓给水管网应与自动喷水灭火系统的管网分开设置；当合用消防泵时，室内消火栓供水管路应在报警阀前分开设置。这样做的主要目的是防止消火栓用水或者漏水影响自动喷水灭火系统发生误报。

⑤ 高层建筑，设置室内消火栓且层数超过 4 层的厂房（仓库），设置室内消火栓且层数超过 5 层的公共建筑，其室内消火栓给水系统和自动喷水灭火系统应设置消防水泵接合器。消防水泵接合器应设置在室外便于消防车使用的地点，与室外消火栓或消防水池取水口的距离宜为 15～40m。水泵接合器宜采用地上式，当采用地下式水泵接合器时，应有明显标志。消防水泵接合器的数量应按室内消防用水量经计算确定。每个消防水泵接合器的流量宜按 10～15L/s 计算。消防给水为竖向分区供水时，在消防车供水压力范围内的分区，应分别设置水泵接合器。

⑥ 室内消防给水管道应采用阀门分成若干独立段的方式。对于单层厂房（仓库）和公共建筑，检修停止使用的消火栓不应超过 5 个。对于多层民用建筑和其他厂房（仓库），室内消防给水管道上阀门的布置应保证检修管道时关闭的竖管不超过 1 根，但设置的竖管超过 3 根时，可关闭 2 根；对于高层民用建筑，当竖管超过 4 根时，可关闭不相邻的两根。阀门应保持常开，并应有明显的启闭标志或信号。

⑦ 消防用水与其他用水合用的室内管道，当其他用水达到最大小时流量时，应仍能保证供应全部消防用水量。

⑧ 允许直接吸水的市政给水管网，当生产、生活用水量达到最大且仍能满足室内外消防用水量时，消防泵宜直接从市政给水管网吸水。

⑨ 严寒和寒冷地区非采暖的厂房（仓库）及其他建筑的室内消火栓系统，可采用干式系统，但在进水管上应设置快速启闭装置，管道最高处应设置自动排气阀。

值得注意的是，环状供水有竖向成环方式和立体成环方式之分。选用何种成环方式这主要取决于建筑的体型、给水管道和消火栓的布置。但不管如何，都必须保证供水干管和消防竖管都能双向供水。

(3) 消防水箱　消防水箱（即高位水箱）是保证室内消防给水用于扑灭早期火灾所需的水量、水压设施。

设置常高压给水系统并能保证最不利点消火栓和自动喷水灭火系统等的水量和水压的建筑物，或设置干式消防竖管的建筑物，可不设置消防水箱。

设置临时高压给水系统的建筑物应设置消防水箱（包括气压水罐、水塔、分区给水系统的分区水箱）。消防水箱的设置应符合下列规定。

① 重力自流的消防水箱应设置在建筑的最高部位；消防水箱一般利用生产、生活用水进行补水，其出水管应设置单向阀。

② 消防水箱应储存 10min 的消防用水量。当室内消防用水量不大于 25L/s，经计算消防水箱所需消防储水量大于 $12m^3$ 时，仍可采用 $12m^3$；当室内消防用水量大于 25L/s，经计算消防水箱所需消防储水量大于 $18m^3$ 时，仍可采用 $18m^3$。

③ 消防用水与其他用水合用的水箱应采取消防用水不作他用的技术措施。

④ 消防水箱可分区设置。并联给水方式的分区消防水箱容量应与高位消防水箱相同。

⑤ 除串联消防给水系统外，发生火灾后由消防水泵供给的消防用水不应进入消防水箱。

(4) 消防增压设备　建筑高度不超过 100m 的高层建筑，其最不利点消火栓静水压力不应低于 0.07MPa；建筑高度超过 100m 的建筑，其最不利点消火栓静水压力不应低于 0.15MPa。但是，当高位消防水箱不能满足上述静压要求时，应设增压设施。增压设施应符合下列规定：增压水泵的出水量，对消火栓给水系统不应大于 5L/s；对自动喷水灭火系统不应大于 1L/s；气压水罐的调节水容量宜为 450L。

(5) 消防水池　当生产、生活用水量达到最大时，市政给水管道、进水管或天然水源不能满足室内外消防用水量；市政给水管道为枝状或只有1条进水管，且室内外消防用水量之和大于25L/s。这两种情形下应设置消防水池。

消防水池应符合下列规定。

① 当室外给水管网能保证室外消防用水量时，消防水池的有效容量应满足在火灾延续时间内室内消防用水量的要求。当室外给水管网不能保证室外消防用水量时，消防水池的有效容量应满足在火灾延续时间内室内消防用水量与室外消防用水量不足部分之和的要求。当室外给水管网供水充足且在火灾情况下能保证连续补水时，消防水池的容量可减去火灾延续时间内补充的水量。

② 补水量应经计算确定，且补水管的设计流速不宜大于2.5m/s。

③ 消防水池的补水时间不宜超过48h；对于缺水地区或独立的石油库区，补水时间不应超过96h。

④ 容量大于500m^{3}的消防水池，应分设成两个能独立使用的消防水池。

⑤ 供消防车取水的消防水池应设置取水口或取水井，且吸水高度不应大于6.0m。取水口或取水井与被保护建筑物（水泵房除外）的距离不宜小于15m；与甲、乙、丙类液体储罐的距离不宜小于40m；与液化石油气储罐的距离不宜小于60m，如采取防止辐射热的保护措施时，可减为40m。

⑥ 供消防车取水的消防水池，其保护半径不应大于150m。

⑦ 消防用水与生产、生活用水合并的水池，应采取确保消防用水不作他用的技术措施。

⑧ 严寒和寒冷地区的消防水池应采取防冻保护设施。

（6）消防水泵　消防水泵多采用离心式水泵，它是给水系统的心脏。在选择水泵时，要满足系统的流量和压力要求。消防水泵宜与生活、生产水泵房合建，以便节约投资，方便管理。如合建，消防水泵所在房间除应满足一般水泵房的要求外，还应满足以下消防要求：消防水泵房应采用一、二级耐火等级的建筑；附设在建筑内的消防水泵房，应用耐火极限不低于1h的不燃烧体墙和楼板与其他部位隔开；消防水泵房应设直通室外的出口；设在楼层上的消防水泵房应靠近安全出口。

泵房设施包括水泵的引水、水泵动力、泵房通信报警设备等。消防水泵与动力机械应直接连接。消防水泵房应具有直通消防控制中心或消防队的通信设备。消防水泵应保证在火警后30s内启动。

消防水泵房应有不少于两条的出水管直接与环状消防给水管网连接。当其中一条出水管关闭时，其余的出水管应仍能通过全部用水量。出水管上应设置试验和检查用的压力表和*DN*65的放水阀门。当存在超压可能时，出水管上应设置防超压回流管设施，回流水进入消防泵吸水池。

一组消防水泵的吸水管不应少于2条。当其中一条关闭时，其余的吸水管应仍能通过全部用水量。消防水泵应采用自灌式吸水，并应在吸水管上设置检修阀门，还可设置压力真空表。

当消防水泵直接从环状市政给水管网吸水时，消防水泵的扬程应按市政给水管网的最低压力计算，并以市政给水管网的最高水压校核。

消防水泵应设置备用泵，其工作能力不应小于最大一台消防工作泵。当工厂、仓库、堆场和储罐的室外消防用水量不大于25L/s或建筑的室内消防用水量不大于10L/s时，可不设置备用泵。

建筑群可共用消防水池和消防泵房。消防水池的容量应按消防用水量最大的一幢建筑计算。

（7）水泵接合器　水泵接合器是供消防车往建筑物内消防给水管网输送水的预留接口。考虑到消火栓给水系统水泵故障或火势较大消火栓给水系统供水量不足时，消防车通过其往管网补充水，一般管网都需要设置。

水泵接合器有以下三种类型。

① 地上式水泵接合器：形似室外地上消火栓，接口位于建筑物周围附近地面上，目标明显，使用方便。要求有明显的标志，以免火场上被误认为是地上消火栓。

② 地下式水泵接合器：形似地下消火栓，设在建筑物周围附近的专用井内，不占地方，适用于寒冷地区。安装时注意使接合器进水口处在井盖正下方，顶部进水口与井盖底面距离不大于0.4m，地面附近应有明显标志，以便火场辨识。

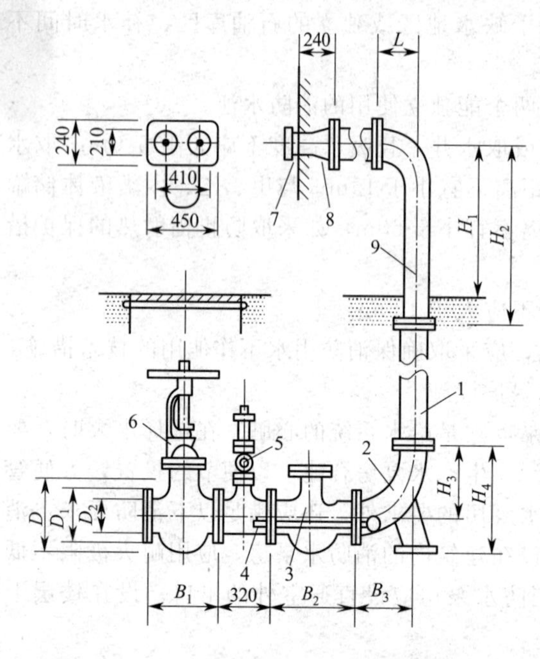

图 7-9　SQ型墙壁式水泵接合器

1—法兰接管；2—弯管；3—升降式单向阀；4—放水阀；5—安全阀；6—楔式闸阀；7—进水用消防接口；8—本体；9—法兰弯管

③ 墙壁式水泵接合器（图 7-9）：形似室内消火栓，设在建筑物的外墙上，其高出地面的距离不宜小于0.7m，并应与建筑物的门、窗、洞口保持不小于1.0m的水平距离。

水泵接合器上应设有止回阀、闸阀、安全阀、泄水阀等，以保证室内管网的正常工作。水泵接合器的数量应根据室内消防用水量确定，每个水泵接合器的流量按10～15L/s计。分区供水时，每个分区（超出当地消防车供水能力的上层分区除外）的消防给水系统均应设水泵接合器。水泵接合器应设在消防车便于接近的地点，且宜设在人行道或非汽车行驶地段。水泵接合器上应有明显标志，并标明其管辖范围。

（8）减压装置　减压装置有三种。

① 减压孔板：减压孔板是在一块钢板上开一直径较小的孔，利用其局部水头损失实现减压的目的。减压孔板应设置在直径大于50mm的水平管段上，孔板直径不应小于设置管段直径的50%，孔板应安装在水流转弯处下游一侧的直管段上，其孔板前水平直管段长度不应小于设置管段直径的两倍。

② 节流管：节流管安装在水平干管上，节流管内流速不应大于20m/s，节流管长度不宜小于1m。

③ 减压阀：减压阀可以自动按比例调节进出口压力，以实现减压的目的。

7.1.5　室内消防用水量

室内消防用水量应按下列规定经计算确定。

（1）建筑物内同时设置室内消火栓系统、自动喷水灭火系统、水喷雾灭火系统、泡沫灭火系统或固定消防炮灭火系统时，其室内消防用水量应按需要同时开启的上述系统用水量之和计算；当上述多种消防系统需要同时开启时，室内消火栓用水量可减少50%，但不得小于10L/s。

（2）高层民用建筑的室内消火栓用水量不应小于表7-4的规定。其他建筑的室内消火栓用水量应根据水枪充实水柱长度和同时使用水枪数量经计算确定，且不应小于表7-5的规定。

表7-4　高层民用建筑的室内消火栓用水量

建筑类别	建筑高度/m	消火栓用水量/(L/s)	每根竖管最小流量/(L/s)
普通住宅建筑	≤50	10	10
	>50	20	10
二类高层民用建筑和除普通住宅建筑外的其他高层住宅建筑	≤50	20	10
	>50	30	15
一类高层公共建筑和除住宅建筑外的其他一类高层居住建筑	≤50	30	15
	>50	40	15

表7-5　其他建筑的室内消火栓用水量

建筑物名称	高度h/m、层数、体积V/m³或座位数n/个		消火栓用水量/(L/s)	同时使用水枪数量/支	每根竖管最小流量/(L/s)
厂房	h≤24	V≤10000	5	2	5
		V>10000	10	2	10
	24<h≤50		25	5	15
	h>50		30	6	15
仓库	h≤24	V≤5000	5	1	5
		V>5000	10	2	10
	24<h≤50		30	6	15
	h>50		40	8	15
科研楼、试验楼	h≤24,V≤10000		10	2	10
	h≤24,V>10000		15	3	10
车站、码头、机场的候车(船、机)楼和展览建筑等	5000<V≤25000		10	2	10
	25000<V≤50000		15	3	10
	V>50000		20	4	15
剧院、电影院、会堂、礼堂、体育馆建筑等	800<n≤1200		10	2	10
	1200<n≤5000		15	3	10
	5000<n≤10000		20	4	15
	n>10000		30	6	15
商店、旅馆建筑等	5000<V≤10000		10	2	10
	10000<V≤25000		15	3	10
	V>25000		20	4	15
病房楼、门诊楼等	5000<V≤10000		5	2	5
	10000<V≤25000		10	2	10
	V>25000		15	3	10
办公楼、教学楼等其他民用建筑	层数≥6层或V>10000		15	3	10
国家级文物保护单位的重点砖木或木结构的古建筑	V≤10000		20	4	10
	V>10000		25	5	15
住宅建筑	建筑高度大于24m		5	2	5

注：1. 建筑高度不超过50m，室内消火栓用水量超过20L/s，且设置有自动喷水灭火系统的建筑物，其室内消防用水量可按表7-4减少5L/s。

2. 丁、戊类高层厂房（仓库）室内消火栓的用水量可按表7-5减少10L/s，同时使用水枪数量可按本表减少2支。

（3）水喷雾灭火系统的用水量应按现行国家标准《水喷雾灭火系统设计规范》（GB 50219—1995）的有关规定确定；自动喷水灭火系统的用水量应按现行国家标准《自动喷水灭火系统设计规范》（GB 50084—2005）的有关规定确定；泡沫灭火系统的用水量应按现行

国家标准《泡沫灭火系统设计规范》(GB 50151—2010)的有关规定确定;固定消防炮灭火系统的用水量应按现行国家标准《固定消防炮灭火系统设计规范》(GB 50338—2003)的有关规定确定。

(4) 消防软管卷盘或轻便消防水龙及住宅建筑楼梯间中的干式消防竖管上设置的消火栓,其消防用水量可不计入室内消防用水量。

7.2 自动喷水灭火系统

自动喷水灭火系统分为闭式自动喷水灭火系统和开式自动喷水灭火系统。

7.2.1 闭式自动喷水灭火系统

闭式自动喷水灭火系统采用闭式喷头,通过喷头感温元件在火灾时自动动作,将喷头堵盖打开进行喷水灭火。由于其具有良好的灭火效果,因而应用广泛。

(1) 下列建筑或场所应设置自动灭火系统,除不宜用水保护或灭火者以及规范另有规定者外,宜采用自动喷水灭火系统。

① 不小于50000纱锭的棉纺厂的开包、清花车间;不小于5000锭的麻纺厂的分级、梳麻车间;火柴厂的烤梗、筛选部位;泡沫塑料厂的预发、成型、切片、压花部位;占地面积大于1500m^{2}的木器厂房;占地面积大于1500m^{2}或总建筑面积大于3000m^{2}的单层或多层制鞋、制衣、玩具及电子等厂房;高层乙、丙、丁类厂房;建筑面积大于500m^{2}的丙类地下厂房。

② 每座占地面积大于1000m^{2}的棉、毛、丝、麻、化纤、毛皮及其制品的仓库;每座占地面积大于600m^{2}的火柴仓库;邮政建筑中建筑面积大于500m^{2}的空邮袋库;建筑面积大于500m^{2}的可燃物品地下仓库;可燃、难燃物品的高架仓库和高层仓库;设计温度高于0℃的高架冷库或每个防火分区建筑面积大于1500m^{2}的普通冷库。

③ 特等、甲等或超过1500个座位的其他等级的剧院;超过2000个座位的会堂或礼堂;超过3000个座位的体育馆;超过5000人的体育场的室内人员休息室与器材间等。

④ 任一楼层建筑面积大于1500m^{2}或总建筑面积大于3000m^{2}的展览建筑、商店建筑、旅馆建筑以及医院中同样建筑规模的病房楼、门诊楼和手术部;建筑面积大于500m^{2}的地下商店。

⑤ 设置有送回风道(管)的集中空气调节系统且总建筑面积大于3000m^{2}的办公建筑等。

⑥ 设置在地下、半地下或地上四层及四层以上地上歌舞、娱乐、放映、游艺场所(游泳场所除外),设置在建筑的首层、二层和三层且任一层建筑面积大于300m^{2}的地上歌舞、娱乐、放映、游艺场所(游泳场所除外)。

⑦ 藏书量超过50万册的图书馆。

⑧ 一类高层公共建筑及其裙房(除游泳池、溜冰场、建筑面积小于5.00m^{2}的卫生间、厕所外)。

⑨ 二类高层公共建筑的公共活动用房、走道、办公室和旅馆的客房、可燃物品库房、自动扶梯底部和垃圾道顶部。

⑩ 高层民用建筑中经常有人停留或可燃物较多的地下、半地下室房间,歌舞、娱乐、放映、游艺场所,燃油、燃气锅炉房、柴油发电机房等。

⑪ 建筑高度大于100m的住宅建筑。

注：除住宅外的高层居住建筑应按规范对公共建筑的要求，公寓应按规范对旅馆的要求设置自动喷水灭火系统。

(2) 自动喷水灭火系统主要组件有喷头、报警阀、监控设备等。

① 喷头是系统的一个主要组件，它在系统中担负着探测火灾、启动系统和喷水灭火的任务。喷头的喷水口被由热敏感元件组成的释放机构封闭，既能用于控制系统的启动喷水，又可通过溅水盘使水较好分布，以利于灭火。喷头有玻璃球洒水喷头和易熔金属洒水喷头。前者是通过玻璃球内的液体膨胀将其炸裂，使喷头堵盖失去支撑，喷头开启；后者是通过易熔金属熔化，轭臂失去拉力脱落，使喷头堵盖失去支撑，喷头开启。玻璃球洒水喷头外形美观、体积小、重量轻、耐腐蚀，目前应用较广泛。

② 报警阀具有报警、控制作用，是系统的又一个主要组件。闭式自动喷水灭火系统目前使用的报警阀主要有湿式报警阀、干式报警阀、预作用阀三种。湿式报警阀、干式报警阀具有单向阀的功能，平时处于关闭状态，一旦喷头打开喷水（排气），阀瓣在水流作用下被开启，通过水力报警装置报警。另外，在水力警铃管路上安装的压力或流量监测装置动作，向消防控制中心发回信号。根据接收到的这些信号，消防控制中心进行相应的联动控制。

③ 监控设备用于监测、控制系统工作的情况，一般可通过检测系统的流量、压力等来实施。目前常用的监测装置有以下几类。

a. 水流指示器：用于监测管网内的水流情况。安装在各分区的水平管上，当水流过它时，流动的水流推动水流指示器的桨片发生偏转，使电接点接通，输出一个电信号，表明喷头已动作喷水，并可指出喷水的位置。

b. 压力开关：用于检测管网内的水压，安装在水力报警装置的管路上。平时由于报警阀关闭，管内呈无压状态，系统一旦开启，则报警阀打开，水力报警装置的管路内充有压力水，压力开关动作，向消防控制中心发回电信号。

消防控制中心一般可根据水流指示器、压力开关等的信号，自动控制开启消防水泵。

c. 水位监视器：用于监测消防水箱、消防水池内的水位情况。一般可使用液位继电器来实施，安装在水箱或水池的侧壁或顶盖上，将水位情况反映给消防控制中心，水位低于设定值时将报警。

d. 阀门限位器：设置在干管的总控制闸阀上或管径较大支管的闸阀上。当这些闸阀被误操作关闭时，会立即发出报警信号，以保证闸阀始终处于开启状态。

e. 气压保持器：用于干式自动喷水灭火系统，其作用是补偿系统管网轻微泄漏，使系统始终保持安全压力，以避免干式阀误动作。

(3) 闭式自动喷水灭火系统根据工作原理的不同，分为湿式自动喷水灭火系统、干式自动喷水灭火系统、预作用自动喷水灭火系统、干湿式自动喷水灭火系统和循环系统五种类型。下面主要介绍湿式、干式和预作用自动喷水灭火系统及喷头布设要求。

① 湿式自动喷水灭火系统由闭式喷头、管道系统、报警装置、湿式报警阀、给水设备等组成，如图7-10所示。该系统在报警阀的上下管道中始终充满着压力水，故称为湿式自动喷水灭火系统，是自动喷水灭火系统中最基本的系统形式。

工作原理：发生火灾后，高温烟气或火焰使闭式喷头的热敏感元件动作，喷头开启，喷水灭火。这时，管网中的水由静止变为流动，水流使水流指示器动作发出电信号，在报警控制器上指示某一区域已在喷水。由于喷头开启泄压，在压力差的作用下，原来处于关闭状态的湿式报警阀就自动开启。压力水通过湿式报警阀，流向灭火管网，同时打开通向水力警铃的通道，水流冲击水力警铃发出声响报警。消防控制中心根据水流指示器或压力开关的报警

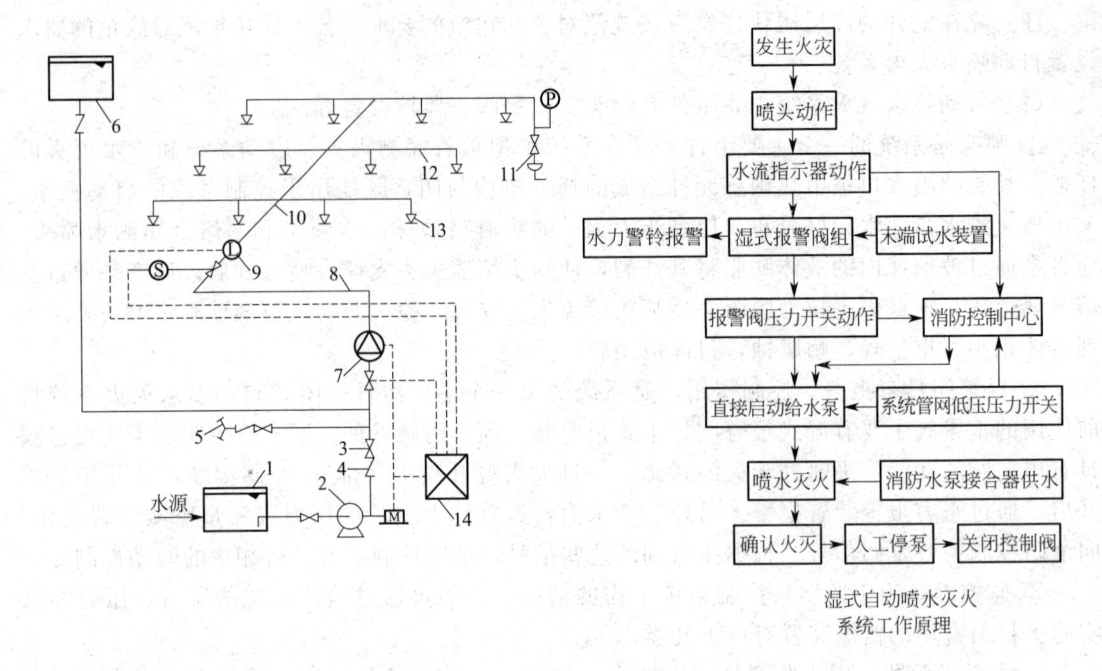

图 7-10　湿式自动喷水灭火系统及工作原理

1—水池；2—水泵；3—闸阀；4—止回阀；5—水泵接合器；6—消防水箱；7—湿式报警阀组；8—配水干管；9—水流指示器；10—配水管；11—末端试水装置；12—配水支管；13—闭式洒水喷头；14—报警控制器；P—压力表；M—驱动电机；L—水流指示器；S—信号阀

信号，自动启动消防水泵向系统加压供水，以达到维持自动喷水灭火的目的。

湿式自动喷水灭火系统具有结构简单，施工、管理方便，灭火速度快，控火效率高，建设投资和经常管理费用省，适用范围广等优点。但使用受环境温度的限制，适用于环境温度不低于 4℃，且不高于 70℃的建、构筑物。水渍危险性较大，在易被碰撞或损坏的场所，喷头应向上安装。

② 干式自动喷水灭火系统是为满足在低于 4℃或高于 70℃的场所安装所使用的自动喷水灭火系统，是在湿式自动喷水灭火系统基础上改动而来的，即在报警阀前的管道内仍充以压力水，将其设置在适宜的环境温度中，而在报警阀后的管道充以压力气体代替压力水，可以处于低温或高温场所。报警阀后管路和喷头内处于充气状态，平时没有水，因而称为干式自动喷水灭火系统。该系统相对于湿式自动喷水灭火系统仅增加了一套充气设备，如图 7-11 所示。

工作原理：平时系统的干式报警阀前管道与供水管网相连并充满水，干式报警阀后灭火管网及喷头内充满有压气体，干式报警阀处于关闭状态。火灾时，喷头动作后首先喷出气体，报警阀后管网内的压力下降，阀前压力大于阀后压力，干式报警阀被自动打开。接着压力水进入灭火管网，将剩余压力气体从动作的喷头处推出，然后开始喷水灭火。在干式报警阀被打开的同时，通向水力警铃和压力开关的通道也被打开，水流推动水力警铃发出声响报警，压力开关发回电信号，自动启动消防水泵加压供水。干式系统的主要工作过程与湿式系统无本质区别，只是在喷头动作后有一个排气过程，这将影响灭火的速度和效果。因此，对于管网容积较大的干式系统应有加速排气装置，以便及时喷水灭火。干式自动喷水灭火系统的喷头一般应向上安装，采用干式悬吊型喷头时，可以向下安装。

③ 预作用自动喷水灭火系统是将火灾自动报警系统和灭火系统有机地结合起来，利用

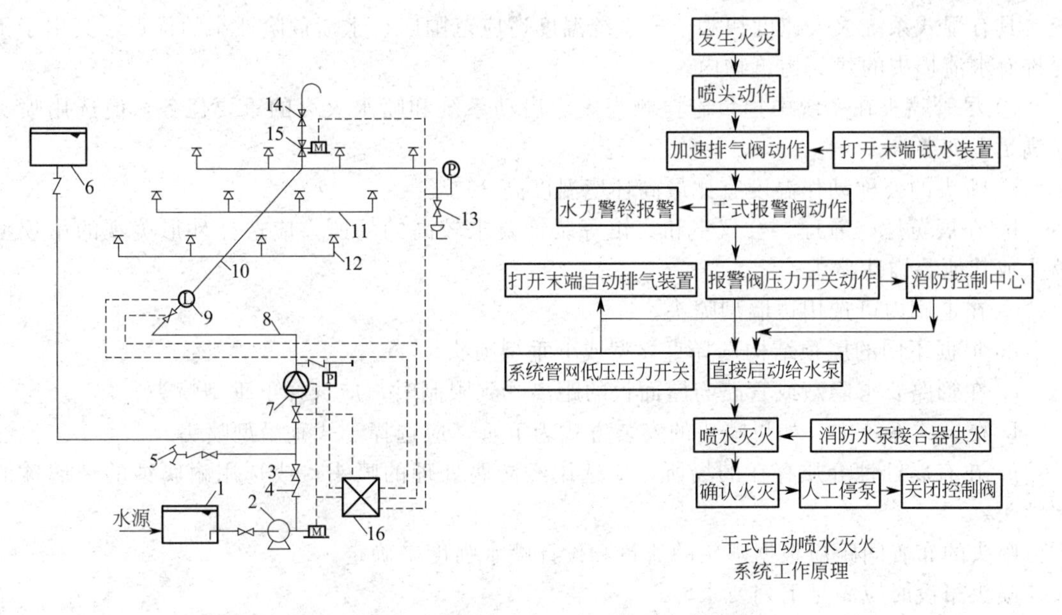

图 7-11 干式自动喷水灭火系统及工作原理

1—水池；2—水泵；3—闸阀；4—止回阀；5—水泵接合器；6—消防水箱；7—干式报警阀组；8—配水干管；9—水流指示器；10—配水管；11—配水支管；12—闭式喷头；13—末端试水装置；14—快速排气阀；15—电动阀；16—报警控制器；P—压力表；M—驱动电机；L—水流指示器

火灾探测器对火的敏感性比喷头灵敏的特点，实现预先排气充水的功能，如图 7-12 所示。系统平时呈干式系统，火灾时由火灾报警系统自动控制开启预作用阀使管道充水呈湿式系

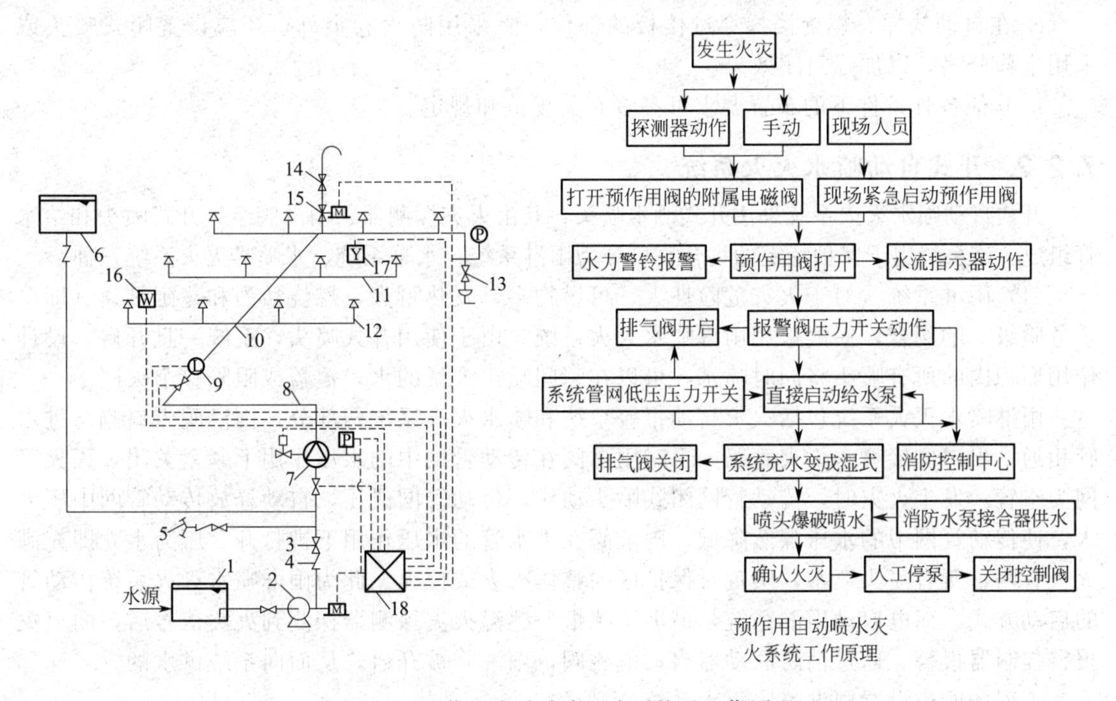

图 7-12 预作用自动喷水灭火系统及工作原理

1—水池；2—水泵；3—闸阀；4—止回阀；5—水泵接合器；6—消防水箱；7—干式报警阀组；8—配水干管；9—水流指示器；10—配水管；11—配水支管；12—闭式喷头；13—末端试水装置；14—快速排气阀；15—电动阀；16—感温探测器；17—感烟探测器；18—报警控制器；P—压力表；M—驱动电机；L—水流指示器

统。具有湿式系统灭火速度快和干式系统温度适应范围广、水渍危险性小的优点。其用于不允许有水渍损失的建、构筑物内。

④ 尽管喷头在系统中担负着探测火灾、启动系统和喷水灭火的重要任务，但选用喷头应满足下列要求。

a. 喷头的公称动作温度宜比最高环境温度高 30℃。

b. 在展览厅、餐厅、会议室和宾馆等装饰要求较高的场所，应选择外形美观的吊顶型喷头或其他装饰性喷头。

c. 在走廊内可选用边墙型喷头。

d. 根据不同的屋顶结构选择直立型或下垂型喷头。

e. 在管路要求隐蔽或管路与屋面板的距离受到限制时，应选择下垂型喷头。

f. 在干式系统中，如果喷头的安装方式为下垂，应选择干式垂吊型喷头。

g. 在有腐蚀性介质存在的场所，应选用经防腐处理的喷头，或选用耐腐蚀的玻璃球洒水喷头。

喷头的布置间距应根据喷头的流量和设计喷水强度来确定。

喷头布设时应满足下列要求。

a. 喷头（吊顶型喷头除外）溅水盘与吊顶、楼板、屋面板的距离，不宜小于 7.5cm，并不宜大于 15cm。

b. 喷头安装在有坡度的屋面板、吊顶下面时，喷头应垂直于斜面，间距应按水平投影确定。

c. 喷头布置在梁侧附近时，应按不影响洒水面积的原则布置喷头。

d. 舞台部位的葡萄棚以上如为金属承重构件时，应在屋面板下面布置闭式喷头，以保护钢屋架不致很快塌落。

e. 在自动扶梯、螺旋楼梯穿过楼板的部位，除采用防火卷帘外，还应设置闭式喷头或采用水幕分隔，以加强封闭效果。

f. 其他各种条件下的布置要求可参看有关规范和规定。

7.2.2 开式自动喷水灭火系统

开式自动喷水灭火系统采用开式洒水喷头，其由火灾探测器、雨淋阀组、开式喷头和给水管组成。该系统用于保护特定的场合，可分为雨淋系统、水幕系统、水喷雾灭火系统三种。

（1）雨淋系统　对于火灾危险性大、可燃物多、发热量大、燃烧猛烈和蔓延迅速（即严重危险级）的场合，一般采用雨淋喷水灭火系统。由于使用开式喷头，系统一旦开启，设计作用面积内的所有喷头将同时喷水，可以在瞬间喷出大量的水，覆盖或阻隔整个火区。

雨淋喷水灭火系统包括火灾自动报警系统和喷水灭火系统两部分。雨淋阀入口侧与进水管相通，出口侧接喷水灭火管路，平时雨淋阀在传动管网中的水压作用下紧紧关闭，灭火管网为空管。发生火灾时，传动管网闭式喷头动作，传动管网泄压，自动释放传动管网中压力水，使传动管网中的水压骤然降低，雨淋阀在进水管的水压作用下被打开，压力水立即充满灭火管网，所有喷头喷水，实现对保护区的整体灭火或控火。此为雨淋喷水灭火系统传动管的启动方式。而电启动雨淋系统是借助于感烟、感温火灾探测器探测到火灾信号后，向火灾报警控制器报警，通过消防联动器启动电磁阀，雨淋阀被开启，从而向系统供水的。

下列场所应设置雨淋喷水灭火系统。

① 火柴厂的氯酸钾压碾厂房，建筑面积大于 100m^2 的生产和使用硝化棉、喷漆棉、火胶棉、赛璐珞胶片、硝化纤维的厂房。

② 建筑面积超过 60m² 或储存量超过 2t 的硝化棉、喷漆棉、火胶棉、赛璐珞胶片、硝化纤维的仓库。

③ 日装瓶数量超过 3000 瓶的液化石油气储配站的灌瓶间、实瓶库。

④ 特等、甲等剧院的舞台葡萄架下部，超过 1500 个座位的其他等级剧院和超过 2000 个座位的会堂或礼堂的舞台葡萄架下部。

⑤ 建筑面积不小于 400m² 的演播室，建筑面积不小于 500m² 的电影摄影棚。

⑥ 乒乓球厂的轧坯、切片、磨球、分球检验部位。

（2）水喷雾灭火系统　水喷雾灭火系统的组成及工作原理与雨淋喷水灭火系统基本相同，喷头采用水雾喷头，如图 7-13 所示。它是利用水雾喷头在较高的水压力作用下，将水分离成细小的水雾滴，并喷向保护对象达到灭火或防护冷却的目的。与雨淋喷水灭火系统等相比，水喷雾灭火系统具有系统压力高、喷水量大、可灭液体火灾和电气设备火灾、灭火效果好等特点，多用于工业设备的消防保护。在应用水喷雾灭火系统保护电气设备时，管网及喷头的布置要确保安全用电间距，具有很好的接地，并不影响正常生产操作。为防止喷头堵塞，应在控制阀后设置过滤器，过滤器孔眼直径应小于喷头孔径的一半，滤网的孔隙系数应大于 0.8。

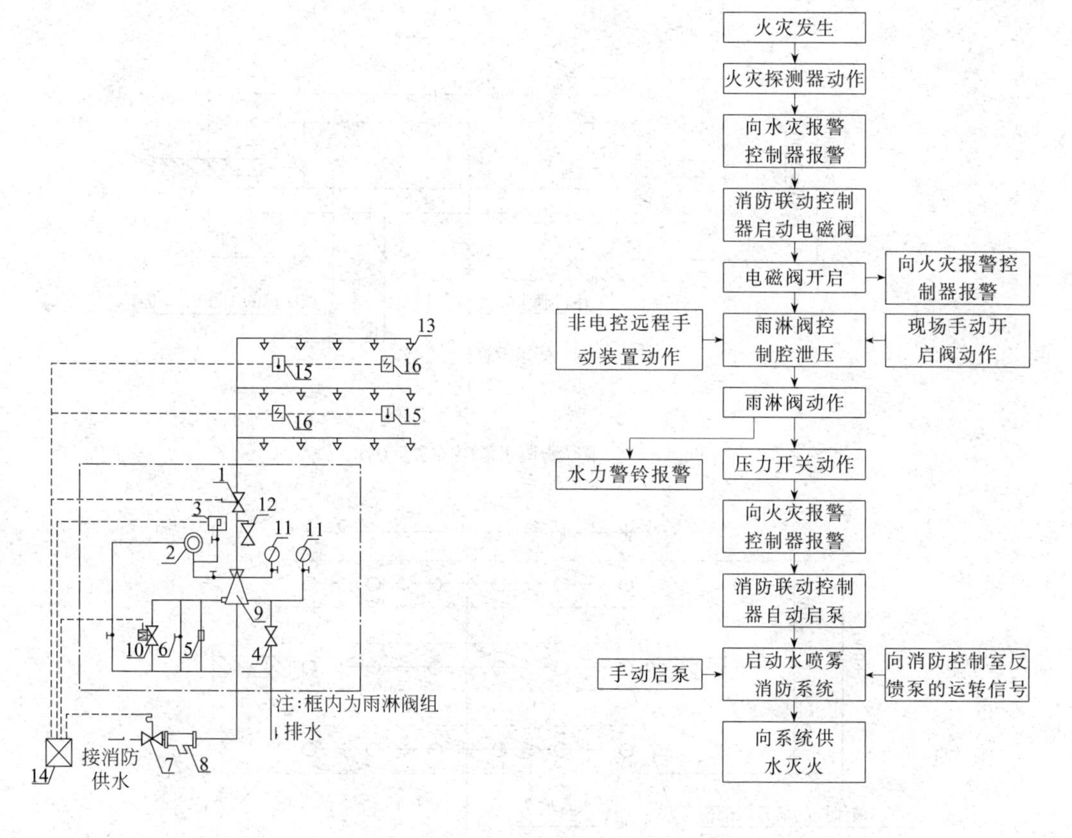

水喷雾系统组成　　水喷雾系统工作原理

图 7-13　水喷雾灭火系统的组成及工作原理

1—试验信号阀；2—水力警铃；3—压力开关；4—放水阀；5—非电控远程手动装置；6—现场手动装置；7—进水信号阀；8—过滤器；9—雨淋阀组；10—电磁阀；11—压力表；12—试水阀；13—水雾喷头；14—火灾报警控制器；15—感温探测器；16—感烟探测器

下列场所应设置自动灭火系统，且宜采用水喷雾灭火系统。

① 单台容量在40MV·A及以上的厂矿企业油浸电力变压器，单台容量在90MV·A及以上的电厂油浸电力变压器，单台容量在125MV·A及以上的独立变电所油浸电力变压器。

② 飞机发动机试验台的试车部位。

③ 设置在高层民用建筑内充可燃油的高压电容器和多油开关室。

（3）水幕系统　水幕系统利用密集喷洒所形成的水墙或水帘，或者配合防火卷帘等防火分隔物来阻断烟气和火的蔓延。其可以分为防火分隔水幕和防护冷却水幕两种。水幕系统的组成及工作原理与雨淋喷水灭火系统也基本相同。

对于防护冷却水幕，其通过喷水冷却防火分隔物，从而延长防火分隔物的耐火极限。这种是采用单排布置喷头的形式。对于防火分隔水幕，可以用于建筑物中面积较小（不超过$3m^2$）的孔洞、开口部位的防火分隔，喷头布置成一排或两排；也可以用来对较大空间进行防火分隔，起着防火墙的作用（如用于舞台口等的水幕），喷头布置成二排；还可以用作防火分区的水幕带，喷头宜布置成三排，相邻两排喷头间距不小于2.5 m。如图7-14所示，图中喷头间距S应根据水力条件计算确定。

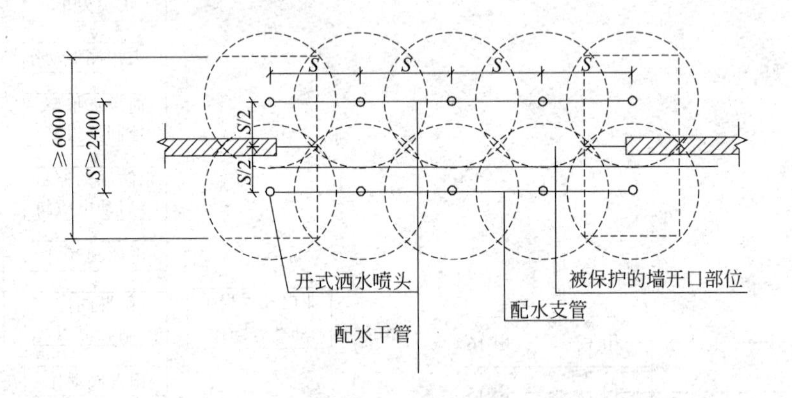

防火分隔水幕2排布置示意图

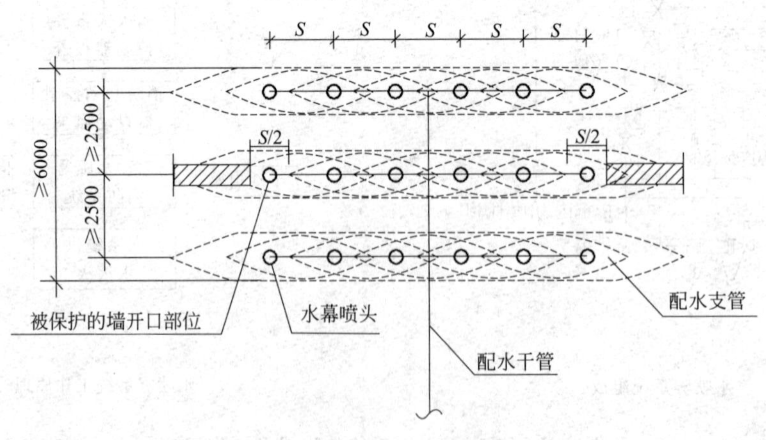

防火分隔水幕3排布置示意图

图7-14　防火分隔水幕示意图

在使用水幕系统时，要注意每组水幕系统安装的喷头数不应超过 72 个，并对称于配水管布置，在同一配水管上应设置相同规格的喷头。水幕系统采用自动开启方式时，还必须设置手动开启装置，手动开启装置应设置在人们容易发现和接近的部位。

下列部位宜设置水幕系统。

① 特等、甲等剧院，超过 1500 个座位的其他等级的剧院，超过 2000 个座位的会堂或礼堂，高层民用建筑中超过 800 个座位的剧院、礼堂的舞台口和上述场所中与舞台相连的侧台、后台的门窗洞口。

② 因设防火墙等防火分隔物而无法设置水幕系统的局部开口部位。

③ 需要冷却保护的防火卷帘或防火幕的上部。

7.2.3　自动喷水灭火系统设计与水力计算

在自动喷水灭火系统设计当中，应做到被保护的建筑物内最不利点的喷头有足够的喷水强度。

（1）设计基本参数　民用建筑和工业厂房的系统设计参数不应低于表 7-6 的规定。

表 7-6　民用建筑和工业厂房的系统设计参数

火灾危险等级		净空高度/m	喷水强度/[L/(min·m²)]	作用面积/m²
轻危险级		≤8	4	160
中危险级	Ⅰ级		6	
	Ⅱ级		8	
严重危险级	Ⅰ级		12	260
	Ⅱ级		16	

注：系统最不利点处喷头的工作压力不应低于 0.05MPa。

非仓库类高大净空场所设置自动喷水灭火系统时，湿式系统的设计基本参数不应低于表 7-7 的规定。

表 7-7　非仓库类高大净空场所的系统设计基本参数

适用场所	净空高度/m	喷水强度/[L/(min·m²)]	作用面积/m²	喷头选型	喷头最大间距/m
中庭、影剧院、音乐厅、单一功能体育馆等	8～12	6	260	$K=80$	3
会展中心、多功能体育馆、自选商场等	8～12	12	300	$K=115$	

注：1. 喷头溅水盘与顶板的距离应符合相应规定。

2. 最大储物高度超过 3.5m 的自选商场应按 16L/（min·m²）确定喷水强度。

3. 表中“～”两侧的数据，左侧为“大于”、右侧为“不大于”。

① 仅在走道设置单排喷头的闭式系统，其作用面积应按最大疏散距离所对应的走道面积确定。

② 装设网格、栅板类通透性吊顶的场所，系统的喷水强度应按表 7-6 规定值的 1.3 倍确定。

③ 干式系统与雨淋系统的作用面积应符合下列规定：干式系统的作用面积应按表 7-6 规定值的 1.3 倍确定；雨淋系统中每个雨淋阀控制的喷水面积不宜大于表 7-6 中的作用面积。

（2）喷头布设

① 布置形式　喷头应布置在顶板或吊顶下易于接触到火灾热气流并有利于均匀布水的

位置。一般呈方形或者矩形布置喷头，其间距应由火灾危险等级来确定。但是对于宽度不超过3.6m的走廊或房间仅布置单排喷头。

② 一般规定

a. 直立型、下垂型喷头的布置，包括同一根配水支管上喷头的间距及相邻配水支管的间距，应根据系统的喷水强度、喷头的流量系数和工作压力确定，并不应大于表7-8的规定，且不宜小于2.4m。

表7-8 同一根配水支管上喷头的间距及相邻配水支管的间距

喷水强度 /[L/(min・m^2)]	正方形布置的边长 /m	矩形或平行四边形布置的长边边长/m	一只喷头的最大保护面积/m^2	喷头与端墙的最大距离/m
4	4.4	4.5	20.0	2.2
6	3.6	4.0	12.5	1.8
8	3.4	3.6	11.5	1.7
≥12	3.0	3.6	9.0	1.5

注：1. 仅在走道设置单排喷头的闭式系统，其喷头间距应按走道地面不留漏喷空白点确定。

2. 喷水强度大于8L/（min・m^2）时，宜采用流量系数K>80的喷头。

3. 货架内置喷头的间距均不应小于2m，并不应大于3m。

b. 除吊顶型喷头及吊顶下安装的喷头外，直立型、下垂型标准喷头，其溅水盘与顶板的距离，不应小于75mm、不应大于150mm。

c. 早期抑制快速响应喷头的溅水盘与顶板的距离，应符合表7-9的规定。

表7-9 早期抑制快速响应喷头的溅水盘与顶板的距离 单位：mm

喷头安装方式	直立型		下垂型	
	不应小于	不应大于	不应小于	不应大于
溅水盘与顶板的距离	100	150	150	360

d. 图书馆、档案馆、商场、仓库中的通道上方宜设有喷头。喷头与被保护对象的水平距离，不应小于0.3m；喷头溅水盘与保护对象的最小垂直距离不应小于表7-10的规定。

表7-10 喷头溅水盘与保护对象的最小垂直距离 单位：m

喷头类型	最小垂直距离
标准喷头	0.45
其他喷头	0.90

e. 净空高度大于800mm的闷顶和技术夹层内有可燃物时，应设置喷头。装设通透性吊顶的场所，喷头应布置在顶板下。顶板或吊顶为斜面时，喷头应垂直于斜面，并应按斜面距离确定喷头间距。尖屋顶的屋脊处应设一排喷头。喷头溅水盘至屋脊的垂直距离，当屋顶坡度≥1/3时，不应大于0.8m；当屋顶坡度<1/3时，不应大于0.6m。

f. 当局部场所设置自动喷水灭火系统时，与相邻不设自动喷水灭火系统场所连通的走道和连通门窗的外侧，应设喷头。

g. 边墙型标准喷头的最大保护跨度与间距，应符合表7-11的规定。

表7-11 边墙型标准喷头的最大保护跨度与间距 单位：m

设置场所火灾危险等级	轻危险级	中危险级Ⅰ级
配水支管上喷头的最大间距	3.6	3.0
单排喷头的最大保护跨度	3.6	3.0
两排相对喷头的最大保护跨度	7.2	6.0

注：1. 两排相对喷头应交错布置。

2. 室内跨度大于两排相对喷头的最大保护跨度时，应在两排相对喷头中间增设一排喷头。

h. 边墙型扩展覆盖喷头的最大保护跨度、配水支管上的喷头间距、喷头与两侧端墙的距离，应按喷头工作压力下能够喷湿对面墙和邻近端墙距溅水盘 1.2m 高度以下的墙面确定，且保护面积内的喷水强度应符合表 7-6 的规定。

i. 直立式边墙型喷头，其溅水盘与顶板的距离不应小于 100mm，且不宜大于 150mm；与背墙的距离不应小于 50mm，并不应大于 100mm。水平式边墙型喷头溅水盘与顶板的距离不应小于 150mm，且不应大于 300mm。

j. 防火分隔水幕的喷头布置，应保证水幕的宽度不小于 6m。采用水幕喷头时，喷头不应少于 3 排；采用开式洒水喷头时，喷头不应少于 2 排。防护冷却水幕的喷头宜布置成单排。

(3) 自动喷水灭火系统配水管网　自动喷水灭火系统配水管网由配水支管、配水管、配水干管及立管组成。采用枝状管网形式，管网布置尽量对称、合理。通常根据建筑平面具体情况布置成侧边式和中央对称式两种。

① 管材要求。配水管道应采用内外壁热镀锌钢管或铜管、不锈钢管。

② 连接要求。镀锌钢管应采用沟槽式连接件（卡箍）、丝扣或法兰连接。系统中直径等于或大于 100mm 的管道，应分段采用法兰或沟槽式连接件（卡箍）连接。水平管道上法兰间的管道长度不宜大于 20m；立管上法兰间的距离，不应跨越 3 个及以上楼层。净空高度大于 8m 的场所内，立管上应有法兰。

③ 管径要求。管道的直径应经水力计算确定。短立管及末端试水装置的连接管，其管径不应小于 25mm。干式系统、预作用系统的供气管道，采用钢管时，管径不宜小于 15mm；采用铜管时，管径不宜小于 10mm。

④ 水压要求。配水管道的工作压力不应大于 1.20MPa，并不应设置其他用水设施。配水管道的布置，应使配水管入口的压力均衡。轻危险级、中危险级场所中各配水管入口的压力均不宜大于 0.40MPa。

⑤ 喷头数要求。配水管两侧每根配水支管控制的标准喷头数，轻危险级、中危险级场所不应超过 8 只，同时在吊顶上下安装喷头的配水支管，上下侧均不应超过 8 只。严重危险级及仓库危险级场所均不应超过 6 只。

轻危险级、中危险级场所中配水支管、配水管控制的标准喷头数，不应超过表 7-12 的规定。

表 7-12　轻危险级、中危险级场所中配水支管、配水管控制的标准喷头数

公称管径/mm	控制的标准喷头数/只	
	轻危险级	中危险级
25	1	1
32	3	3
40	5	4
50	10	8
65	18	12
80	48	32
100	—	64

⑥ 充水时间要求。干式系统的配水管道充水时间，不宜大于 1min；预作用系统与雨淋系统的配水管道充水时间，不宜大于 2min。

⑦ 安装坡度要求。水平安装的管道宜有坡度，并应坡向泄水阀。充水管道的坡度不宜小于 2‰，准工作状态不充水管道的坡度不宜小于 4‰。

(4) 自动喷水灭火系统供水

① 一般规定

a. 可由市政或企业的生产、消防给水管道供给，也可由消防水池或天然水源供给，并应确保持续喷水时间内的用水量。系统用水水质应无污染、无腐蚀、无悬浮物。

b. 当自动喷水灭火系统中设有 2 个及以上报警阀组时，报警阀组前宜设环状供水管道。

② 水泵

a. 系统应设独立的供水泵，并应按一运一备或二运一备的比例设置备用泵。

b. 按二级负荷供电的建筑，宜采用柴油机泵作备用泵。

c. 系统的供水泵、稳压泵，应采用自灌式吸水方式。采用天然水源时，水泵的吸水口应采取防止杂物堵塞的措施。

d. 每组供水泵的吸水管不应少于 2 根。报警阀入口前设置环状管道的系统，每组供水泵的出水管不应少于 2 根。供水泵的吸水管应设控制阀；出水管应设控制阀、止回阀、压力表和直径不小于 65mm 的试水阀。必要时，应采取控制供水泵出口压力的措施。

③ 消防水箱

a. 采用临时高压给水系统的自动喷水灭火系统，应设高位消防水箱，其储水量应符合国家有关标准的规定。消防水箱的供水，应满足系统最不利点处喷头的最低工作压力和喷水强度。

b. 不设高位消防水箱的建筑，系统应设气压供水设备。气压供水设备的有效水容积，应按系统最不利处 4 只喷头在最低工作压力下的 10min 的用水量确定。干式系统、预作用系统设置的气压供水设备，应同时满足配水管道的充水要求。

c. 消防水箱的出水管，应符合下列规定：应设止回阀，并应与报警阀入口前管道连接；轻危险级、中危险级场所的系统，管径不应小于 80mm，严重危险级和仓库危险级不应小于 100mm。

④ 水泵接合器

a. 系统应设水泵接合器，其数量应按系统的设计流量确定，每个水泵接合器的流量宜按 10～15L/s 计算。

b. 当水泵接合器的供水能力不能满足最不利点处作用面积的流量和压力要求时，应采取增压措施。

(5) 自动喷水灭火系统水力计算　自动喷水灭火系统水力计算的目的是为了确定系统所需流量、供水压力，正确选择消防水泵的型号。

① 喷头流量。喷头的流量应按下式计算

$$q = K\sqrt{10P} \tag{7-7}$$

式中　q——喷头流量，L/min；

P——喷头工作压力，MPa；

K——喷头流量系数（标准喷头 $K=80$）。

系统最不利点处喷头的工作压力应计算确定，且不应低于 0.05MPa。

② 作用面积与喷头数的确定。作用面积（Area of sprinklers operation）是指一次火灾中系统按喷水强度保护的最大面积，一般用 A 表示。一只喷头的保护面积（Area of one sprinkler operation）是指同一根配水支管上相邻喷头的距离与相邻配水支管之间距离的乘

积，一般用 A_s 表示。

水力计算选定的最不利点处作用面积（即 A）宜为矩形，其长边应平行于配水支管，其长度不宜小于作用面积平方根的 1.2 倍，即

$$L_{\min} = 1.2\sqrt{A} \tag{7-8}$$

作用面积内喷头数的确定应根据喷头的平面布置、单个喷头的保护面积（即 A_s）和设计作用面积来确定。

③ 系统的设计流量。系统的设计流量，应按最不利点处作用面积内喷头同时喷水的总流量确定。

$$Q_s = \frac{1}{60}\sum_{i=1}^{n} q_i \tag{7-9}$$

式中　Q_s——系统设计流量，L/s；

q_i——最不利点处作用面积内各喷头节点的流量，L/min；

n——最不利点处作用面积内的喷头数。

系统设计流量的计算，应保证任意作用面积内的平均喷水强度不低于表 7-6 的规定值。最不利点处作用面积内任意 4 只喷头围合范围内的平均喷水强度，轻危险、中危险级不应低于表 7-6 规定值的 85%；严重危险级不应低于表 7-6 的规定值。

建筑内设有不同类型的系统或有不同危险等级的场所时，系统的设计流量，应按其设计流量的最大值。

当建筑物内同时设有自动喷水灭火系统和水幕系统时，系统的设计流量，应按同时启用的自动喷水灭火系统和水幕系统的用水量计算，并取二者之和中的最大值。

雨淋系统和水幕系统的设计流量，应按雨淋阀控制的喷头的流量之和确定。多个雨淋阀并联的雨淋系统，其系统设计流量，应按同时启用雨淋阀的流量之和的最大值确定。

当原有系统延伸管道、扩展保护范围时，应对增设喷头后的系统重新进行水力计算。

④ 管道水力计算。管道内的水流速度宜采用经济流速，必要时可超过 5m/s，但不应大于 10m/s。

每米管道的水头损失应按下式计算。

$$i = 0.0000107 \cdot \frac{V^2}{d_j^{1.3}} \tag{7-10}$$

式中　i——每米管道的水头损失，MPa/m；

V——管道内水的平均流速，m/s；

d_j——管道的计算内径，m，取值应按管道的内径减 1mm 确定。

这样，根据每米管道的水头损失，管道的沿程水头损失可以计算出来。

管道的局部水头损失，按照当量长度计算即可，见表 7-13。

表 7-13　当量长度表　　单位：m

管件名称	管件直径/mm								
	25	32	40	50	70	80	100	125	150
45°弯头	0.3	0.3	0.6	0.6	0.9	0.9	1.2	1.5	2.1
90°弯头	0.6	0.9	1.2	1.5	1.8	2.1	3.1	3.7	4.3
三通或四通	1.5	1.8	2.4	3.1	3.7	4.6	6.1	7.6	9.2

续表

管件名称	管件直径/mm								
	25	32	40	50	70	80	100	125	150
蝶阀	—	—	—	1.8	2.1	3.1	3.7	2.7	3.1
闸阀	—	—	—	0.3	0.3	0.3	0.6	0.6	0.9
止回阀	1.5	2.1	2.7	3.4	4.3	4.9	6.7	8.3	9.8
异径接头	32/25	40/32	50/40	70/50	80/70	100/80	125/100	150/125	200/150
	0.2	0.3	0.3	0.5	0.6	0.8	1.1	1.3	1.6

注：1. 过滤器当量长度的取值，由生产厂提供。

2. 当异径接头的出口直径不变而入口直径提高 1 级时，其当量长度应增大 0.5 倍；提高 2 级或 2 级以上时，其当量长度应增大 1.0 倍。

水泵扬程或系统入口的供水压力应按下式计算。

$$H=\Sigma h+P_0+Z \tag{7-11}$$

式中 H——水泵扬程或系统入口的供水压力，MPa；

Σh——管道沿程和局部水头损失的累计值，MPa，湿式报警阀取值 0.04MPa 或按检测数据确定，水流指示器取值 0.02MPa、雨淋阀取值 0.07MPa；

P_0——最不利点处喷头的工作压力，MPa；

Z——最不利点处喷头与消防水池的最低水位或系统入口管水平中心线之间的高程差，当系统入口管或消防水池最低水位高于最不利点处喷头时，Z 应取负值，MPa。

⑤ 自动喷水灭火系统设计程序。两相邻配水支管 a、b 与同一配水管连接，若两相邻配水支管的管径、管长、管材、喷头数都相同，可以近似地认为两配水支管流量系数相同，则得到

$$\frac{Q_a}{Q_b}=\frac{\sqrt{P_a}}{\sqrt{P_b}} \tag{7-12}$$

式中 Q_a——配水管流向配水支管 a 的流量，L/s；

Q_b——配水管流向配水支管 b 的流量，L/s；

P_a——配水支管 a 与配水管连接处管内压力，MPa；

P_b——配水支管 b 与配水管连接处管内压力，MPa。

设计步骤如下。

a. 根据建筑物的类型和危险等级，确定设计参数：喷头型号及流量系数、喷水强度、作用面积、喷头间距。

b. 布设配水管道和喷头。

c. 在最不利点划定矩形的作用面积，长边平行于配水支管，其长度不宜小于作用面积平方根的 1.2 倍，即按式（7-8）计算。

d. 第一根配水支管（最不利支管）的水力计算：确定第一个喷头口的工作压力 P_1，根据式(7-7)计算其出水流量 q_1，即 $q_1=K/60\sqrt{10P_1}$，第一管段（管段 1—2）的流量 $Q_{1-2}=q_1$。

第一管段的水头损失

$$H_{1-2}=i\times L_{1-2}=A_z\times Q_{1-2}^2\times L_{1-2} \tag{7-13}$$

式中　H_{1-2}——第一管段的水头损失，MPa；

i——每米管道的水头损失，参见式（7-10）；

A_z——管道比阻，$MP\cdot s^2/(m\cdot L^2)$，该值可以参考相关专业资料；

Q_{1-2}——第一管段的流量，L/s；

L_{1-2}——管段1—2的计算长度，m。

其中 $i=A_z\times Q^2$，Q为管道平均流量。

计算第二个喷头口的工作压力P_1，即 $P_1=P_1+H_{1-2}$；计算第二个喷头出水流量q_2，即 $q_2=K/60\sqrt{10P_2}$；第二管段（管段2—3）的流量Q_{2-3}，即 $Q_{2-3}=Q_{1-2}+q_2$；第二管段的水头损失H_{2-3}，即 $H_{2-3}=A_z\times Q_{2-3}^2\times L_{2-3}$。

在作用面积内循环计算其他部分（喷头口工作压力P；喷头出水量q；管段流量Q；管段水头损失H），出了作用面积后，管段流量Q不再增加，只计算管段水头损失H，一直到第一根支管与配水管连接处，求出所对应的压力P_a和对应流量Q_a。

e. 其他管段的水力计算。第一段配水管（管段a—b）的流量Q_{a-b}与第一根支管流量相同Q_a；计算第一段配水管（管段a—b）的水头损失H_{a-b}：$H_{a-b}=A_z\cdot Q_{a-b}^2\cdot L_{a-b}$；计算第二根支管与配水管连接处的管内压力$P_b$：$P_b=P_a+H_{a-b}$；计算第二根支管流量$Q_b$：依据式（7-12）进行计算；以后管段以此类推进行计算，最后得出计算管路的总水头损失和总流量。

f. 校核喷水强度。作用面积内的喷水强度不得低于规范确定的值。

g. 确定水泵扬程或系统入口的供水压力H，按式(7-11)进行计算。

（6）自动喷水灭火系统设计计算　一综合楼建筑面积14000m²，建筑高度18m，地上5层、地下2层（层高4m）。其中地下1、2层为水泵房、储水池、热交换间、冷冻机房、变配电间等；地上1、2、3层为商场；4、5层为客房；水箱设置高度为21m。下面对该综合楼进行自动喷水灭火系统的设计和计算。

① 确定设计参数。该综合楼按中危险级Ⅰ级来进行设计，据表7-6，喷水强度为6L/（min·m²），作用面积为160m²，火灾延续时间1h。

② 设计作用面积。按矩形设计作用面积，矩形长度应大于 $1.2\sqrt{160}=15.18\text{m}$。考虑柱和梁的遮挡等因素，按3.3m×3.3m的间距设置喷头，计算系统设计流量。配水支管上计算喷头数为15.18/3.3=4.6个，取5个，矩形长边实际长度3.3×5=16.5m，短边长度应大于160/16.5＝9.7m，计算支管9.7/3.3＝2.9个，取3个，矩形短边实际长度3.3×3=9.9m。

设计作用面积：16.5×9.9=163.35 m²＞160 m²。每个喷头的保护面积：A_s=3.3×3.3=10.89 m²。

设计作用面积共有163.35/10.89≈15个喷头。自喷系统最不利作用面积喷头水力计算简图如图7-15所示。

③ 自喷系统设计流量Q_z。选用标准喷头，喷头工作压力为P=0.1MPa，则由式（7-7）得喷头的流量 $q=K\sqrt{10P}=1.33\text{L/s}$。

自动喷水管道最不利作用面积水力计算过程参见表7-14。由表7-14可见，经过计算最不利作用面积内流量为24.47 L/s，取24.5 L/s。

喷水强度校核：24.5×60/163.35=9.0 L/（min·m²）＞6L/（min·m²），所以符合规范要求。

表 7-14　自动喷水管道沿程和局部水头损失水力计算表

节点	管段	节点水压 P /mH_2O[①]	流量/(L/s)		管径 /mm	比阻 /A	流速 v /(m/s)	管长 L /m	管段水头损失/mH_2O $h=1.24A\cdot Q^2\cdot L$	计算式
			节点 q	管段 Q						
1		10	1.33							$q_1=80\times\sqrt{10\times0.1}/60=1.33$ L/s
	1—2			1.33	25	0.4368	2.5	3.3	2.55	$Q_{1-2}=1.33$(此段不考虑局部水头损失) L/s
2		12.55	1.49							$P_2=10+2.55=12.55$ m
	2—3			2.82	32	0.09388	3.12	3.3	2.96	$Q_{2-3}=1.33+1.49=2.82$ L/s
3		15.51	1.66							$P_3=12.55+2.96=15.51$ m
	3—4			4.48	40	0.04454	2.65	1.65	1.77	$Q_{3-4}=2.82+1.66=4.48$ L/s
4		17.28								$P_4=15.51+1.77=17.28$ m
1′		10	1.33							
	1′—2′			1.33	25	0.4368	2.5	3.3	2.55	$Q_{1'-2'}=1.33$ L/s
2′		12.55	1.49							$P_2=10+2.55=12.55$ m
	2′—4			2.82	40	0.04454		1.65	0.70	$Q_{2'-4}=1.33+1.49=2.82$ L/s
4		13.25								$P_4=12.55+0.70=13.25$ m
2′—4′管段流量修正后为$Q_{2'-4}=2.82\sqrt{17.28/13.25}=3.22$L/s，见式(7-12)										
	4—5			7.7	50	0.01108		3.3	2.60	$Q_{4-5}=4.48+3.22=7.7$ L/s
5		19.88								$P_3=17.28+2.60=19.88$m
	侧支管	a—5 同 1～4，但压力不同，流量修正后 $Q_{a-5}=4.48\sqrt{21.06/17.28}=4.95$L/s								
	侧支管	a′—5 同 1′—4，但压力不同，流量修正后 $Q_{a'-5}=2.82\sqrt{19.88/13.25}=3.45$L/s								
	5—6			15.96	80	0.001169		3.3	1.18	$Q_{5-6}=7.7+4.81+3.45=15.96$ L/s
6		21.06								$P_3=19.88+1.18=21.06$ m
	侧支管	b—6 同 1—4，但压力不同，流量修正后 $Q_{b-4}=4.48\sqrt{21.06/17.28}=4.95$L/s								
	侧支管	b′—6 同 1′—4，但压力不同，流量修正后 $Q_{b'-6}=2.82\sqrt{21.06/13.25}=3.56$L/s								
	6—7			24.47	100	0.0002675		20	3.85	$Q_{6-7}=15.96+4.95+3.56=24.47$ L/s
7	报警阀处压力									$P_{报}=21.06+3.85=24.91$ m
	报警阀～水泵管道			24.47	150	0.00003395		40	0.98	总损失：$24.91+0.98=25.89$ m

①$1mmH_2O=9.80665Pa$。

最不利作用面积内任意 4 只喷头围合的范围内的平均喷水强度的最小值，是由 1、2、1′、2′这 4 只喷头组合成的数值，即 1.33＋1.33＋1.49＋1.49＝5.64，4 只喷头的保护面积 10.89×4＝43.56 m^2，4 只喷头平均喷水强度为 5.64×60/43.56＝7.76 L/（min·m^2）＞6L/（min·m^2），即满足最不利点处作用面积内任意 4 只喷头围合范围内的平均喷水强度的要求，中危险级不应低于表 7-6 规定值的 85%。

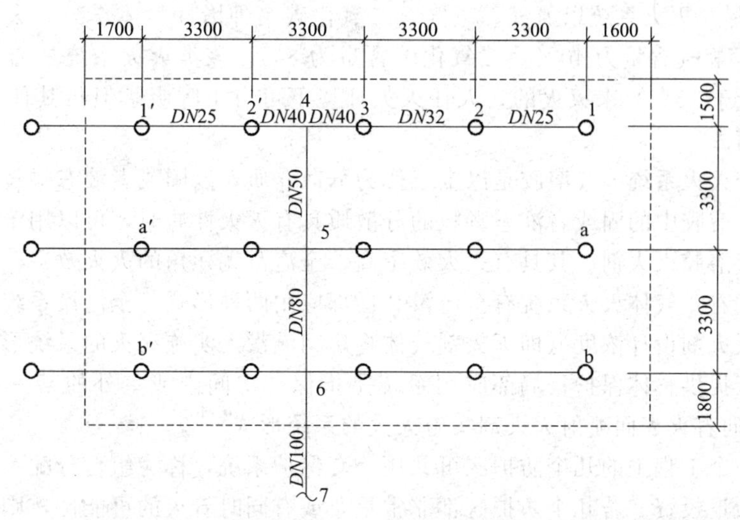

图 7-15　自动喷水系统最不利作用面积喷头水力计算简图

④ 自动喷水泵选型。自喷泵流量 $Q_b \geqslant Q_z = 24.5$ L/s，自喷泵扬程 $H_b \geqslant H = \Sigma h + P_0 + Z$。

Σh 为管道沿程和局部水头损失的累计值，湿式报警阀水头损失取值 4m、水流指示器取 2m。由表 7-14 可见自动喷水管道沿程和局部水头损失为 25.9m，取 26m。

$$\Sigma h = 26 + 4 + 2 = 32\text{m}$$

最不利点处喷头与储水池（消防水池）的最低水位高程差：$Z = 16.5 - (-8) = 24.5$m。

最不利点处喷头的工作压力：$P_0 = 10$m。

所以，$H_b \geqslant H = \Sigma h + P_0 + Z = 32 + 10 + 24.5 = 66.5$m。自喷泵的流量为 24.5 L/s，扬程为 1.1 ×66.5＝73.4 m。

因此，可以选用 2 台 XBD8/30-SLH 型恒压泵。

7.3 其他灭火系统

其他灭火系统主要包括二氧化碳灭火系统，以七氟丙烷、烟烙尽、气溶胶等灭火剂代替原来卤代烷灭火剂的气体灭火系统和固定消防炮灭火系统、大空间智能型主动灭火系统以及注氮控氧防火系统。

7.3.1 气体灭火系统

气体灭火系统是以二氧化碳、七氟丙烷等气体作为灭火介质，通过这些气体在整个防护区或保护对象周围的局部区域建立起灭火浓度实现灭火，是一种固定的灭火系统。其主要用于保护一些特殊场合，这正是基于其特有的性能才能实现的。

目前，根据所使用的灭火剂，气体灭火系统可归纳为以下四类。

（1）二氧化碳灭火系统以二氧化碳灭火剂作为灭火介质，相对于旧有已淘汰的卤代烷灭火系统来说，系统投资较大，灭火时，一旦操作不当则具有冷冻伤害及窒息的可能性，且二氧化碳会产生温室效应，不宜广泛使用。

(2) 七氟丙烷灭火系统作为卤代烷替代系统，是较为理想的灭火系统。七氟丙烷灭火系统以七氟丙烷作为灭火介质，仍属卤代烷灭火系统系列，具有卤代烷灭火系统的特点，毒性较低，可用于经常有人工作的防护区。

(3) “烟烙尽”灭火系统以氮气、氩气、二氧化碳三种惰性气体作为灭火介质，其中氮气含量为52%，氩气含量为40%，二氧化碳含量为8%。该类灭火系统是通过降低空气中的氧气含量（低于15%）来灭火的，人在灭火环境下可自由呼吸。但与其他气体灭火系统相比，造价较高。

(4) 气溶胶灭火系统。气溶胶是以空气作为分散介质，以固或者液态颗粒作为分散质的胶体体系。当气溶胶中的固或者液态颗粒的分散质具有灭火性质时，可以用于扑灭火灾，这种气溶胶称为气溶胶灭火剂。其具有灭火效率高、全淹没无死角的灭火效果。

从灭火方式看，气体灭火系统有全淹没和局部应用两种形式。全淹没系统是指通过在整个房间内建立灭火剂设计浓度（即灭火剂气体将房间淹没）实施灭火的系统形式，这种系统形式可对防护区提供整体保护；局部应用系统是指保护房间内或室外的某一设备（局部区域），通过直接向着火表面喷射灭火剂实施灭火的系统形式。

工程上，一个工程中的几个防护区可共用一套保护系统，称为组合分配系统，这样较为经济，可节省大量投资。若几个防护区都非常重要或有同时着火的可能性，则每个防护区应各自设置灭火系统保护，称为单元独立系统。而采用单元独立系统投资较大，所以对于较小的、无特殊要求的防护区，可以不设计，直接从消防产品公司生产的系列产品中选择。

下列场所应设置自动灭火系统，且宜采用气体灭火系统。

① 国家、省级或人口超过100万的城市广播电视发射塔内的微波机房、分米波机房、米波机房、变配电室和不间断电源（UPS）室。

② 国际电信局、大区中心、省中心和一万路以上的地区中心内的长途程控交换机房、控制室和信令转接点室。

③ 两万线以上的市话汇接局和六万门以上的市话端局内的程控交换机房、控制室和信令转接点室。

④ 中央及省级治安、防灾和网局级及以上的电力等调度指挥中心内的通信机房和控制室。

⑤ 建筑面积不小于140m²的电子计算机房内的主机房和基本工作间的已记录磁（纸）介质库。但是，当有备用主机和备用已记录磁（纸）介质，且设置在不同建筑中或同一建筑中的不同防火分区内时，可采用预作用自动喷水灭火系统。

⑥ 中央和省级广播电视中心内建筑面积不小于120m²的音像制品库房。

⑦ 国家、省级或藏书量超过100万册的图书馆内的特藏库；中央和省级档案馆内的珍藏库和非纸质档案库；大、中型博物馆内的珍品库房；一级纸绢质文物的陈列室。

⑧ 其他特殊重要的设备室。

7.3.2 固定消防炮灭火系统

建筑面积大于3000m²且无法采用自动喷水灭火系统的展览厅、体育馆观众厅等人员密集的场所，建筑面积大于5000m²且无法采用自动喷水灭火系统的丙类厂房，宜设置固定消防炮等灭火系统。

消防炮是指以水、泡沫混合液的流量大于16L/s，或者干粉喷射速率大于7L/s，以射流形式喷射灭火剂的设备。有固定支座的则为固定消防炮灭火系统。消防炮可以分为消防水炮、消防泡沫炮和消防干粉炮三种。有自动、手动和远程控制等控制方式。

固定式消防炮灭火系统原来主要用于可燃易燃液体集中、火灾危险性大、消防人员不易接近的场所的火灾；近年来也用于飞机库、车站、体育馆、展览厅等室内高大空间场所。其优点主要包括：具有空间定位、定点灭火性能，仅对火灾区域喷洒，可减少对无火灾区域的影响，能够减少系统用水量；其保护半径大，射程可达50m以上；管线分布简单，安装维护容易。

7.3.3 大空间智能型主动灭火系统

大空间智能型主动灭火系统同固定消防炮灭火系统一样，针对公共建筑物内净空高度已经超过自动喷水灭火系统能扑救地面火灾的高度而采用。

一般来说，大空间建筑是指如体育馆、展览馆、候机（车、船）建筑（厅）等建筑物内净空高度大于8m的建筑，或者仓库建筑物内净空高度大于12m的建筑。这类建筑物内净空高度已经超过自动喷水灭火系统所能扑救火灾的高度，必须采用先进适用的新型灭火系统。大空间智能型主动灭火系统是适合这类灭火场所的全新喷水灭火系统。其主要是由人工智能型灭火设备、信号阀组、水流指示器等组件以及管道、供水设施等组成，能在火灾时自动探测着火部位并主动喷水灭火。

7.3.4 注氮控氧防火系统

前述的灭火系统无一例外的都是火灾发生后才启动灭火系统进行扑救，这种方式存在火灾损失，同时伴有水渍和污染损失的可能，而注氮控氧防火系统是通过在保护区控制氧的浓度和氮的供给，从而有效抑制燃烧、控制火灾的发生，将防火从被动、消极转化为主动、积极状态，起到了主动防火的效果。

当空气中氧的浓度由通常的21%降至16%时，火就烧不起来，而16%的氧气浓度对人体并不产生有害影响。如何降低空气中氧气的浓度是关键，注氮控氧防火系统采用抽取防护区的空气，去除其中氧气后再把余下的氮气注入防护区方法，来达到降低防护区空气中氧气浓度的目的。

注氮控氧防火系统主要由供氮设备、氧浓度检测器、控制组件和管道等组成，其核心是供氮设备。供氮设备将空气中的氧、氮分离，并制备氮气，向防护区注入氮气，以达到降低防护区空气中氧气的浓度。注氮控氧防火系统一般适用于如机房、配电室、电缆隧道、仓库、金库、档案馆、通信和电信设备间等空间相对密闭的场所防火。

7.4 灭火器配置

只有合理、正确地配置灭火器，才能真正加强建筑物内的灭火力量，及时、有效地扑救各类工业与民用建筑的初起火灾。众所周知，灭火器的应用范围很广，全国各地的各类大、中、小型工业与民用建筑都在使用，到处皆有；灭火器是扑救初起火灾的重要消防器材，它轻便灵活，稍经训练即可掌握其操作使用方法，可手提或推拉至着火点附近，及时灭火，确属消防实战灭火过程中较理想的第一线灭火装备。在建筑物内应正确地选择灭火器的类型，确定灭火器的配置规格与数量，合理地定位及设置灭火器，保证足够的灭火能力（即需配灭火级别），并注意定期检查和维护灭火器，就能在被保护场所一旦着火时，迅速地用灭火器扑灭初起小火，减少火灾损失，保障人身和财产安全。

7.4.1 灭火器配置范围

建筑灭火器配置适用于生产、使用或储存可燃物的新建、改建、扩建的工业与民用建筑工程；不适用于生产或储存炸药、弹药、火工品、花炮的厂房或库房。

应配置灭火器的，包括生产、使用和储存可燃物的，新建、改建、扩建的各类工业与民用建筑工程（包括装修工程），即凡是存在（包括生产、使用和储存）可燃物的工业与民用建筑场所，均应配置灭火器。这是因为有可燃物的场所，就存在着火灾危险，需要配置灭火器加以保护。反之，对那些确实不生产、使用和储存可燃物的建筑场所，当然可以不配置灭火器。鉴于目前我国尚无专门用于扑救炸药、弹药、火工品、花炮火灾的定型灭火器，因此，暂定不适用于生产和储存炸药、弹药、火工品、花炮的厂房和库房。

7.4.2 灭火器配置场所的危险等级

（1）工业建筑灭火器配置场所的危险等级，应根据其生产、使用、储存物品的火灾危险性，可燃物数量，火灾蔓延速度，扑救难易程度等因素，划分为以下三级。

① 严重危险级：火灾危险性大，可燃物多，起火后蔓延迅速，扑救困难，容易造成重大财产损失的场所。

② 中危险级：火灾危险性较大，可燃物较多，起火后蔓延较迅速，扑救较难的场所。

③ 轻危险级：火灾危险性较小，可燃物较少，起火后蔓延较缓慢，扑救较易的场所。

表7-15列出了配置场所与危险等级的对应关系。

表7-15 配置场所与危险等级的对应关系

危险等级 配置场所	严重危险级	中危险级	轻危险级
厂房	甲、乙类物品生产场所	丙类物品生产场所	丁、戊类物品生产场所
库房	甲、乙类物品储存场所	丙类物品储存场所	丁、戊类物品储存场所

（2）民用建筑灭火器配置场所的危险等级，应根据其使用性质，人员密集程度，用电用火情况，可燃物数量，火灾蔓延速度，扑救难易程度等因素，划分为以下三级。

① 严重危险级：使用性质重要，人员密集，用电用火多，可燃物多，起火后蔓延迅速，扑救困难，容易造成重大财产损失或人员群死群伤的场所。

② 中危险级：使用性质较重要，人员较密集，用电用火较多，可燃物较多，起火后蔓延较迅速，扑救较难的场所。

③ 轻危险级：使用性质一般，人员不密集，用电用火较少，可燃物较少，起火后蔓延较缓慢，扑救较易的场所。

民用建筑灭火器配置场所的危险等级比较见表7-16。

表7-16 危险因素与危险等级对应关系

危险因素 危险等级	使用性质	人员密集程度	用电用火设备	可燃物数量	火灾蔓延速度	扑救难度
严重危险级	重要	密集	多	多	迅速	大
中危险级	较重要	较密集	较多	较多	较迅速	较大
轻危险级	一般	不密集	较少	较少	较缓慢	较小

7.4.3 灭火器的选型

灭火器从形式来分有手提式灭火器和推车式灭火器。从灭火剂来分，有水基型灭火器（包括水型灭火器和泡沫灭火器）、干粉灭火器［包括磷酸铵盐（ABC）干粉灭火器和碳酸氢钠（BC）干粉灭火器］、二氧化碳灭火器、卤代烷（1211）灭火器、灭B类火灾的水型灭火器等。

（1）灭火器的选择应考虑的因素有灭火器配置场所的火灾种类、灭火器配置场所的危险等级、灭火器的灭火效能和通用性、灭火剂对保护物品的污损程度、灭火器设置点的环境温度、使用灭火器人员的体能。

（2）在同一灭火器配置场所，宜选用相同类型和操作方法的灭火器。当同一灭火器配置场所存在不同火灾种类时，应选用通用型灭火器。

（3）在同一灭火器配置场所，当选用两种或两种以上类型灭火器时，应采用与灭火剂相容的灭火器。

（4）灭火器的适用性见表7-17。

表7-17 灭火器的适用性

灭火器类型 / 火灾场所	水型灭火器	干粉灭火器		泡沫灭火器		卤代烷1211灭火器	二氧化碳灭火器
		磷酸铵盐干粉灭火器	碳酸氢钠干粉灭火器	机械泡沫灭火器②	抗溶泡沫灭火器③		
A类场所	适用。 水能冷却并穿透固体燃烧物质而灭火，并可有效防止复燃	适用。 粉剂能附着在燃烧物的表面层，起到窒息火焰作用	不适用。 碳酸氢钠对固体可燃物无黏附作用，只能控火，不能灭火	适用。 具有冷却和覆盖燃烧物表面及与空气隔绝的作用		适用。 具有扑灭A类火灾的效能	不适用。 灭火器喷出的二氧化碳无液滴，全是气体，对A类火基本无效
B类场所	不适用①。 水射流冲击油面，会激溅油火，致使火势蔓延，灭火困难	适用。 干粉灭火剂能快速窒息火焰，具有中断燃烧过程的链锁反应的化学活性		适用于扑救非极性溶剂和油品火灾，覆盖燃烧物表面，使其与空气隔绝	适用于扑救极性溶剂火灾	适用。 洁净气体灭火剂能快速窒息火焰，抑制燃烧链锁反应，而中止燃烧过程	适用。 二氧化碳靠气体堆积在燃烧物表面，稀释并隔绝空气

续表

灭火器类型 / 火灾场所	水型灭火器	干粉灭火器		泡沫灭火器		卤代烷1211灭火器	二氧化碳灭火器
		磷酸铵盐干粉灭火器	碳酸氢钠干粉灭火器	机械泡沫灭火器②	抗溶泡沫灭火器③		
C类场所	不适用。 灭火器喷出的细小水流对气体火灾作用很小，基本无效	适用。 喷射干粉灭火剂能快速扑灭气体火焰，具有中断燃烧过程的链锁反应的化学活性		不适用。 泡沫对可燃液体火灭火有效，但扑救可燃气体火基本无效		适用。 洁净气体灭火剂能抑制燃烧链锁反应，而中止燃烧	适用。 二氧化碳窒息灭火，不留残迹，不污损设备
E类场所	不适用	适用	适用于带电的B类火	不适用		适用	适用于带电的B类火

① 新型的添加了能灭B类火的添加剂的水型灭火器具有B类灭火级别，可灭B类火。

② 化学泡沫灭火器已淘汰。

③ 目前，抗溶泡沫灭火器常用机械泡沫类型灭火器。

从表7-17中可以看出：磷酸铵盐干粉灭火器适用于扑灭A、B、C和E多类火灾，具有通用性。

此外，对D类火灾即金属燃烧的火灾，就我国目前情况来说，还没有定型的灭火器产品。目前国外灭D类火灾的灭火器主要有粉状石墨灭火器和灭金属火灾的专用干粉灭火器。在国内尚未生产这类灭火器和灭火剂的情况下，可采用干砂或铸铁屑末来替代。

7.4.4 灭火器的设置要求

（1）灭火器设置的一般要求

①灭火器应设置在位置明显和便于取用的地点，且不得影响安全疏散。② 对有视线障碍的灭火器设置点，应设置指示其位置的发光标志。③灭火器的摆放应稳固，其铭牌应朝外。手提式灭火器宜设置在灭火器箱内或挂钩、托架上，其顶部离地面高度不应大于1.50m；底部离地面高度不宜小于0.08m。灭火器箱不得上锁。④灭火器不宜设置在潮湿或强腐蚀性的地点。当必须设置时，应有相应的保护措施。灭火器设置在室外时，应有相应的保护措施。⑤灭火器不得设置在超出其使用温度范围的地点。

（2）灭火器的最大保护距离　保护距离（travel distance）是指灭火器配置场所内，灭火器设置点到最不利点（距灭火器设置点最远的地点）的直线行走距离。单独式的计算单元中灭火器的保护距离，可忽略该计算单元（即一个房间，一个灭火器配置场所）内桌椅、冰箱等小型家具或家电的影响；组合式的计算单元中灭火器的保护距离，在有隔墙阻挡的情况下，可按从灭火器设置点出发，通过房门中点，到达最不利点的直线行走路线的各段折线长度之和计算。

灭火器的最大保护距离仅受火灾种类、危险等级和灭火器形式的制约，而与设置点配置灭火器的规格、数量无关。设置在A类火灾场所的灭火器，其最大保护距离应符合表7-18的规定。

表 7-18 A类火灾场所的灭火器最大保护距离 单位：m

灭火器形式 危险等级	手提式灭火器	推车式灭火器
严重危险级	15	30
中危险级	20	40
轻危险级	25	50

设置在B、C类火灾场所的灭火器，其最大保护距离应符合表7-19的规定。

表 7-19 B、C类火灾场所的灭火器最大保护距离 单位：m

灭火器形式 危险等级	手提式灭火器	推车式灭火器
严重危险级	9	18
中危险级	12	24
轻危险级	15	30

D类火灾场所的灭火器，其最大保护距离应根据具体情况研究确定。E类火灾场所的灭火器，其最大保护距离不应低于该场所内A类或B类火灾的规定。

7.4.5 灭火器的配置要求

计算单元（calculation unit）指灭火器配置的计算区域。建筑灭火器配置设计的计算单元可分为两大类，即建筑物中的一个独立的灭火器配置场所，一个特殊的房间，例如，某一办公楼层中的电子计算机房，或者是某一宾馆客房楼层中的多功能厅，可称之为独立计算单元；或指若干个相邻的且危险等级和火灾种类均相同的灭火器配置场所的组合部分，例如，办公楼层中除电子计算机房外的所有的办公室房间，或者是某一宾馆客房楼层中除多功能厅外的所有的客房房间，可称之为组合计算单元。

灭火级别（fire rating）表示灭火器能够扑灭不同种类火灾的效能，由表示灭火效能的数字和灭火种类的字母组成。例如8kg的手提式磷酸铵盐干粉灭火器的灭火级别为4A、144B；其中A表示该灭火器扑灭A类火灾的灭火级别的一个单位值，亦即灭火器扑灭A类火灾效能的基本单位，4A组合表示该灭火器能扑灭4A等级（定量）的A类火试模型火（定性）；B表示该灭火器扑灭B类火灾的灭火级别的一个单位值，亦即灭火器扑灭B类火灾效能的基本单位，144B组合表示该灭火器能扑灭144B等级（定量）的B类火试模型火（定性）。

（1）灭火器的配置的一般要求 ①一个计算单元内配置的灭火器数量不得少于2具。②每个设置点的灭火器数量不宜多于5具。③当住宅楼每层的公共部位建筑面积超过100m^2时，应配置1具1A的手提式灭火器；每增加100m^2时，增配1具1A的手提式灭火器。

（2）灭火器的最低配置基准

① A类火灾场所灭火器的最低配置基准应符合表7-20的规定。

表 7-20 A类火灾场所灭火器的最低配置基准

危险等级	严重危险级	中危险级	轻危险级
单具灭火器最小配置灭火级别	3A	2A	1A
单位灭火级别最大保护面积/(m^2/A)	50	75	100

② B、C类火灾场所灭火器的最低配置基准应符合表7-21的规定。

表 7-21 B、C 类火灾场所灭火器的最低配置基准

危险等级	严重危险级	中危险级	轻危险级
单具灭火器最小配置灭火级别	89B	55B	21B
单位灭火级别最大保护面积/(m^2/B)	0.5	1.0	1.5

③ D类火灾场所的灭火器最低配置基准应根据金属的种类、物态及其特性等研究确定。E类火灾场所的灭火器最低配置基准不应低于该场所内A类（或B类）火灾的规定。

7.4.6 灭火器的配置设计计算

（1）灭火器配置设计计算的一般要求 ①灭火器配置的设计与计算应按计算单元进行。灭火器最小需配灭火级别和最少需配数量的计算值应进位取整。②每个灭火器设置点实配灭火器的灭火级别和数量不得小于最小需配灭火级别和数量的计算值。③灭火器设置点的位置和数量应根据灭火器的最大保护距离确定，并应保证最不利点至少在1具灭火器的保护范围内。

（2）计算单元 灭火器配置设计的计算单元应按下列规定划分：①当一个楼层或一个水平防火分区内各场所的危险等级和火灾种类相同时，可将其作为一个计算单元。②当一个楼层或一个水平防火分区内各场所的危险等级和火灾种类不相同时，应将其分别作为不同的计算单元。③同一计算单元不得跨越防火分区和楼层。

计算单元保护面积的确定应符合下列规定：①建筑物应按其建筑面积确定；②可燃物露天堆场，甲、乙、丙类液体储罐区，可燃气体储罐区应按堆垛、储罐的占地面积确定。

（3）配置设计计算 计算单元的最小需配灭火级别应按照式（7-14）计算。

$$Q = K\frac{S}{U} \tag{7-14}$$

式中 Q——计算单元的最小需配灭火级别（A或B）；

S——计算单元的保护面积，m^2；

U——A类或B类火灾场所单位灭火级别最大保护面积，m^2/A或m^2/B；

K——修正系数。

修正系数K应按表7-22的规定取值。

表 7-22 修正系数

计算单元	K
未设室内消火栓系统和灭火系统	1.0
设有室内消火栓系统	0.9
设有灭火系统	0.7
设有室内消火栓系统和灭火系统	0.5
可燃物露天堆场，甲、乙、丙类液体储罐区，可燃气体储罐区	0.3

歌舞、娱乐、放映、游艺场所，网吧，商场，寺庙以及地下场所等的计算单元的最小需配灭火级别应按式（7-15）计算。

$$Q = 1.3K\frac{S}{U} \tag{7-15}$$

计算单元中每个灭火器设置点的最小需配灭火级别应按下式计算。

$$Q_e = \frac{Q}{N} \tag{7-16}$$

式中 Q_e——计算单元中每个灭火器设置点的最小需配灭火级别，A或B；

N ——计算单元中的灭火器设置点数，个。

灭火器配置的设计计算可按下述程序进行：①确定各灭火器配置场所的火灾种类和危险等级。②划分计算单元，计算各计算单元的保护面积。③计算各计算单元的最小需配灭火级别。④确定各计算单元中的灭火器设置点的位置和数量。⑤计算每个灭火器设置点的最小需配灭火级别。⑥确定每个设置点灭火器的类型、规格与数量。⑦确定每具灭火器的设置方式和要求。⑧在工程设计图上用灭火器图例和文字标明灭火器的型号、数量与设置位置。

习　　题

1. 室内外消防给水系统组成有哪些？
2. 室内消火栓系统组成包括哪些？
3. 试论述室内外消防用水量计算。
4. 论述开式与闭式自动喷水灭火系统定义与联系。
5. 论述气体灭火系统。
6. 论述在消防工程设计中应该如何进行水力计算？

第8章 防排烟系统与通风防火

8.1 防排烟基础

火灾产生原因各异，但致人死亡的原因却近似相同。据某市2003～2006年4年的火灾统计表明：70%以上的火灾为居住类建筑火灾，因该类火灾而死亡的绝大多数为60岁以上的老年人，并全为男性，占到该类火灾死亡人数的近1/3。其主要原因是身体及生活习惯原因。年老体弱，加之抽烟喝酒。起火原因一是烟头，二是电器缺陷。该类火灾约70%发生在凌晨至早上6点，人们熟睡的时段。该统计同时也表明居住类火灾致死的主要原因是吸入烟气致死，占到总死亡数的52%，其中烧死仅占到不足30%。

另据美国NFPA的统计，2007年美国共发生了155.75万次火灾，导致约3430位平民死亡，比2006年增长了5.7%。数据显示，火灾致死的主要原因是有害气体的吸入，特别是火灾中产生的有毒组分CO。有毒烟气吸入持续成为建筑火灾中致人死亡的主要因素。研究表明，建筑火灾中75%的死亡原因是吸入火灾中产生的有毒气体，而其中因火灾中CO死亡的占到约66%。最近几年，英国的火灾统计数据表明，烟气吸入成为建筑火灾中致人死亡的决定性因素，约占死亡人数的50%，另外有20%的死亡是由于高温灼烧和烟气的共同作用，这就是说在英国约有70%的火灾死亡与火灾中产生的烟气及有害气体有关。此外，由于烟气的直接作用而受伤的人数占到了受伤总人数的30%，间接作用则是占到了约50%。

由此可见，火灾烟气对于人员的安危具有直接相关性。火灾烟气具有流动性，特别是如火灾产生的CO这种无色无味的烟气的流动，更具有致命性。如能很好地控制火灾烟气的流动，就可以大大减低人员伤亡的可能性。

8.1.1 火灾烟气成分与浓度

由发生热解和燃烧的物质本身的化学组成决定了火灾烟气的成分，其次还与环境的供热、时间空间条件和供氧等燃烧条件有关。火灾烟气中含有燃烧和热分解所生成的气体（如前所述的CO、CO_2、HCl等）、悬浮在空气中的液态颗粒（由蒸气冷凝而成的均匀分散的焦油类粒子和高沸点物质的凝缩液滴等）和固态颗粒（由燃料充分燃烧后残留下来的灰烬和炭黑固体粒子）。火灾时参与燃烧的物质比较复杂，尤其是发生火灾的环境条件千差万别，导致火灾烟气的成分组成相当复杂，火灾在发生、发展和熄灭各阶段中所生成的气体也是不同的。

火灾烟气使人们辨认目标的能力下降，在疏散时看不清周围环境，甚至辨不清疏散方向，找不到安全出口，从而影响人员安全疏散，所以火灾烟气浓度是要考虑的。一般用质量浓度、粒子浓度和光学浓度来表示火灾中的烟气浓度。从人员的安全疏散和消防人员扑救火灾的角度，在建筑发生火灾时所产生的烟影响了火场的能见距离，从而不利于安全疏散和扑救火灾，因而只考虑烟的光学浓度。当可见光通过烟层时，烟粒子使光线的强度减弱，光线减弱的程度与烟气的浓度之间存在一定关系。光学浓度就是由光线通过烟层后的能见距离，求出消光系数，用 C_s 来表示的。

一般烟气光学浓度用消光系数来表示，消光系数越大，其可视距离越短。研究表明，烟的消光系数与可视距离之积为常数 C，其数值因观察目标而定，如疏散通道上的反光标志、疏散门等，C 取 2～4，对发光型标志、指示灯等，C 取 5～10。据 Tadahisa Jin 的研究，烟气浓度是影响人在发生火灾的建筑内安全逃生的一个重要因素，同时，与人是否熟悉建筑内的安全逃生路线也有一定关系。一般来说，能顺利安全地逃出火灾现场，对于熟悉建筑内安全逃生路线的人，烟气光学浓度要求不高于 $0.5m^{-1}$，即可视距离不小于 4m，对于不熟悉建筑内安全逃生路线的人，烟气光学浓度要求不高于 $0.15m^{-1}$，即可视距离不小于 13m。

8.1.2　火灾烟气危害

火灾烟气危害包括遮光性、高温危害和毒性。

（1）遮光性　光学测量发现烟气具有很强的减光作用，使得人们在有烟场合下能见度大大降低，给现场带来恐慌和混乱状态，严重妨碍人员安全疏散和消防人员扑救。

（2）高温危害　火灾烟气的高温对人、对物都可产生不良影响。研究表明，环境温度为50℃时，人会感到嘴、鼻和食道极为不舒服。在美国洛杉矶一次实验测试中，当走廊火灾环境温度达到 65℃时，人难以通过从房间进入走廊的方式逃生。人暴露在高温烟气中，65℃时人可短时忍受，在 100℃左右时，一般人只能忍受几分钟，过后则会使口腔及喉头肿胀而发生窒息。

（3）毒性　首次准确定义 CO 中毒是在 1875 年由 Claude Bernard 给出的。在美国等一些发达国家，CO 中毒一直是一个突出的职业健康安全问题，历史经验表明，CO 中毒主要发生在冬季，以室内取暖用火不慎而导致的居多。在美国，与汽车相关的 CO 中毒绝大部分是发生在车库内，这与车库本身是半封闭空间有关。由此可见，对于隧道这种狭长通道空间，一旦发生火灾，其 CO 中毒的可能性也会大大增加。

Kevin T. Fitzgerald 等人研究表明，火灾烟气毒素的水溶性是决定呼吸道伤害程度的最重要的化学特性。火灾烟气是一个复杂的混合物，如热空气、悬浮的固态和液态颗粒、各种气体、烟、气溶胶和蒸气等。吸入火灾烟气大多数的临床症状是呼吸道伤害。同时指出，对于疑似吸入火灾烟气患者，最有效的诊断方法，就是动脉血气分析、碳氧血红蛋白水平、高铁血红蛋白浓度和胸透。对吸入火灾烟气者的治疗，包括保持气道的畅通、通风和供氧、稳定失调的血液动力。其研究表明，利用烟气警报和火灾喷淋系统能大大减小火灾烟气毒性的危害效果。近年来，由于大量的使用新型建筑和装饰材料，导致由火灾烟气毒性引发呼吸伤害的因数在增加。尽管更为严格的建筑规范使得新建筑结构具有更小的燃烧可能性，然而，当使用的建筑材料确实是通过产生更多的有毒烟气来着火时，使用它们将变得更为危险。正是由于 CO 的毒性，国内外很多学者对其展开了一系列研究。

Jaehark Goo 对隔间火的火灾烟气中的烟颗粒粒径分布的演化机制进行了研究，给出了烟颗粒粒径分布各自与火源的热释放速率、产烟量和烟颗粒初始粒径之间的关系的结果，这些数据结果有助于更好地了解隔间火的烟颗粒特性，从而有利于感烟探测器的设计以及对吸入火灾烟气产生健康损伤的分析。

David Purser 对飞行器舱室火灾中的烟气毒性进行了研究，认为火灾烟气，特别是 CO 和 HCN，是主要危险有害因素。火灾烟气所导致的可视距离变短、产生刺激性气体等，在火灾早期，它们是重要的影响因素，可以减小逃生（或者疏散）的速度和效率；事实表明，如果在受限空间内，人员与疏散出口之间充以火灾烟气，人员将不会进入该区域，并且在光密度为 $0.5m^{-1}$ 以下其移动速度将很快减小，如再叠加刺激性气体，移动速度将减得更快。

Clark Jr WR 研究表明，火灾中死亡的人数仅有 10％的人是与火灾烟气无关的，有超过 50％的人是与火灾烟气直接或者间接相关。

8.1.3 火灾烟气的控制

烟气控制即指通过有效的防排烟设计，控制烟气的合理流动，从而最大限度地保护人们的生命财产安全。一般建筑（特别是高层建筑）发生火灾后，烟气在室内外温差引起的烟囱效应、燃烧气体的浮力和膨胀力、风力、通风空调系统、电梯的活塞效应等驱动力的作用下，会迅速从着火区域蔓延，传播到建筑物内其他非着火区域，甚至传播到疏散通道，严重影响人员逃生及灭火。因此，有效的烟气控制是保护人们生命财产安全的重要手段。

防排烟作用主要有以下三个方面。

（1）为安全疏散创造有利条件　防、排烟设计与安全疏散和消防扑救关系密切，是综合防火设计的一个组成部分，在进行建筑平面布置和室内装修材料以及防、排烟方式的选择时，应综合加以考虑。火灾统计和试验表明：凡设有完善的防、排烟设施和自动喷水灭火系统的建筑，一般都能为安全疏散创造有利的条件。

（2）为消防扑救创造有利条件　火场实际情况表明，如消防人员在建筑物处于熏烧阶段，房间充满烟雾的情况下进入火场，由于浓烟和热气的作用，往往使消防人员睁不开眼，透不过气，看不清着火区情况，从而不能迅速准确地找到起火点，影响灭火。如果采取有效的防排烟措施，则情况就有很大不同，消防人员进入火场时，火场区的情况看得比较清楚，可以迅速而准确地确定起火点，判断出火势蔓延的方向，及时扑救，最大限度地减少火灾损失。

（3）可控制火势蔓延扩大　试验情况表明，有效的防烟分隔及完善的排烟设施不但能排除火灾时产生的大量烟气，还能排除一场火灾中 70％～80％的热量，起到控制火势蔓延的作用。

8.1.4 防排烟方式

防排烟方式可分为自然排烟、机械防烟、机械排烟等三种方式，或者它们三者的相互组合方式。进行防排烟方式的选择时，应满足防排烟设置的要求且条件允许，遵循自然防排烟优先原则和因地制宜采用多方式组合原则。

（1）自然排烟是利用火灾产生的热烟气流的浮力和外部风力作用，通过建筑物的对外开口（阳台或设置在外墙上便于开启的外窗）把烟气排至室外的一种排烟方式。这种方式的好处就是不需要专门的排烟设备，不使用动力，构造简单，经济，易操作，平时可兼作换气用。其存在的缺点是排烟效果不太稳定，受室外风向、风速和建筑本身的密封性或热作用的影响，此外，还受制于建筑设计本身。

（2）机械防烟是利用送风机供给走廊、楼梯间前室和楼梯间等安全疏散通道以新鲜空气，使其维持高于建筑物其他部位的压力，从而把其他部位中因着火产生的火灾热烟气或因扩散进入的火灾烟气堵截于被加压的部位之外。这种方式能确保安全疏散通路的绝对安全，但还存在着一些缺点，当机械加压送风楼梯间的正压值过高时，会使楼梯间通向前室或走道的门打不开，但只要设计得当，这样的缺点是可以避免的。

（3）机械排烟是利用排烟风机把着火房间中所产生的烟气通过排烟口排至室外。一般来说，一个设计优良的机械排烟系统在火灾时能排出 80％的热量，使火场温度大大降低，从而对人员安全疏散和消防扑救起到重要作用。这种方式的优点是排烟效果稳定，特别是火灾

初期能有效地保证非着火层或区域的人员安全疏散和物资安全转移。其存在的缺点是：为了使建筑物的任何一个房间或部位发生火灾时都能有效地进行排烟，排烟风机的容量必然选择较高，其耐高温性能的要求高，这样，导致初次投资大，后续的维护管理费用也高。

(4) 机械防烟、排烟组合。第一种组合，即机械加压送风和机械排烟相结合的组合方式，其多用于性质重要、对防排烟要求严格的高层建筑。一般来说，其对防烟楼梯间及其前室、消防电梯间前室或合用前室，采用加压送风方式；而对需要排烟的房间、走廊采用机械排烟。第二种组合是机械排烟加自然送风（即补风）方式。这种方式在高层建筑排烟设计中采用较多，应用于高层建筑一般房间和便于自然进风的场所。第三种组合是机械排烟和机械送风组合。排烟和送风都采用机械动力设备，要求送风量略小于排风量。其主要用于地下室、地下汽车库和大空间建筑内部。

8.1.5 防烟分区

防烟分区（smoke bay）是指在建筑内部屋顶或顶板、吊顶下采用具有挡烟功能的构、配件将之分隔成具有一定蓄烟能力的局部空间。划分防烟分区的目的是把火灾热烟气控制在一定范围内，并通过排烟设施排出它。值得注意的是，防烟分区与前述的防火分区是两个不同概念，既有联系又有区别。

8.1.6 防排烟系统设计流程

根据建筑物的防火分区和防烟分区，确定防排烟方式和进风道、排烟道的位置，再选择合适的排烟口和进风口。防排烟系统设计流程见图8-1。

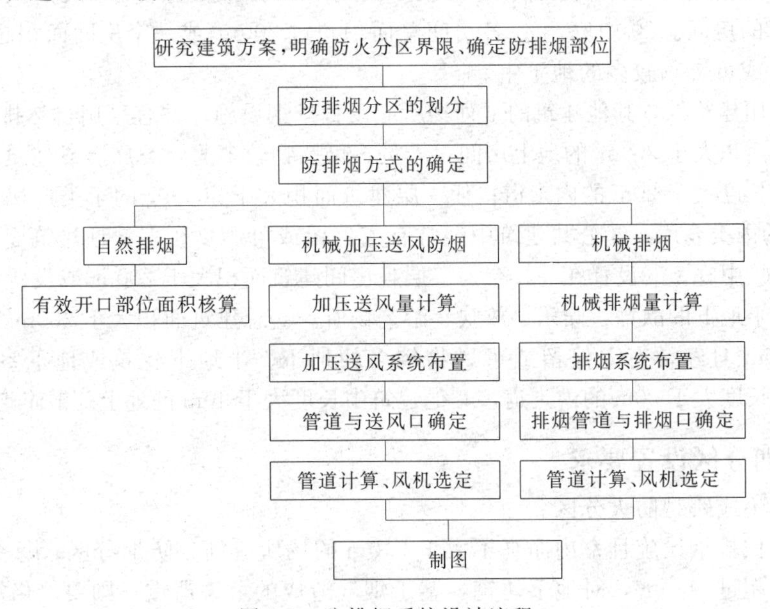

图8-1 防排烟系统设计流程

8.2 防排烟系统与设计

设计防排烟系统的目的有两点：一是将火灾产生的热烟气及时排走，阻止热烟气从着火区向非着火区蔓延扩散；二是防止烟气进入作为安全疏散通道的走廊、楼梯间及其前室，以确保建筑物内人员安全疏散、避难和为消防队员扑救创造条件。

设计防排烟系统的思路是当一栋建筑物内部某个房间或部位发生火灾时，迅速采取必要的防排烟措施，对火灾区域实行排烟控制，使火灾产生的热烟气能迅速排除，以利人员的疏散和火灾扑救；对重要的非火灾区域及疏散通道等迅速采用机械加压送风的防烟措施，使该区域的环境空气压力高于火灾区域的空气压力，防止烟气的侵入，进一步控制火势的蔓延。

8.2.1 防排烟设施组成

自然排烟不需要专门的排烟设备，主要借助于建筑物的对外开口（如门窗洞口、阳台）或者专用的排烟竖井来进行。机械排烟系统是由挡烟壁（如活动式或者固定式挡烟垂壁、挡烟隔墙、挡烟梁）、排烟口（或者可带阀门排烟口）、防火排烟阀、排烟道、风机和排烟出口等组成。机械加压送风系统是由进风口、风道、加压送风风机和出风口组成。

8.2.2 防排烟设施设置场所

建筑的下列场所或部位应设置防烟设施：①防烟楼梯间及其前室；②消防电梯间前室或合用前室；③避难层（间）、避难走道。值得注意的是，建筑高度不大于 50m 的公共建筑、厂房、仓库和建筑高度不大于 100m 的住宅建筑，当防烟楼梯间前室、合用前室采用敞开的阳台、凹廊进行防烟，或前室、合用前室内有不同朝向且开口面积符合自然排烟要求的可开启外窗时，该防烟楼梯间可不设置防烟设施；当居住建筑楼梯间通至屋顶并能自然通风时，可不设置机械加压送风防烟设施。

一类高层民用建筑和建筑高度超过 32m 的二类高层民用建筑的下列场所或部位应设置排烟设施，并宜采用自然排烟设施：① 长度大于 20m 的内走道。② 建筑面积超过 $100m^2$ 且经常有人停留的房间。③ 中庭。④ 各房间总面积超过 $200m^2$ 或一个房间面积超过 $50m^2$，且经常有人停留或可燃物较多的地下室。

除高层民用建筑外，其他建筑的下列场所应设置排烟设施，并宜采用自然排烟设施：①丙类厂房中建筑面积大于 $300m^2$ 的地上房间；人员、可燃物较多的丙类厂房或建筑高度大于 32m 的高层厂房中长度大于 20m 的内走道；任一层建筑面积大于 $5000m^2$ 的丁类厂房。②占地面积大于 $1000m^2$ 的丙类仓库。③公共建筑中经常有人停留或可燃物较多，且建筑面积大于 $300m^2$ 的地上房间。④中庭。⑤设置在一、二、三层且房间建筑面积大于 $200m^2$ 或设置在四层及四层以上或地下、半地下的歌舞、娱乐、放映、游艺场所。⑥总建筑面积大于 $200m^2$ 或一个房间建筑面积大于 $50m^2$ 且经常有人停留或可燃物较多的地下、半地下建筑或地下室、半地下室。⑦公共建筑中长度大于 20m 的内走道，其他建筑中长度大于 40m 的地上疏散走道。

8.2.3 防烟分区设置要求

防烟分区不应跨越防火分区。

需设置机械排烟设施且室内净高不大于 6.0m 的场所应划分防烟分区；每个防烟分区的建筑面积不宜超过 $500m^2$，对地下建筑，鉴于烟气造成的危害严重，则要严格控制不应超过 $500\ m^2$；一般以建筑物的每个楼层划分防烟分区，一个楼层可以包括一个以上的防烟分区，如建筑每层面积远小于 $500m^2$ 时，为节约投资，一个防烟分区可以跨越一个以上的楼层，但一般不宜超过 3 层，最多不应超过 5 层。

疏散楼梯间及其前室和消防电梯间及其前室应单独划防烟分区，并采用良好的防排烟设施。超高层建筑设置的避难间或避难层，应单独划分防烟分区，并有良好的防排烟设施。

对一类高层建筑和建筑高度超过 32m 的二类高层建筑，当无自然采光和通风的内走道长度超过 20m、一端有自然采光和通风的内走道长度超过 40m，以及两端有自然采光和通风

的内走道长度超过 60m 时，一般是和相邻的房间划分为同一防烟分区，而在一些重要的建筑物中，也可以把走道单独划分为防烟分区，并设置排烟设施，其分区面积不宜超过 $500m^2$。

8.2.4　隔烟设施

（1）挡烟垂壁　如图 8-2 所示，挡烟垂壁起阻挡烟气的作用，同时可提高防烟分区排烟口的吸烟效果。挡烟垂壁应用夹丝玻璃、钢化玻璃、钢板等不燃材料制作。挡烟垂壁可采用固定式或活动式的，若建筑物净空较高，可采用固定式的，将挡烟垂壁长期固定在顶棚面上；若建筑物净空较低，宜采用活动式挡烟垂壁，其应由感烟探测器控制，或与排烟口联动，受消防控制中心控制，但同时应能就地手动控制。活动的挡烟垂壁落下时，应满足其下端距地面的高度不小于 1.8m。

（2）挡烟隔墙　挡烟隔墙比挡烟垂壁的挡烟效果要好，因而要求在安全区域的场所，宜采用挡烟隔墙。

（3）挡烟梁　有条件的建筑物可利用从顶棚下凸出不小于 500mm 的钢筋混凝土梁或钢梁进行挡烟。

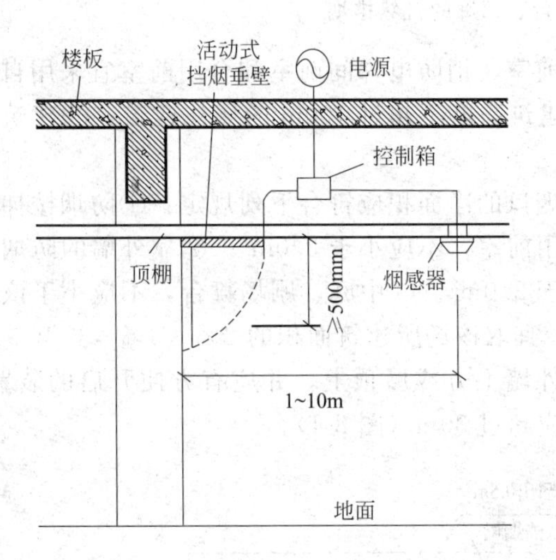

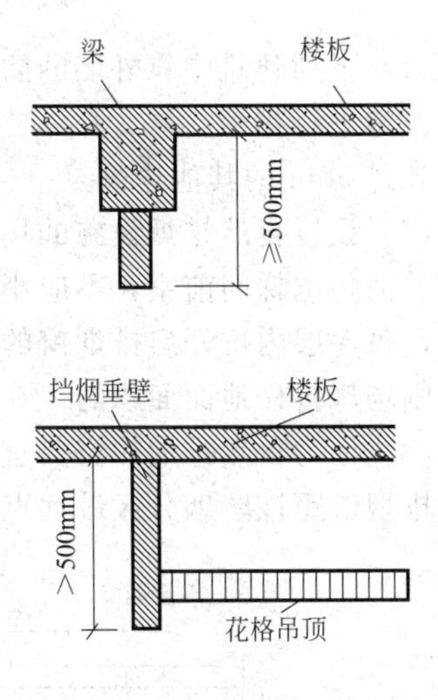

图 8-2　挡烟垂壁

8.2.5　防排烟系统一般设计要求

（1）机械排烟系统与通风、空气调节系统宜分开设置。当合用时，必须采取可靠的防火安全措施，并应符合机械排烟系统的有关要求。

（2）防烟和排烟系统中的管道、风口及阀门等必须采用不燃材料制作，且排烟管道、加压送风管道和排烟系统中的补风管道的耐火极限不应低于 0.5h。排烟管道应采取隔热防火措施或与可燃物保持不小于 150mm 的距离。排烟管道的厚度应按相关国家标准的规定执行。

（3）机械加压送风防烟系统中送风口的风速不宜大于 7m/s。机械加压送风管道、排烟管道和补风管道内的风速应符合下列规定：①采用金属管道时，风速不宜大于 20m/s；②采用非金属管道时，风速不宜大于 15m/s。

（4）加压送风管道和排烟系统的补风管道不宜穿过防火分区或其他火灾危险性较大的房间；确需穿过时，应在穿过房间隔墙或楼板处设置防火阀。加压送风管道上的防火阀的动作温度应为 70℃，排烟系统补风管道上的防火阀的动作温度可为 280℃。

8.2.6 自然防排烟系统与设计

自然排烟可分为利用可开启外窗的自然排烟和利用室外阳台或凹廊的自然排烟两种（图 8-3）。

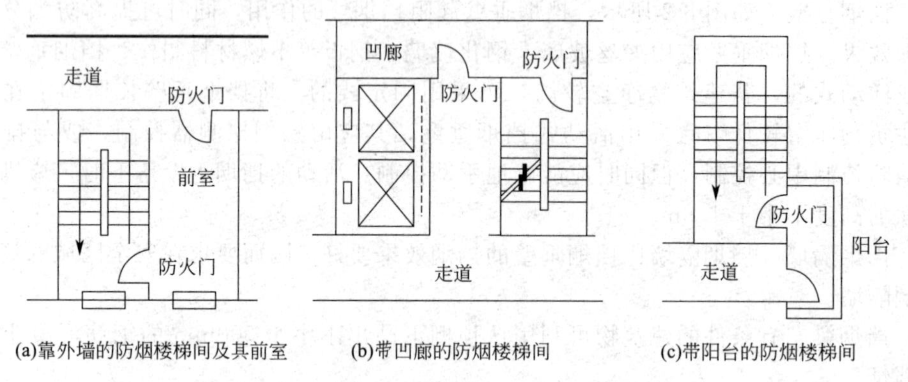

图 8-3 利用外窗、阳台、凹廊的自然排烟

(1) 下列建筑中靠外墙的防烟楼梯间及其前室、消防电梯间前室和合用前室宜采用自然排烟设施进行排烟：①二类高层公共建筑；②建筑高度不超过 100m 的居住建筑；③建筑高度不超过 50m 的其他建筑。

(2) 设置自然排烟设施的场所，其自然排烟口的净面积应符合下列规定：①防烟楼梯间前室、消防电梯间前室，不应小于 $2.0m^2$；合用前室，不应小于 $3.0m^2$。②靠外墙的防烟楼梯间，每 5 层内可开启排烟窗的总面积不应小于 $2.0m^2$。③中庭、剧场舞台，不应小于该中庭、剧场舞台楼地面面积的 5%。④其他场所，宜取该场所建筑面积的 2%～5%。

(3) 作为自然排烟的窗口宜设置在房间的外墙上方或屋顶上，并应有方便开启的装置。自然排烟口距该防烟分区最远点的水平距离不应超过 30m（图 8-4）。

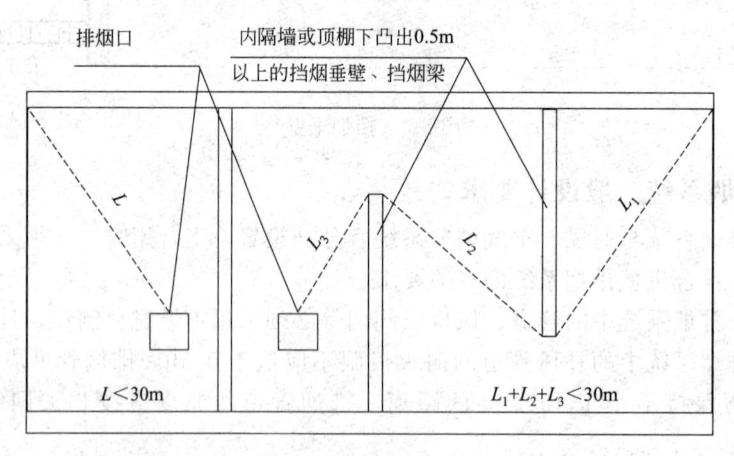

图 8-4 排烟口距防烟分区最远点的水平距离

某多层房间共用一个竖井的排烟方式，如图 8-5 所示。

8.2.7 机械排烟系统与设计

机械排烟可分为局部排烟和集中排烟两种方式。局部排烟方式是在每个需要排烟的部位

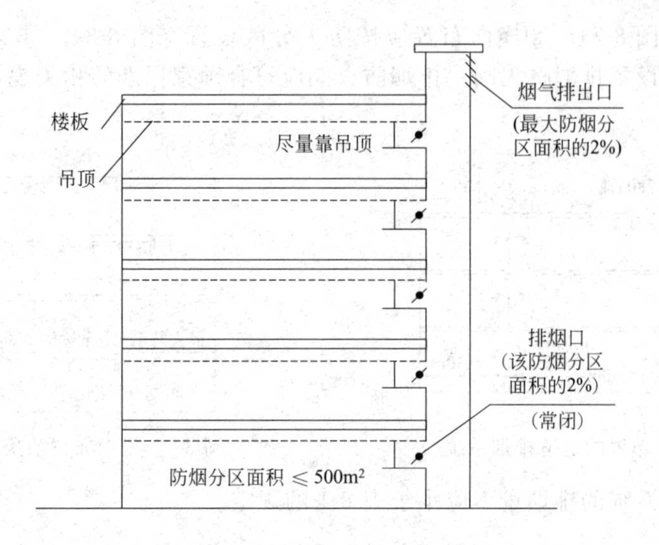

图 8-5　多层房间共用一个竖井的排烟方式

设置独立的排烟风机直接进行排烟；集中排烟方式是将建筑物划分为若干个系统，在每个系统设置一台大型排烟机，系统内的各个房间的烟气通过排烟口进入排烟管道引到排烟风机然后直接排至室外。局部排烟方式投资大，而且排烟机分散，维修管理麻烦，所以很少采用。机械排烟系统如图 8-6 所示。

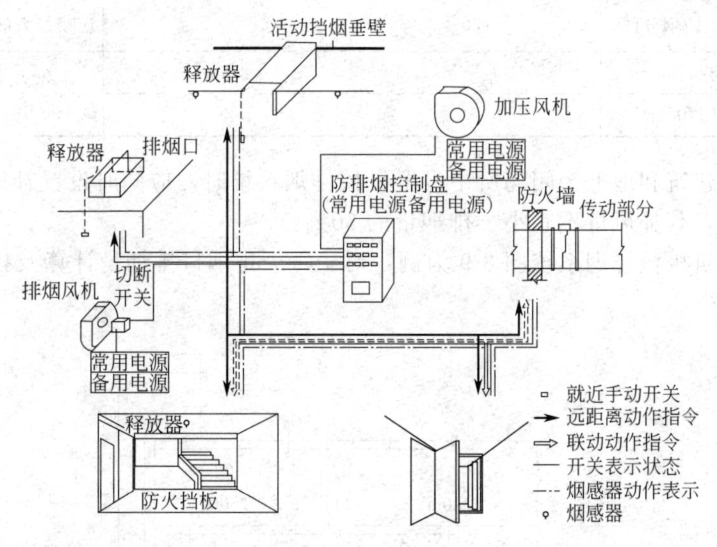

图 8-6　机械排烟系统

(1) 下列部位应设置机械排烟设施：①无直接自然通风且长度超过 20m 的内走道。②虽有直接自然通风，但长度超过 60m 的内走道。③建筑面积超过 $100m^2$，且经常有人停留或可燃物较多的地上无窗房间或设固定窗的房间。④除利用窗井等开窗进行自然排烟的房间外，各房间总建筑面积超过 $200m^2$ 或一个房间建筑面积超过 $50m^2$，且经常有人停留或可燃物较多的地下室。⑤应设置排烟设施，但不具备自然排烟条件的其他场所。

(2) 机械排烟系统的设置应符合下列规定：①竖向穿越防火分区时，垂直排烟管道宜设置在专用管井内（图 8-7）。②横向布置应按防火分区设置（图 8-8）。③穿越防火分区的排烟管道应在穿越处设置排烟防火阀。排烟防火阀应符合国家标准的相关规定。

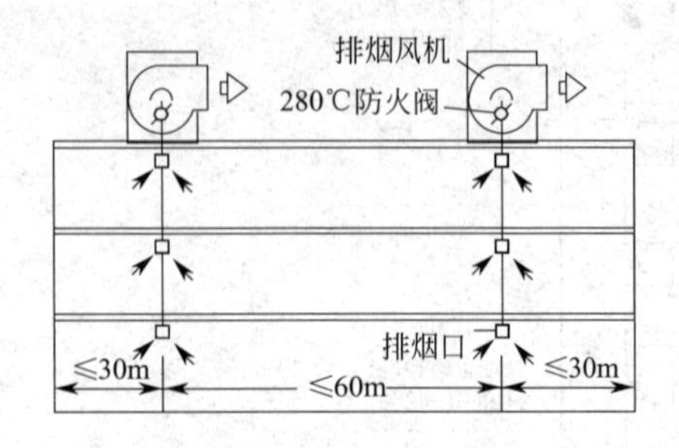

图 8-7　竖井布置的走道排烟系统

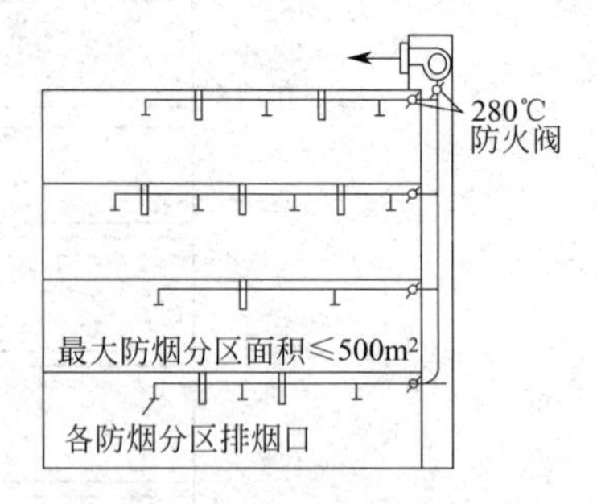

图 8-8　横向布置的房间排烟系统

（3）机械排烟系统的排烟量不应小于表 8-1 的规定。

表 8-1　机械排烟系统的最小排烟量

条件和部位		单位排烟量 /[$m^3/(h\cdot m^2)$]	换气次数 /(次/h)	备　注
担负 1 个防烟分区		60	—	风机排烟量不应小于 $7200m^3/h$
室内净高大于 6.0m 且不划分防烟分区的空间				
担负 2 个及 2 个以上防烟分区		120	—	应按最大的防烟分区面积确定
中庭	体积不大于 $17000m^3$	—	6	体积大于 $17000m^3$ 时，排烟量不应小于 $102000m^3/h$
	体积大于 $17000m^3$	—	4	

（4）在地下建筑和地上密闭场所中设置机械排烟系统时，应同时设置补风系统。当设置机械补风系统时，其补风量不宜小于排烟量的 50%。

以某四层建筑机械排烟系统图 8-9 为例，对于每个排烟口排烟量计算及排烟风管各管段风量分配见表 8-2。

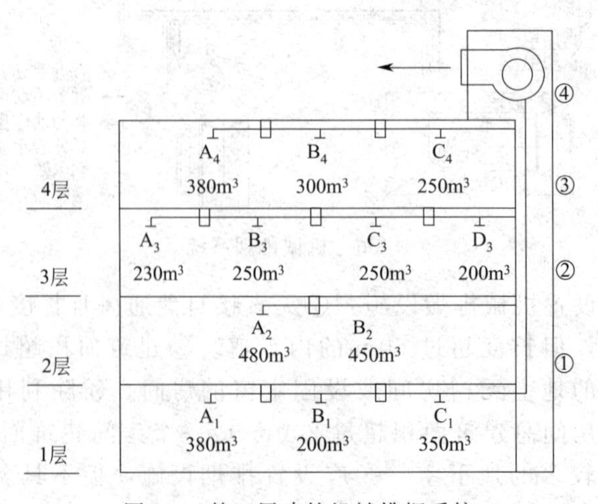

图 8-9　某四层建筑机械排烟系统

表 8-2 排烟风管风量计算

管段间	负担防烟区	通风量/(m^3/h)	备注
A_1～B_1	A_1	$Q_{A_1}\times60=22800$	
B_1～C_1	A_1,B_1	$Q_{A_1}\times120=45600$	
C_1～①	1～C_1	$Q_{A_1}\times120=45600$	1层最大 $Q_{A_1}\times120$
A_2～B_2	A_2	$Q_{A_2}\times60=22800$	
B_2～①	A_2,B_2	$Q_{A_2}\times120=57600$	2层最大 $Q_{A_2}\times120$
①～②	A_1～C_1,A_2,B_2	$Q_{A_2}\times120=57600$	1,2层最大 $Q_{A_2}\times120$
A_3～B_3	A_3	$Q_{A_3}\times60=13800$	
B_3～C_3	A_3,B_3	$Q_{A_3}\times120=30000$	
C_3～D_3	A_3～C_3	$Q_{A_3}\times120=30000$	
D_3～②	A_3～D_3	$Q_{A_3}\times120=30000$	3层最大 $Q_{B_1}\times120$
②～③	A_1～C_1,A_2,B_2,A_3～D_3	$Q_{A_2}\times120=57600$	1,2,3层最大 $Q_{A_1}\times120$
A_4～B_4	A_4	$Q_{A_4}\times60=22800$	
B_4～C_4	A_4,B_4	$Q_{A_4}\times120=45600$	
C_4～③	A_4～C_4	$Q_{A_4}\times120=45600$	4层最大 $Q_{A_4}\times120$
③～④	A_1～C_1,A_2,B_2,A_3～D_3,A_4～C_4	$Q_{A_2}\times120=57600$	全体最大 $Q_{A_1}\times120$

(5) 机械排烟系统中的排烟口、排烟阀和排烟防火阀的设置应符合下列规定。

① 排烟口或排烟阀应按防烟分区设置。排烟口或排烟阀应与排烟风机联锁，当任一排烟口或排烟阀开启时，排烟风机应能自行启动。

② 排烟口或排烟阀平时为关闭时，应设置手动和自动开启装置。

③ 排烟口应设置在顶棚或靠近顶棚的墙面上，且与附近安全出口沿走道方向相邻边缘之间的最小水平距离不应小于1.5m。设在顶棚上的排烟口，距可燃构件或可燃物的距离不应小于1.0m。

④ 设置机械排烟系统的地下、半地下场所，除歌舞、娱乐、放映、游艺场所和建筑面积大于50m^2的房间外，排烟口可设置在疏散走道。

⑤ 排烟口距防烟分区内最远点的水平距离不应超过30m；排烟支管上应设置当烟气温度超过280℃时能自行关闭的排烟防火阀。

⑥ 排烟口的风速不宜大于10m/s。

(6) 排烟风机的设置应符合下列规定。

① 排烟风机的全压应满足排烟系统最不利环路的要求。其排烟量应考虑10%～20%的漏风量。

② 排烟风机可采用离心风机或排烟专用的轴流风机。

③ 排烟风机应能在280℃的环境条件下连续工作不少于30min。

④ 在排烟风机入口或出口处的总管上应设置当烟气温度超过280℃时能自行关闭的排烟防火阀，该阀应与排烟风机联锁，当该阀关闭时，排烟风机应能停止运转。

⑤ 当排烟风机及系统中设置有软接头时，该软接头应能在280℃的环境条件下连续工作不少于30min。排烟风机和用于排烟补风的送风风机宜设置在通风机房内。

8.2.8 机械加压送风防烟系统与设计

机械加压送风防烟系统由送风口、送风管道、送风机及电气控制等设备组成。为保证疏散通道不受烟气侵入而妨碍人员安全疏散，发生火灾时，从安全性的角度出发，建筑内可分为四个安全区：第一类安全区是防烟楼梯间、避难层；第二类安全区是防烟楼梯间前室、消防电梯间前室或合用前室；第三类安全区是走道；第四类安全区是房间。因而，加压送风时应保证防烟楼梯间压力＞前室压力＞走道压力＞房间压力，同时还要保证各部分之间的压差不要过大，以免造成开门困难影响疏散。

(1) 下列场所或部位应设置机械加压送风的防烟设施：①不具备自然排烟条件的防烟楼梯间；②不具备自然排烟条件的消防电梯间前室或合用前室；③设置自然排烟设施的防烟楼梯间，其不具备自然排烟条件的前室；④封闭避难层（间）。值得注意的是，当高层民用建筑的防烟楼梯间及其前室，消防电梯间前室或合用前室，在裙房以上部分利用可开启外窗进行自然排烟，在裙房以下部分不具备自然排烟条件时，其前室或合用前室应设置局部正压送风系统。

(2) 高层建筑防烟楼梯间及其前室，消防电梯间前室和合用前室的机械加压送风量应由计算确定，或按表 8-3～表 8-6 的规定确定。当计算值和本表不一致时，应按两者中的较大值确定。

表 8-3　防烟楼梯间（前室不送风）的加压送风量表

系统负担层数	加压送风量/(m^3/h)
＜20 层	25000～30000
20～32 层	35000～40000

表 8-4　防烟楼梯间及其合用前室的分别加压送风量表

系统负担层数	送风部位	加压送风量/(m^3/h)
＜20 层	防烟楼梯间	16000～20000
	合用前室	12000～16000
20～32 层	防烟楼梯间	20000～25000
	合用前室	18000～22000

表 8-5　消防电梯间前室的加压送风量表

系统负担层数	加压送风量/(m^3/h)
＜20 层	15000～20000
20～32 层	22000～27000

表 8-6　防烟楼梯间采用自然排烟，前室或合用前室不具备自然排烟条件时的送风量表

系统负担层数	加压送风量/(m^3/h)
＜20 层	22000～27000
20～32 层	28000～32000

注：1. 表 8-3～表 8-6 的风量数值系按开启宽×高＝2.0m×1.6m 的双扇门为基础的计算值。当采用单扇门时，其风量宜按表列数值乘以 0.75 计算确定；当前室有 2 个或 2 个以上的门时，其风量应按表列数值乘以 1.50～1.75 计算确定。开启门时，通过门的风速不应小于 0.70m/s。

2. 风量上下限选取应按层数、风道材料、防火门漏风量等因素综合比较确定。

(3) 封闭避难层（间）的机械加压送风量应按避难层净面积每平方米不小于 30m^3/h 计算。层数超过 32 层的高层建筑，其送风系统及送风量应分段设计。剪刀楼梯间可合用一个风道，其送风量应按二个楼梯间的风量计算，送风口应分别设置。

(4) 防烟楼梯间内机械加压送风防烟系统的余压值应为 40～50Pa；前室、合用前室、封闭避难层（间）、避难走道内机械加压送风防烟系统的余压值应为 25～30Pa。

(5) 防烟楼梯间和合用前室的机械加压送风防烟系统宜分别独立设置，当必须共用一个系统时，应在通向合用前室的支风管上设置压差自动调节装置。

(6) 防烟楼梯间的前室或合用前室的加压送风口应每层设置 1 个。防烟楼梯间的加压送风口宜每隔 2～3 层设置 1 个。

(7) 机械加压送风机可采用轴流风机或中、低压离心风机，风机位置应根据供电条件，风量分配均衡，新风入口不受火、烟的威胁等因素确定。

(8) 机械加压送风防烟系统和排烟补风系统的室外进风口宜布置在室外排烟口的下方，且高差不宜小于 3.0m；当水平布置时，水平距离不宜小于 10.0m。

8.3 采暖、通风和空调防火

8.3.1 采暖、通风和空气调节一般要求

(1) 通风、空气调节系统应采取防火安全措施。

(2) 甲、乙类厂房中的空气不应循环使用。含有燃烧或爆炸危险粉尘、纤维的丙类厂房中的空气，在循环使用前应经净化处理，并应使空气中的含尘浓度低于其爆炸下限的 25%。

(3) 甲、乙类厂房用的送风设备与排风设备不应布置在同一通风机房内，且排风设备不应和其他房间的送、排风设备布置在同一通风机房内。

(4) 民用建筑内空气中含有容易起火或爆炸危险物质的房间，应有良好的自然通风或独立的机械通风设施，且其空气不应循环使用。

(5) 排除含有比空气轻的可燃气体与空气的混合物时，其排风水平管全长应顺气流方向向上坡度敷设。

(6) 可燃气体管道和甲、乙、丙类液体管道不应穿过通风机房和通风管道，且不应紧贴通风管道的外壁敷设。

8.3.2 采暖系统防火

采暖系统按布置设施的情况，主要分为集中采暖和局部采暖两大类。其中集中采暖由锅炉房供给热水和蒸汽，通过管道分别输送到建筑内部的各个室内的散热器，将热量散发后再流回锅炉循环使用；或将空气加热后用风管分送各室。局部采暖则由火炉、电炉或煤气炉等就地发出热量，只供给本室内部和少数房间使用。

建筑采暖系统的防火设计，关键是针对具有一定危险性的生产厂房。火灾危险性不同的生产厂房，对采暖有不同的要求。易燃、易爆和散发可燃粉尘、纤维的生产厂房，以及有特殊防火要求的生产（如遇水或水蒸气能燃烧爆炸或产生可燃气体的生产厂房等）厂房，对采暖的形式、温度和采暖的设备等都有严格的要求。

(1) 采暖装置选用原则

① 甲、乙类厂房和甲、乙类仓库内严禁采用明火和电热散热器采暖。因为用明火加热的热风采暖系统，其热风管道可能被烧坏，或者带入火星，与易燃易爆气体或蒸气接触，易引起爆炸火灾事故。故应采用热水采暖，热水的温度不应超过 80℃，且室内不允许有供热地沟。

② 散发可燃粉尘、可燃纤维的生产厂房对采暖的要求是：厂房内，散热器表面平均温度不应超过 82.5℃。输煤廊的散热器表面温度不应超过 130℃。

③ 在生产中，使用或产生遇到水和水蒸气能引起燃烧爆炸的物品时（如电石、锌粉、铝粉等），不应采用热水或蒸汽采暖，并且其他用房的热水、蒸汽采暖管道也不得穿过这些

部位。因此，这些车间只允许采用热风采暖。

（2）下列厂房应采用不循环使用的热风采暖。

① 生产过程中散发的可燃气体、可燃蒸气、可燃粉尘、可燃纤维与采暖管道、散热器表面接触能引起燃烧的厂房。

② 生产过程中散发的粉尘受到水、水蒸气的作用能引起自燃、爆炸或产生爆炸性气体的厂房。

（3）存在与采暖管道接触能引起燃烧爆炸的气体、蒸气或粉尘的房间内不应穿过采暖管道，当必须穿过时，应采用不燃材料隔热。

（4）采暖管道与可燃物之间应保持一定距离。当温度大于100℃时，两者的距离不应小于100mm或采用不燃材料隔热。当温度不大于100℃时，两者的距离不应小于50mm。

（5）建筑内采暖管道和设备的绝热材料应符合下列规定。

① 对于甲、乙类厂房或甲、乙类仓库，应采用不燃材料。

② 对于其他建筑，宜采用不燃材料，不得采用可燃材料。

（6）对采暖锅炉和煤气、液化石油气、天然气采暖的防火要求如下所述。

锅炉房一般应单独设置，其耐火等级应为一、二级，在总平面布置时，锅炉房应布置在主体建筑的下风或侧风方向。锅炉房为多层布置时，每层至少应有两个出口，并设置安全疏散楼梯直达各层操作地点。

燃油或燃气锅炉宜设置在建筑外的专用房间内。当上述设备受条件限制必须布置在民用建筑内时，不应布置在人员密集的场所的上一层、下一层或贴邻，并应符合下列规定。

① 燃油和燃气锅炉房应设置在首层或地下一层靠外墙部位，但常（负）压燃油、燃气锅炉可设置在地下二层，当常（负）压燃气锅炉距安全出口的距离大于6m时，可设置在屋顶上。采用相对密度（与空气密度的比值）不小于0.75的可燃气体为燃料的锅炉，不得设置在地下或半地下建筑（室）内。

② 锅炉房的门均应直通室外或直通安全出口；外墙开口部位的上方应设置宽度不小于1m的不燃烧体防火挑檐或高度不小于1.2m的窗槛墙。

③ 锅炉房与其他部位之间应采用耐火极限不低于2.00h的不燃烧体隔墙和耐火极限不低于1.50h的不燃烧体楼板隔开。在隔墙和楼板上不应开设洞口，当必须在隔墙上开设门窗时，应设置甲级防火门窗。

④ 当锅炉房内设置储油间时，其总储存量不应大于1m^3，且储油间应采用防火墙与锅炉间隔开；当必须在防火墙上开门时，应设置甲级防火门；锅炉的容量应符合国家标准的有关规定，还应设置火灾报警装置。

⑤ 应设置与锅炉容量和建筑规模相适应的灭火设施。

⑥ 燃气锅炉房应设置防爆泄压设施，燃油、燃气锅炉房应设置独立的通风系统。

8.3.3 通风空调系统防火

通风可分为自然通风和机械通风两种。此外，还可分全面通风和局部通风以及混合通风等方式。在散发可燃气体、可燃蒸气和粉尘的厂房内要加强通风，及时排除空气中的可燃、有害物质是一项很重要的防火防爆措施。

（1）通风空调系统，横向宜按防火分区设置，竖向不宜超过5层。当管道设置防止回流设施或防火阀时，其管道布置可不受此限制。垂直风管应设置在管井内。

（2）有爆炸危险的厂房内的排风管道，严禁穿过防火墙和有爆炸危险的车间隔墙。

(3) 甲、乙、丙类厂房中的送、排风管道宜分层设置。当水平或垂直送风管在进入生产车间处设置防火阀时，各层的水平或垂直送风管可合用一个送风系统。

(4) 空气中含有易燃易爆危险物质的房间，其送、排风系统应采用防爆型的通风设备。当送风机设置在单独隔开的通风机房内且送风干管上设置了止回阀门时，可采用普通型的通风设备。

(5) 含有燃烧和爆炸危险粉尘的空气，在进入排风机前应采用不产生火花的除尘器进行处理。对于遇水可能形成爆炸的粉尘，严禁采用湿式除尘器。

(6) 处理有爆炸危险粉尘的除尘器、排风机的设置应符合下列规定：①应与其他普通型的风机、除尘器分开设置；②宜按单一粉尘分组布置。

(7) 处理有爆炸危险粉尘的干式除尘器和过滤器宜布置在厂房外的独立建筑中。该建筑与所属厂房的防火间距不应小于 10m。符合下列规定之一的干式除尘器和过滤器，可布置在厂房内的单独房间内，但应采用耐火极限分别不低于 3.00h 的隔墙和 1.50h 的楼板与其他部位分隔：①有连续清灰设备；②定期清灰的除尘器和过滤器，且其风量不超过 15000m^3/h、集尘斗的储尘量小于 60kg。

(8) 处理有爆炸危险的粉尘和碎屑的除尘器、过滤器、管道，均应设置泄压装置。净化有爆炸危险粉尘的干式除尘器和过滤器应布置在系统的负压段上。

(9) 排除、输送有燃烧或爆炸危险气体、蒸气和粉尘的排风系统，均应设置导除静电的接地装置，且排风设备不应布置在地下、半地下建筑（室）中。

(10) 排除有爆炸或燃烧危险气体、蒸气和粉尘的排风管应采用金属管道，并应直接通到室外的安全处，不应暗设。

(11) 排除和输送温度超过 80℃的空气或其他气体以及易燃碎屑的管道，与可燃或难燃物体之间应保持不小于 150mm 的间隙，或采用厚度不小于 50mm 的不燃材料隔热。当管道互为上下布置时，表面温度较高者应布置在上面。

(12) 下列情况之一的通风、空气调节系统的风管上应设置防火阀：①穿越防火分区处；②穿越通风、空气调节机房的房间隔墙和楼板处；③穿越重要的或火灾危险性大的房间隔墙和楼板处；④穿越防火分隔处的变形缝两侧；⑤垂直风管与每层水平风管交接处的水平管段上，但当建筑内每个防火分区的通风、空气调节系统均独立设置时，该防火分区内的水平风管与垂直总管的交接处可不设置防火阀。

(13) 公共建筑的浴室、卫生间和厨房的垂直排风管，应采取防回流措施或在支管上设置防火阀。公共建筑的厨房的排油烟管道宜按防火分区设置，且在与垂直排风管连接的支管处应设置动作温度为 150℃的防火阀。

(14) 防火阀的设置应符合下列规定：①除本规范另有规定者外，动作温度应为 70℃；②防火阀宜靠近防火分隔处设置；③防火阀暗装时，应在安装部位设置方便检修的检修口；④在防火阀两侧各 2.0m 范围内的风管及其绝热材料应采用不燃材料；⑤防火阀应符合国家标准的有关规定。

(15) 通风、空气调节系统的风管应采用不燃材料，但下列情况除外：①接触腐蚀性介质的风管和柔性接头可采用难燃材料；②体育馆、展览馆、候机（车、船）建筑（厅）等大空间建筑、办公建筑和丙、丁、戊类厂房内的通风、空气调节系统，当风管按防火分区设置且设置了防烟防火阀时，可采用难燃材料。

(16) 设备和风管的绝热材料、用于加湿器的加湿材料、消声材料及其黏结剂，宜采用不燃材料，当确有困难时，可采用难燃材料。风管内设置电加热器时，电加热器的开关应与风机的启停联锁控制。电加热器前后各0.8m范围内的风管和穿过设置有火源等容易起火房间的风管，均应采用不燃材料。

(17) 燃油、燃气锅炉房应有良好的自然通风或机械通风设施。燃气锅炉房应选用防爆型的事故排风机。当设置机械通风设施时，该机械通风设施应设置导除静电的接地装置，通风量应符合下列规定：①燃油锅炉房的正常通风量应按换气次数不少于3次/h确定，事故排风量应按换气次数不少于6次/h确定；②燃气锅炉房的正常通风量应按换气次数不少于6次/h确定，事故排风量应按换气次数不少于12次/h确定。

8.4 特殊场合防排烟系统设计

8.4.1 中庭防排烟系统设计

中庭式建筑是指通过两层或更多层楼，顶部封闭的无间隔的筒体空间，筒体空间周围的大部或全部被建筑物所包围（又称共享空间）的建筑。由于中庭具有引入自然光、加强通风效果和改善室内环境等多方面的作用，很多建筑，尤其是商业建筑采用这种建筑形式。由于中庭建筑自身的特点和不同的类型，导致了防排烟设计的复杂性，如果设计不合理，将留下十分严重的设计隐患。

(1) 目前中庭式建筑采取的排烟方式主要有以下两种

① 集中式排烟。在中庭顶部设置排烟口，进行自然或机械排烟，将侵入到中庭上部的烟气排至室外。消防控制中心根据中庭顶部所设置的烟感器报警信号，将排烟口打开进行排烟。它具有便于统一控制管理、运行可靠性高、日常维护简单及大火时排烟效果好等优点，但当周围建筑层起火，且火灾规模较小时，其排烟效果较差。

我国现行规范明确规定：一类高层建筑和建筑高度超过32 m的二类高层建筑的中庭应该设置以下排烟设施。a. 净空高度小于12m的中庭，当其可开启的天窗或高侧窗的面积不小于中庭地面面积的5%时，可以利用天窗或高侧窗自然排烟；b. 不具备自然排烟条件或净空高度超过12m的中庭，应设置机械排烟设施。

② 分散式排烟。利用设在建筑物内各个部位的排烟风管将烟气直接排至室外。其排烟量计算及设计要点与机械排烟系统设计相同。火灾发生时，着火部位烟感器发出报警信号，消防控制中心将着火处的排烟阀打开，排烟风机联动开启排烟。它具有排烟量小，可把烟气控制在着火区域而不向其他非着火区域扩散等优点，但其设计、控制较集中，排烟复杂，且日常维护管理工作量大、系统可靠性较差，造价和运行费用均较高，而且有时一旦发生火灾无法有效排烟。

在排烟方式的选择上，不同类型的中庭式建筑在防排烟方式的选择上差异较大，至今尚未统一。国内外通常采用的排烟方式及其设计有多种，主要靠设计者根据实际工程视具体情况来采用。

(2) 中庭式建筑防火、防烟分区的划分要求及排烟量的确定　中庭式建筑防火、防烟分区的划分应符合：建筑物内设置中庭时，中庭与每层之间应进行防火分隔，防火分隔物的耐火极限不应小于3.00h。必须设置的门或窗，应采用火灾时可自行关闭的甲级防火门或甲级防火窗。中庭不受防火分区间采用防火卷帘分隔时防火卷帘长度要求规定。在此基础上，现行规范对中庭式建筑有如下补充：高层建筑中庭防火分区的面积应按上下层连通的面积叠加计算，当超过一个防火分区面积时，应符合中庭每层回廊应设有自动喷水灭火系统和火灾自动报警系统的要求。

现行规范中中庭的集中机械排烟量是以中庭体积为单位、按换气次数确定的，中庭的机械排烟系统的排烟量不应小于表 8-1 的规定。正确确定中庭的排烟体积十分重要，它与中庭建筑防火分区面积的确定原则基本相同（即其风量应由计算确定或者按规范的规定值确定。当计算值和规定值不一致时，应按两者中的较大值确定）。

一类高层民用建筑和建筑高度超过 32m 的二类高层民用建筑的中庭应设置排烟设施，并宜采用自然排烟设施。如采用自然排烟，中庭自然排烟口的净面积应不小于该中庭楼地面面积的 5%。

8.4.2　地下车库采暖和通风

随着人民生活水平的提高，汽车数量飞快增长，为解决汽车存放与城市用地日益紧张的矛盾，地下停车库应运而生。地下停车库内含有大量汽车排出的尾气，而且除汽车出入口外一般无其他与室外相通的孔洞，因此必须进行机械通风。

根据车库能容纳的车辆数和建筑面积，车库的防火分类分为 4 类，并应符合表 8-7 的规定。

表 8-7　车库的防火分类

名称	项目	Ⅰ	Ⅱ	Ⅲ	Ⅳ
汽车库	停车数量/辆	＞300	151～300	51～150	≤50
	总建筑面积/m^2	＞10000	5001～10000	2001～5000	≤2000
修车库	车位数/个	＞15	6～15	3～5	≤2
停车场	停车数量/辆	＞400	251～400	101～250	≤100

（1）车库内严禁明火采暖。若汽车油箱漏油，再加上室内温度较高，油蒸气挥发较快，与空气混合成一定比例，遇明火就会引起火灾；如汽车库与司机休息室毗邻建造，用火炉采暖，司机捅炉子飞出火星遇汽油蒸气也会引起火灾。所以车库内严禁明火采暖。可以设置热水、蒸汽或热风等采暖设备。

（2）需要采暖的下列汽车库或修车库，应采用集中采暖方式：①甲、乙类物品运输车的汽车库；②Ⅰ、Ⅱ、Ⅲ类汽车库；③Ⅰ、Ⅱ类修车库。

（3）Ⅳ类汽车库，Ⅲ、Ⅳ类修车库，当集中采暖有困难时，可采用火墙采暖，但其炉门、节风门、除灰门严禁设在汽车库、修车库内。汽车库采暖的火墙不应贴邻甲、乙类厂房、仓库布置。

（4）设置通风系统的汽车库，其通风系统宜独立设置。

（5）风管应采用不燃烧材料制作，不应穿过防火墙、防火隔墙，当必须穿过时，除应符合相关规范要求外，尚应符合下列规定：①应在穿过处设置防火阀，防火阀的动作温度宜为 70℃；②位于防火墙、防火隔墙两侧各 2m 范围内的风管绝热材料应为不燃烧材料。

8.4.3　地下车库排烟系统设计

（1）除敞开式汽车库、建筑面积小于 1000m^2 的地下一层汽车库和修车库外，汽车库、修车库应设排烟系统。排烟系统可采用自然排烟方式或机械排烟方式。

（2）当采用排烟设施时，车库应划分防烟分区。汽车库防烟分区的建筑面积不宜超过 2000m^2，且防烟分区不应跨越防火分区。机械排烟系统可与人防、卫生等排气、通风系统合用。防烟分区可采用挡烟垂壁、隔墙或从顶棚下突出不小于 0.5m 的梁划分。

（3）当采用自然排烟方式时，应满足以下规定：①可采用手动排烟窗、自动排烟窗、孔洞等作为自然排烟口；②自然排烟口的总面积不应小于室内地面面积的2%；③自然排烟口应设置在外墙上方或屋顶上，并应设置方便开启的装置；④房间外墙上的排烟口（窗）宜沿外墙周长方向均匀分布，排烟口（窗）的下沿不应低于室内净高的1/2，并应沿气流方向开启。

地下汽车库可以利用开向侧窗、顶板上的洞口等开口部位作为自然通风口，自然通风开口应设置在外墙上方或顶棚上，其下沿不应低于储烟仓高度或室内净高的1/2，侧窗或顶窗应沿气流方向开启，且应设置方便开启的装置。自然通风口与地上建筑的外墙之间的防火间距不应小于6m。

当采用百叶窗作为自然排烟口时，窗的有效面积为窗的净面积乘以系数，根据工程实际经验，当采用防雨百叶时系数取0.6，当采用一般百叶时系数取0.8。

(4) 每个防烟分区应设置排烟口，排烟口宜设在顶棚或靠近顶棚的墙面上；排烟口距该防烟分区内最远点的水平距离不应超过30m。

地下汽车库发生火灾时产生的烟气，开始时绝大多数积聚在车库的上部，因此将排烟口设在车库的顶棚上或靠近顶棚的墙面上，排烟效果更好。排烟口与防烟分区最远地点的距离是关系到排烟效果好坏的重要问题，若排烟口与最远排烟地点太远，就会直接影响排烟速度，太近则要多设排烟管道，不经济。

(5) 排烟风机的排烟量应按换气次数不小于6次/h计算确定。地下汽车库汽车发生火灾，可燃物较少，发烟量不大，且人员较少，基本无人停留，设置排烟系统，其目的一方面是为了人员疏散，另一方面便于扑救火灾。所以，6次/h的换气次数的排烟量是基本符合汽车库火灾的实际情况和需要的。美国NFPA88A有关规定要求汽车库的排烟量也是6次/h，因此，选用风机的排烟量定量为6次/h。排烟量的计算应按照车库的实际层高计算。

(6) 排烟风机可采用离心风机或排烟轴流风机，并应在排烟支管上设置烟气温度超过280℃时能自动关闭的排烟防火阀。排烟风机应保证在280℃时能连续工作30min。排烟防火阀应联锁关闭相应的排烟风机。

据测试，一般可燃物发生燃烧时火场中心温度高达800～1000℃。火灾现场的烟气温度也是很高的，特别是地下汽车库火灾时产生的高温散发条件较差，温度比地上建筑要高，排烟风机能否在较高气温下正常工作，是直接关系到火场排烟很重要的技术问题。排烟风机一般设在屋顶上或机房内，与排烟地点有相当一段距离，烟气经过一段时间方能扩散到风机，因此温度要比火场中心温度低很多。排烟风机能在280℃时连续工作30min，就满足要求。

排烟风机、排烟防火阀、排烟管道、排烟口是一个排烟系统的主要组成部分，它们缺一不可，排烟防火阀关闭后，光是排烟风机启动也不能排烟，并可能造成设备损坏。所以，它们之间一定要做到相互联锁，目前国内的技术已经完全做到了，而且都能做到自动和手动两用。

(7) 机械排烟管道的风速，采用金属管道时不应大于20m/s；采用内表面光滑的非金属材料风道时，不应大于15m/s。排烟口的风速不宜超过10m/s。

金属管道内壁比较光滑，风速允许大一些。混凝土等非金属管道内壁比较粗糙，风速要求小一些。内壁光滑、风速阻力要小，内壁粗糙阻力要大一些，在风机、排烟口等条件相同时，阻力越大，排烟效果越差，阻力越小，排烟效果越好。

(8) 汽车库内无直接通向室外的汽车疏散出口的防火分区，当设置机械排烟系统时，应同时设置补风系统，且补风量不宜小于排烟量的50%。

根据空气流动的原理，若需要排除某一区域的空气，同时也需要有另一部分的空气补充。地下车库由于有防火分区的防火墙分隔和楼层的楼板分隔，使有的防火分区内无直接通向室外的汽车疏散出口，也就无自然进风条件，对这些区域，因周边处于封闭条件，如排烟时没有同时进行补风，则烟是排不出去的。

8.5　性能化防火设计

消防安全工程学（Fire Safety Engineering）是一门以火灾发生与发展规律和火灾预防与扑救技术为研究对象的新兴综合性学科，是综合反映火灾防治科学技术的知识体系。消防安全工程所涉及的内容包括工程原理与原则的应用，基于火灾现象、火灾影响，以及人的反应和行为的专家判断。消防工程学研究的范围包括火灾基础理论、火灾数学模型的开发和应用、火灾危险性分析、火灾统计、火灾调查结果的分析应用、消防技术性法规的制定与应用等内容。通过建立火灾的数学模型，来量化描述火灾的危害性、危险性。运用这种数学模型对建筑的消防设计进行安全分析评估，评价消防设计是否既满足了规定的消防安全要求，又符合经济合理的原则。

目前的防火设计方法主要是按照现行的规范进行设计，称为“处方式”设计规范。防火规范所进行的“处方式”设计在现代建筑消防设计工程中有一定的局限性，为了降低火灾的风险性，通常使用一种更安全、合理的新型建筑防火设计方法，即性能化防火设计方法（Performance-based Fire Safety Design Method）对建筑工程进行分析研究，以验证消防设计的合理性和安全性。

8.5.1　性能化防火设计方法

性能化防火设计（Performance-based Design）是建立在消防安全工程学基础上的一种新的建筑防火设计方法，它运用消防安全工程学的原理与方法，考虑火灾本身发生、发展和蔓延的基本规律，结合实际火灾中积累的经验，根据建筑物的用途、结构和内部可燃物的火灾危险性等方面的具体情况，进行综合分析和计算，从而确定性能指标和设计指标。由设计者根据建筑的各个不同空间条件、功能条件及其他相关条件，自由选择为达到消防安全目的而应采取的各种防火措施，并将其有机地组合起来，构成该建筑物的总体防火安全设计方案，然后用已开发出的工程学方法，预设各种可能起火的条件和由此所造成的火、烟蔓延途径以及人员疏散情况，来选择相应的消防安全工程措施，并加以评估，核定预定的消防安全目标是否已达到，对建筑的火灾危险性和危害性进行定量的预测和评估，然后再视具体情况对设计方案作调整、优化，从而得出最优化的防火设计方案，为建筑物提供最合理的防火保护，又可以最大限度地降低建筑成本。总之，性能化防火设计方法是运用消防安全工程学的原理与方法，由设计者根据建筑物的具体情况，自由选择为达到消防安全目的而采取的各种防火措施，将其有机地组合起来，构成建筑物的总体防火安全设计方案，然后运用已有的工程学方法，对建筑的火灾危险性进行预测和评估，从而得出最优化的防火设计方案。

因此，这种新的设计方法完全不同于传统的“处方式”设计方法，是当前消防安全工程学的热门和最新研究领域，是消防安全工程学的主要发展方向之一。性能化防火设计是建立在更加理性条件上的一种新的设计方法，是一种新的防火设计思路。如在执行现行规范时，当某建筑的防火间距不能达到规范要求时，可以通过设置防火墙或减小开窗面积来弥补；当安全疏散距离较长时，可以通过增加安全出口或加强防、排烟设施来保证；当防火分区面积超过规范规定时，可以通过设置自动喷水灭火设施来补充，对某一建筑物，当某些方面不能达到消防规范要求时，也是可以采取其他措施补救的。

8.5.2 性能化防火实例

例 8-1：某一高层建筑中庭的排烟系统存在的主要消防问题是由于该中庭竖向高度很高，对烟气排放不利，需要对中庭排烟性能（即性能化防火）进行模拟计算分析。采用消防安全工程学的方法和技术进行分析评价。

该一类高层建筑根据功能需要，设有净高 90m 中庭（塔楼 3～25 层，层高为 3.9m，其中 4 层层高为 4.15m）。中庭与周围环廊用防火卷帘分隔，由于中庭竖向高度很高，对烟气排放不利，因此，需要对中庭排烟性能（即性能化防火）进行模拟计算分析。

(1) 性能化设计的目标　建筑物的消防安全目标可能包括人员生命安全、财产或结构保护、建筑使用或商业运行的连续性、古迹或文物保护以及环境保护等。根据建筑物使用功能和结构形式、建筑高度等，不同建筑的消防安全目标可能有所不同，其性能目标或工程化目标也有所差异。

根据本建筑的实际情况，其性能化消防设计的主要安全目标如下。

①在火灾条件下，设置在中庭的机械排烟系统能够有效排烟。

②火灾可以控制在设定的防火区域内。

③建筑内人员能够安全疏散。

(2) 分析方法与性能判据　为验证初步设计调整方案能否实现上述建筑消防安全目标，可采用火灾实验、计算机数值模拟等消防安全工程学方法和技术进行计算和分析。

①人员安全疏散。对于人员安全疏散的目标，主要应满足人员在火灾环境下能安全疏散到建筑的室内外安全区域的性能要求。一般有以下两种验证方法：其一，通过与我国现行消防技术规范的相应规定进行对比分析；其二，利用消防安全工程学的方法，通过数值分析计算方法确定。

在建筑消防安全性能化评估实践中，通常采用第二种方法。利用该方法进行分析时，首先应分析待评估建筑的火灾危险性，并根据火灾危险性设定合理的火灾场景；然后用计算机模拟程序对设定火灾场景下的火灾烟气、温度等参数进行计算，得到人员可用疏散时间 T_{ASET}；再根据设定火灾场景设置相应的人员安全疏散场景，并利用人员安全疏散模拟软件对设定疏散场景下的人员疏散情况进行计算，得到人员必需疏散时间 T_{RSET}；最后证明 $T_{\mathrm{ASET}}>T_{\mathrm{RSET}}$ 是否成立。其中，T_{ASET} 为人员可用疏散时间，即从火灾发生到火灾发展至威胁人员安全疏散时的时间间隔；T_{REST} 为人员必需疏散时间，即人员从火灾发生到疏散至安全区域所需要的实际时间。若 $T_{\mathrm{ASET}}>T_{\mathrm{RSET}}$，则可以认为，在设计的设定火灾场景条件下，使人员能在火灾产生的不利因素影响到生命安全以前全部疏散到安全区域。反之，则应判定现消防设计方案不能满足人员安全疏散的要求，需要进行修改。

② 火灾蔓延趋势。对于火灾蔓延控制目标，主要利用火灾发展分析工具，根据本建筑的使用功能和空间特性等，设定相应的火灾场景，模拟烟气的运动规律，计算烟气层的温度，并以此判断所设计的防火隔离带能否将火灾控制在设定的防火区域内。火灾的蔓延方式有火焰接触、延烧、热传导、热辐射等。当可燃物为离散布置时，热辐射是一种促使火灾在室内及建筑物间蔓延的重要形式。当火灾烟气达到足够的温度时，其产生的热辐射强度将会引燃周围可燃物，从而导致火灾的蔓延。可以通过 FDS 模拟计算得到火源所在防火区域之外的其他防火区域的烟气层最高温度。如果烟气层温度高于设定的极限温度，则认为火灾将通过热辐射在防火区域间进行蔓延；如果烟气层温度小于设定的极限温度，可认为火灾不会通过热辐射在防火区域间进行蔓延。根据相关试验，可燃物品被引燃所需的最小热流为

$10kW/m^2$。火灾的辐射热为 $10kW/m^2$ 时，约相当于烟气层的温度达到360～400℃时的状态。因此，可将360℃作为火灾在防火区域间蔓延的极限温度，即烟气层温度大于该值时，火灾将通过热辐射在防火区域间进行蔓延；当烟气层温度小于该值时，可认为火灾不会通过热辐射的方式在防火区域间蔓延。

③机械排烟系统的排烟效果。考虑到烟气上升过程中会卷吸周围的空气，导致烟气体积增大，温度降低，从而使烟气上升的浮力减小，上升速度降低，即使有机械排烟系统，排烟系统在吸走烟气的同时，也吸走中庭内的空气，降低了机械排烟的效率。因此，机械排烟系统应能够保证最先受到烟气影响的顶层的人员能够安全疏散，且中庭烟气层厚度不会下降到着火层以下，影响下面的楼层。

（3）火灾场景的设置　火灾场景是对一次火灾整个发展过程的定性描述，该描述确定了反映该次火灾特征并区别于其他可能火灾的关键事件。火灾场景通常要定义引燃、火灾增长阶段、完全发展阶段和衰退阶段，以及影响火灾发展过程的各种消防措施和环境条件。设定火灾场景是建筑物性能化消防设计和消防安全性能评估分析中，针对设定的消防安全设计目标，综合考虑火灾的可能性与潜在的后果，从可能的火灾场景中选择出供分析的火灾场景。确定设定的火灾场景是建筑消防安全评估的一个关键环节，其设置原则为所确定的设定火灾场景可能导致的火灾风险最大，如火灾发生在疏散出口附近并令该疏散出口不可利用、自动灭火系统或排烟系统由于某种原因而失效等。在确定设定火灾场景时，主要需要考虑火源位置、火灾发展速率和火灾的可能最大热释放速率、消防系统的可靠性等要素。

（4）危险源辨识与火灾危险性分析　危险源辨识就是要发现、识别系统中的这些不安全因素，它是评估火灾危害性、控制危险发生的基础。可燃物、氧气及引燃源是引发火灾的三要素，因此辨识火灾危险源可从引燃源和可燃物入手。

①引燃源。该建筑为办公功能，引燃源主要是由于人员的不安全行为引起的，如违章吸烟、乱扔烟蒂等均有可能引发火灾。电气设备也是引发火灾的原因之一。电气设备若经久不换，电线外露，或超负荷使用，都有可能导致火灾。建筑物的改扩建或装修过程中，电焊、气焊等热工操作同样可能引起火灾。

②可燃物。该建筑中庭位于3～25层，3层中庭为休息厅，内有沙发和桌椅，4～25层中庭与周围的环廊之间采用防火卷帘分隔，各层使用功能为办公室，可燃物为办公家具等。

该建筑设有大型中庭，由于功能需要，与周围采用防火卷帘分隔，而其火灾荷载主要为沙发、办公家具等，这类可燃物发生火灾时，高温烟气往往含有如一氧化碳、二氧化碳、氰化氢、氯化氢等有毒气体，若中庭周围的防火卷帘不能在火灾时正常地下降，将会造成较大人员伤亡，并给扑救和疏散带来很大不便。因此，需要有合理的消防措施将火灾烟气及时排出室外，并对消防卷帘进行检查，以确保其能够在火灾时正常启动。

（5）火灾荷载分析　建筑空间内火灾荷载越大，发生火灾的危险性和危害性越大，需要采取的防火措施越多。一般来讲，采用火灾荷载密度来阐明火灾荷载与作用面积之间的关系，它可以反映可燃物分布的情况，作为判断建筑物内火灾危险程度的依据。

由于使用功能不同，各区域的建筑特征、火灾荷载、使用人员等均有所差异，其火灾危险性也有所不同。

① 办公区：该建筑主要使用功能为办公。一般情况下，办公室、会议室内许多装修、装饰材料是可燃的，如门窗帘、护墙板、吊顶搁棚、幕布、地毯等都是可燃物。大厅中设有大量的座椅，一般也都是可燃物。在正常上班、会议时一旦发生火灾，即使是较小的火灾事故，也会引起场内人员的惊惶，造成秩序混乱，互相拥挤，无法及时疏散，甚至可能导致人员伤亡。

② 公共通道区：内部装修根据国家相关规范进行了严格的限制，座椅、地面、墙面和吊顶等基本采用不燃材料，区域内的固定火灾载荷较小，且呈离散性分布，火灾危险性相对较小。

③ 公共休息区：办公大堂、中庭休息区等公共休息区的设施较多，其内的主要可燃物为高级沙发、家具、茶几及座椅等，其堆放形式也较为集中，呈连续性分布，火灾荷载密度较高，火灾危险性较大。

④ 设备区：此区域平时人员很少，且火灾载荷较小。同时，由于此区域采用具有一定耐火极限的防火墙、防火卷帘、楼板、隔墙等建筑构件进行防火分隔，形成了若干封闭防火分隔间，因此火灾危险性更小。此外，这些区域内还安装了主动灭火系统，如气体灭火系统、灭火器等对初期火灾发展进行主动控制，使其火灾危险性得到大大降低。

目前，对于火灾荷载的确定主要是通过调查和计算分析相结合的方式。许多国家的一些机构组织对各种使用性质的建筑物做了大量火灾荷载调查分析，如美国国家标准技术研究院(NIST)，澳大利亚国家科学院和国际建筑研究与创新理事会（CIB）W14 等组织都收集了丰富的数据。表 8-8 给出了该建筑各功能区域的火灾荷载密度。

表 8-8　不同场所的火灾荷载密度

<table>
<tr><th colspan="3" rowspan="2">场　所</th><th colspan="2">火灾荷载密度/(MJ/m²)</th></tr>
<tr><th>平均</th><th>分散</th></tr>
<tr><td rowspan="6">公共</td><td rowspan="4">办公室</td><td>一般</td><td>540</td><td>180</td></tr>
<tr><td>设计</td><td>900</td><td>180</td></tr>
<tr><td>行政</td><td>1080</td><td>180</td></tr>
<tr><td>研究</td><td>1080</td><td>360</td></tr>
<tr><td colspan="2">会议室</td><td>180</td><td>90</td></tr>
<tr><td colspan="2">大厅</td><td>180</td><td>90</td></tr>
</table>

（6）火源位置分析　在设计火灾场景时，应指定设定火源在建筑物内的位置及起火房间的空间几何特征。如果不能确切地知道该建筑办公室等功能房间内桌椅、沙发等可燃物的布置位置，则设计只考虑为该建筑内任一个部位发生火灾的概率相等。从火灾产生的影响范围角度分析，旨在分析中庭内排烟系统的有效性，在 3 层中庭内和 12 层办公室分别设置 1 处火源位置，当中庭中部周围房间发生火灾时，中庭周围的防火卷帘失效。火源位置 A：火灾发生在 3 层中庭，可燃物为沙发；火源位置 B：火灾发生在 12 层办公室内，可燃物为办公家具等。

（7）火灾增长速率　火灾增长速率和火灾荷载密度都是衡量火灾危险性的重要指标。同样的火灾荷载可能支持较小的火燃烧较长时间，如得到消防队员的及时扑救则所造成的损失较小；或可能支持较大的火燃烧较短时间，则这种情况的危险性更高，造成的损失更大。火灾的增长速率与可燃物的燃烧特性、储存状态、空间摆放形式、是否有自动喷水灭火系统、火场通风排烟条件等因素密切相关。可燃物的引燃温度、临界引燃辐射热流越低，火灾发展越快，液体火灾比固体火灾一般发展要快。而可燃物集中堆放燃烧时一般要比可燃物分散时要快，尤其是当可燃物在垂直方向还有分布时，火灾的发展速度更快。

对于 t^2 火灾的类型，美国消防协会标准《排烟、排热标准》（NFPA 204M，2004 年版）中根据火灾增长系数 α 的值定义了 4 种标准 t^2 火灾：慢速火、中速火、快速火和超快速火，它们分别在 600s、300s、150s、75s 时刻可达到 1MW 的火灾规模。

该建筑的中庭和办公室内可能会有高级沙发、办公桌、家具、茶几及座椅等可燃物，其堆放形式也较为集中，呈连续性分布，因而火灾危险性较大。根据上述火灾荷载分析，以可燃物的燃烧热值、毒性及其引燃性和蔓延情况为基础，选取沙发作为典型可燃物进行分析是合适的。沙发类火灾热释放速率略小于 t^2 快速火（火灾增长系数 α=0.04689kW/s^2）。考虑到中庭和办公室内其他的设施的火灾危险性不会高于沙发的火灾危险性，确定中庭和办公室的火灾按 t^2 快速火发展，其火灾增长系数 α=0.04689kW/s^2。

（8）火灾的最大热释放速率　该建筑内的中庭和办公室等功能区域，若自动喷水灭火系统失效，其火灾最大热释放速率可参照上海市地方标准《民用建筑防排烟技术规程》（DGJ08-88—2008）确定。对于中庭火灾，中庭内的可燃物主要为沙发和茶几等。发生火灾时，其最大热释放速率为 4MW。一个三人沙发的最大火灾规模为 3.5MW，1 个双人沙发的最大火灾规模为 3MW，考虑到中庭内的沙发呈离散布置，火灾蔓延具有不确定性，确定中庭火灾的最大火灾规模时考虑了 1.5 倍的安全系数，最终确定为 4.5MW。

对于办公室火灾，一套办公家具组合的最大火灾规模为 3.5MW，根据提供的资料，其内部办公家具呈离散布置，但考虑火灾蔓延的不确定性，将办公室内火灾的最大规模考虑了 1.5 倍的安全系数，最终确定为 5.25MW。

（9）机械排烟系统　该建筑办公楼 3～25 层的中庭高度为 90m，体积不大于 17000m^3，根据初步设计说明，拟采用机械排烟系统，若按照《高层民用建筑设计防火规范（2005 版）》（GB 50045—1995）的要求：中庭体积小于或等于 17000m^{3}时，其排烟量按其体积的 6 次/h 换气计算，但没有对其是否需要进行补风进行规定，由于该中庭的高度较高，排烟难度大，若无足够补风量，将会影响排烟的效果。因此，应在中庭的底部设置机械送风系统，以增加中庭底部的压力，使烟气上升，同时给建筑内增加新鲜空气，避免中庭内形成负压，以保证排烟效果。对中庭可能发生的火灾进行模拟分析计算，以确定合理的补风量。

（10）确定设定火灾场景　确定设定火灾场景是指在建筑物性能化消防设计和消防安全性能评估分析中，针对设定的消防安全设计目标，综合考虑火灾的可能性与潜在的后果，从可能的火灾场景中选择出供分析的火灾场景。应根据最不利的原则确定设定火灾场景，选择火灾风险较大的火灾场景作为设定火灾场景。如火灾发生在安全出口附近并令该安全出口不可利用、自动灭火系统或排烟系统由于某种原因而失效等。

发生火灾后，自动喷水灭火系统和防排烟系统同时失效时带来的火灾损失是最严重的，因此，在设置火灾场景时，应重点关注自动喷水灭火系统和防排烟系统同时生效（概率最大）或失效（损失最严重）的火灾事件。

基于以上分析，选择了 4 个具有代表性的设定火灾场景进行计算分析，见表 8-9。

表 8-9　设定火灾场景分析汇总

设定火灾场景	火源位置	火灾增长系数/(kW/s^2)	机械排烟系统	补风系统	最大火灾热释放速率/MW
1	3 层	0.047	有效	未设	4.5
2		0.047	有效	设置	4.5
3	12 层	0.047	有效	未设	5.25
4		0.047	有效	设置	5.25

（11）烟气流动分析　可用消防安全工程界常用的火灾动力学模拟软件 FDS（Fire Dynamics Simulator）对前述已确定的设定火灾场景进行火灾烟气运动模拟计算。FDS 是由美国国家标准与技术研究院（NIST）开发的一种通用火灾模拟软件。其开发的 FDS 软件经过了全尺寸火灾试验的验证，模拟结果可靠性高。该软件随着新版本的不断推出，其功能也日益增强，而且其模拟结果可以由专为其开发的图形显示软件 Smokeview 进行可视化演示。

FDS是由NIST的建筑火灾研究室研究开发的场模拟软件。场模拟主要是求解火灾过程中状态参数的空间及其随时间变化的模拟方式。该软件采用先进的大涡模拟技术，是用来求解低马赫数下热驱动流（特别是火灾过程）的，并可对计算结果进行可视化处理。FDS求解的主要方程依据是动力学模型基本方程组。其主要包括连续性方程（质量守恒方程）、动量守恒方程（Navier-Stokes方程）、能量守恒方程、理想气体状态方程、组分守恒方程等。

FDS通过数值方法求解Navier-Stokes方程来分析燃烧过程中烟气和热传导的过程。FDS中包含很多个模型：燃烧模型、热辐射模型和热解模型等。燃烧模型采用混合分数模型。模型假设燃烧受混合因素多方控制，燃料和氧气的反应速度无限快。所有的反应物和燃烧产物的质量比可以由状态方程以及经验公式推导出来。辐射热传导通过求解一非散射灰色气体的热辐射传递方程来实现。热解模型则采用木材热解模型。FDS偏微分方程组解的核心算法是一种显式的预测-纠错的方法，时间和空间的精度为2阶。计算中涡流处理方式为大涡模拟，对处理火灾烟气流场具有较好的精度。

① 烟气流动模型的建立。计算区域网格的划分将直接影响模拟的精度，网格划分得越小，模拟计算的精度会越高，但同时所需要的计算时间也会呈几何级数增加；如果网格划分得过大，尽管可以大大缩短计算时间，但计算的精度可能无法得到保证。在综合考虑经济性与保证满足工程计算精度的前提下，将火源附近的网格尺寸设定为0.5m×0.5m×0.5m。

② 烟气运动模拟计算分析的输入条件。为了验证该建筑内的消防设施能否阻止火灾烟气达到影响人员疏散安全的极限值，针对前面所确定的设定火灾场景，运用火灾模拟软件FDS6.0对建筑内烟气运动情况进行模拟预测。对不确定参数，在模拟分析计算时作如下假设：建筑净高3～25层中庭高度为90m；环境温度为27℃；火灾初期发展规律用t^2火表示；为增加产烟量，使结果更为保守，燃料类型确定为木材。

③ 可用疏散时间T_{ASET}及其主要影响参数。可用疏散时间T_{ASET}是指从火灾发生到火灾发展到致使建筑内某个区域达到人体耐受极限的时间，通常是指在安全出口附近的区域某个影响人员安全疏散的性能参数首先达到人体耐受极限的时间。影响人员安全疏散的主要性能参数包括烟气层高度、热辐射、对流热和能见度等。

a. 烟气层高度。火灾烟气中伴有一定热量、胶质、毒性分解物等，是影响建筑内使用人员安全疏散行动与消防队员进行救援行动的主要障碍。在人员安全疏散过程中，烟气层只有保持在人群头部以上一定高度，才能使人在疏散时不必从烟气中穿过或受到热烟气流的辐射热威胁。一般采用的定量判断准则是烟气层应能在人员疏散过程中保持在距地面2m以上的位置。

b. 热辐射。根据国外有关机构对人体耐受热辐射能力的测试研究数据，人体对烟气层等火灾环境的辐射热的耐受极限是2.5kW/m^2。辐射热为2.5kW/m^{2}的烟气相当于烟气层的温度约达到180～200℃。

c. 对流热。人体吸入过量热的空气会导致中暑和皮肤烧伤。对吸入热空气温度和人体耐受时间关系的研究结果见表8-10。

表8-10 人员对热气的耐受极限

温度和湿度条件	<60℃，水分饱和	60℃，水分含量<1%	100℃，水分含量<1%
耐受时间/min	>30	12	1

d. 能见度。一般建筑室内火灾烟气浓度越高则能见度越低，人员逃生时确定逃生途径和做决定所需的时间都可能因此延长。大空间内为了确定逃生方向则需要看得更远，要求能见度更高。

④ 根据本工程的实际情况和以上分析，火灾时建筑物内如果能够维持以下条件，则可以确定人体能够耐受：烟气层超过人体耐受极限的部分在设定安全高度以上，人可在烟气层下疏散且热辐射不超过人体的耐受极限；在安全高度以下无烟或烟气影响人体安全的主要参数，如温度、能见度和毒性等不超过人体的耐受极限。

通过对上述主要影响人员安全疏散的因素进行分析，确定计算人员可用疏散时间的定量判定标准，见表 8-11。

表 8-11　影响人员安全的性能参数的极限值

参　　数	极限值	考虑安全系数后的极限值
烟气层高度/m	>1.5	⩾2
烟气层温度/℃	<600	⩽180
距离地板 2m 处的温度/℃	<65	⩽60
能见度/m	>5	⩾10

（12）烟气流动模拟计算结果及其分析　经过数值模拟实验，得到如下结论。

① 当火灾发生在 3～35 层中庭底部时，若中庭内没有设置机械补风系统，火灾烟气层在 580s 时下降到距离 3 层地面 2m 高度处，4～14 层中庭内烟气层温度在 1400s 时达到 360℃；若中庭内设置机械补风系统，火灾烟气层在 760s 时下降到距离 3 层地面 2m 高度处，中庭内烟气层温度在 1800s 内没有达到 360℃。

② 当火灾发生在 12 层办公室内时，若中庭内没有设置机械补风系统，火灾烟气进入中庭后，在 360s 时烟气层下降到 11 层，并向着火层以下楼层蔓延，在 1800s 内蔓延到 10 层，温度最高达到 300℃；若中庭内设置机械补风系统，烟气层在 1800s 内保持在着火层以上，温度最高达到 240℃。

综上所述，办公大堂上部的中庭补风系统的补风量按 2.0m^3/s 设计时，该建筑中庭机械排烟系统能够满足预定目标要求。

例 8-2：某一地下车库需进行机械排烟设计，此地下车库占用地下面积为 60m×20m，高 3.6m，规划车位 26 个，共设计 2 个防烟分区，即 A、B 两区，两个防烟分区面积为 500m^2（去除楼梯电梯口及进风机房所占面积，约为 200m^2），如图 8-10 所示。

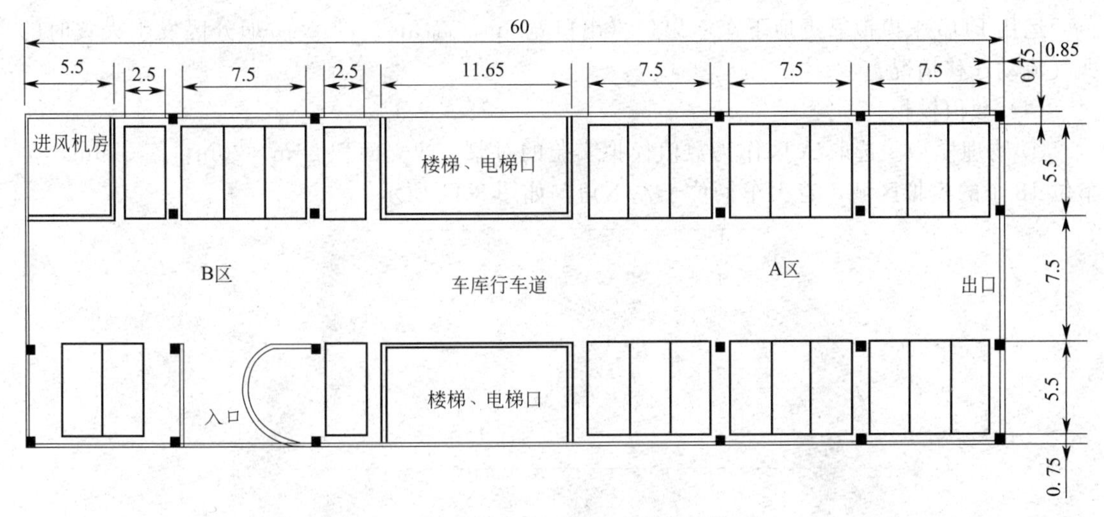

图 8-10　某地下车库平面示意图（单位：m）

（1）地下车库安全目标的确定　FDS 火灾模拟只针对汽车燃烧引起的火灾。汽车是现代普遍使用的交通工具，其除了油箱外，其他部件如轮胎、内部装饰等也是可燃物，车上具有电器和其他电源。汽车火灾具有可燃液体火灾和可燃固体火灾的特征，同时可燃液体储油箱具有受热膨胀爆燃的特点。一旦汽车火灾发生，火灾将发展迅速，只要汽车一部分可燃物先行起火燃烧，并引燃汽车上其他可燃物，就会放出大量热和有毒烟气。如果火灾发生蔓延将引起相邻车辆着火，会造成大面积火场，造成巨大的财产损失和人员伤亡。因而，此次针对某地下车库的机械防排烟系统的主要安全目标是通过排烟口的设置方式、排烟量变化对排烟效果的影响进行研究，以达到保证地下车库中汽车的安全。

(2) 人员和汽车安全性能参数　对于地下车库来说，车库内所设计的排风、排烟系统，主要都是为了保护车库内停放的汽车，防止地下车库发生火灾时造成汽车损坏。地下车库火灾中的危险因素主要来自以下方面：火焰和烟气的热辐射、热烟气层的高度和温度。要保证地下车库中的汽车不受烟气危害只要满足以下三个条件中任一条件即可：排烟量大于火灾时产生的烟气量；排烟量等于火灾时产生的烟气量，且烟层高度要大于一个临界高度，即保证辐射热不使存放在车库内的汽车受到损伤；排烟量小于火灾时产生的烟气量，但是烟层高度下降至临界高度前，对所保护汽车已采取安全防护措施，比如车辆已经撤离。

为了保护人员和汽车安全，选择烟气层的高度和环境温度两项指标作为火灾模拟分析参数。设定烟层临界高度为 1.8m，即当烟层高度降低到 1.8m 时，人员疏散困难，考虑安全裕度，认为人的有效疏散几乎不可能；临界温度（依据小汽车玻璃破裂温度）设为 120℃，即当温度超过 120℃时，汽车要完好无损几乎不可能。

(3) 火灾场景选取　火灾场景的选取主要考虑防排烟分区的排烟能力。一般只要排烟口数量相同，排烟风速越小，排烟能力越弱，即判定为该区域越危险；防烟分区的烟气排出速度越快，该区域发生火灾时的排烟能力越强，该区域越安全。但是也存在这样的情况，尽管某防烟分区的排烟量与面积的比值小，但相比于其他区域，排烟口数量也较少，反而有可能排烟风速较大。依据《汽车库、修车库、停车场设计防火规范》(GB 50067—2014)：汽车库防烟分区的建筑面积不宜超过 2000m^2，且防烟分区不应跨越防火分区。应选取小于 2000m^2 防烟分区面积，取 500m^2，符合规范要求。根据图 8-9，A、B 两个防烟分区面积都接近 500m^2，但考虑到 A 区所存放车辆多于 B 区，因而选取 A 区作为设计研究对象。

运用 FDS 来模拟靠近地下车库出口（出口宽 6m，高 3m）的 A 防烟分区发生火灾时的烟气流动迁移情况。

(4) 数值模拟

① 物理模型。选取 A 区作为数值模拟实验的对象。建立面积 25m×20m，高 3.6m，含车位 18 个的模拟区域，着火车辆位于左下角，如图 8-11 所示。

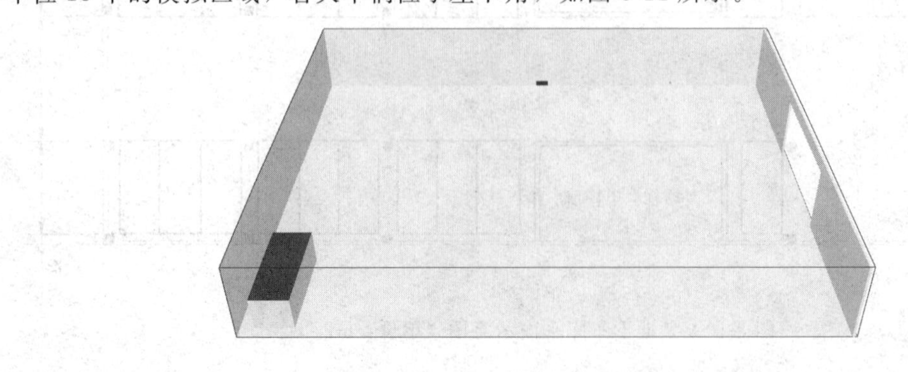

图 8-11　FDS 建立的 A 区物理模型

选取小型汽车的外廓设计尺寸为 4.2m（长）×1.7m（宽）×1.5m（高）作为汽车模型参数。根据《汽车库建筑设计规范》（JGJ 100—1998）的规定：小型汽车与左右两侧墙面的最小距离为 0.6m，与前后墙面的最小距离应为 0.5m 的要求来定位小汽车所在具体位置。小汽车位置即火源位置，一般来说，小汽车的火源功率介于 3～5MW，考虑安全裕度取最大值 5MW。为了很好地研究火灾热烟气层的层高和火场环境温度，在距离小汽车后部 0.5m 处设置烟气层高监测点，在 A 区中央和出口中心离门沿 0.5m 位置分别都设置烟气层高监测点和温度监测点，其中温度测点沿竖向设置，分别为 3.0m、2.7m、2.4m、2.1m、1.8m、1.5m。

工况选择 3 种：只有一个尺寸为 0.6m×1.0m 排烟口，排烟风速为 7m/s；增加两个 0.7m×0.3m 对称补风口，风速为 5m/s；多个排烟口，见表 8-12。

表 8-12 排烟口的设置方式和补风及排烟量变化工况

工况	排烟口	补 风	排烟量/(m^3/h)
1	1 个尺寸为 0.6m×1.0m 排烟口位于中央，排烟风速为 7m/s	无	15120
2	1 个尺寸为 0.6m×1.0m 排烟口位于中央，排烟风速为 7m/s	2 个 0.7m×0.3m 对称补风口，风速为 5m/s(补风 50%)	15120
3	6 个尺寸为 0.4m×1.0m 排烟口均布，排烟风速为 1.3m/s	同上	11232

依据《汽车库、修车库、停车场设计防火规范》（GB 50067—2014），排烟风机的排烟量应按换气次数不小于 6 次/h 计算确定。计算得 $25\times20\times3.6\times6m^3/h=10800m^3/h$，表 8-12中排烟量均大于 $10800m^3/h$，符合规范要求。

根据《汽车库、修车库、停车场设计防火规范》（GB 50067—2014），汽车库内无直接通向室外的汽车疏散出口的防火分区，当设置机械排烟系统时，应同时设置补风系统，且补风量不宜小于排烟量的 50%。因此，补风量取排烟量的 50%。

② 边界条件。整个模型如图 8-11 所示，其右端出口处于半封闭走道通风状态，环境温度取 20℃，火源为固定热释放速率火源（5MW），边壁取热厚性边界。

（5）烟气流动模拟计算结果与分析　分析之前，用 H-1 表示距离小汽车后部 0.5m 处监测点热烟气层的层高，H-2、H-3 分别表示 A 区中央和出口中心离门沿 0.5m 位置处监测点热烟气层的层高。用 T-Z-3.0 与 T-C-3.0 分别表示 A 区中心测点的温度和出口测点的温度，其余测点以此类推。

① 补风和排烟口对烟层临界高度的影响。由图 8-12～图 8-14 可知，在前 60s 内，烟层高度几乎一致，主要看 60s 后烟层高度的变化，整体上来说，烟层高度变化不大，影响不是很明显，对于 A 区中央监测点 H-2 来说甚至由于补风而导致乱流烟气层有所下降；由图 8-14 可知，由于采取 6 个排烟风速为 1.3m/s、尺寸为 0.4m×1.0m 排烟口，尽管单个排烟口风速降了，由于较好的在整个防烟分区的均布，能及时把未稀释的热烟排走，排烟效率提高了，能更好地保证烟气层的高度不至于下降到临界高度的情况，对于中央和出口位置短时超过烟层临界高度的情况，这主要是因为这两处气流干扰所致。

采取补风措施对烟层临界高度的影响不明显，而采取排烟口均布，尽管排烟风量有所减小，但能保证安全的排烟效果。

② 补风和排烟口对环境温度的影响。由图 8-15～图 8-17 可知，出口环境温度始终是处于安全状态的，补风和排烟口布置对其影响不大，1.8m 的高度温度大部分时间在 40℃以下，处于安全状态；在 T-C-2.1 和 T-C-2.4 之间存在明显的差别，这就说明，烟气热分

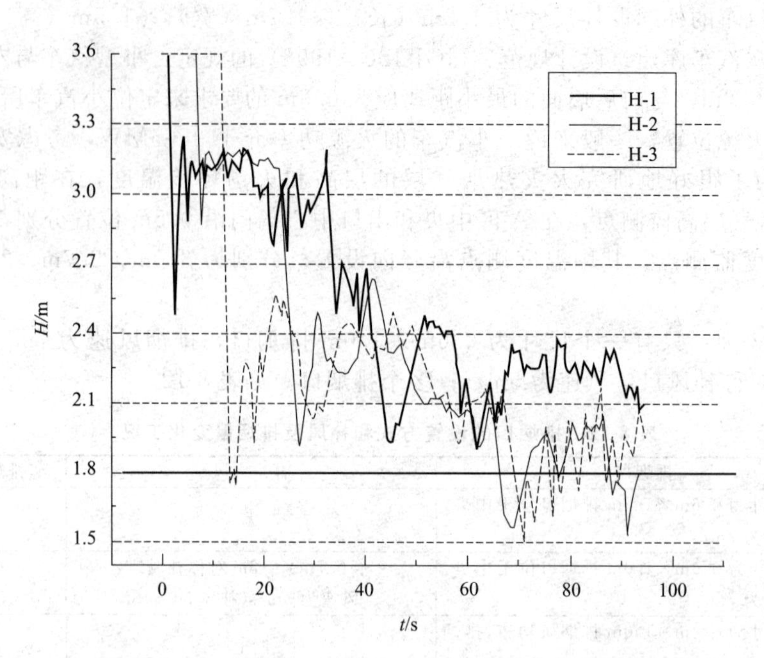

图 8-12 工况 1（无补风）时 3 监测点烟层高度

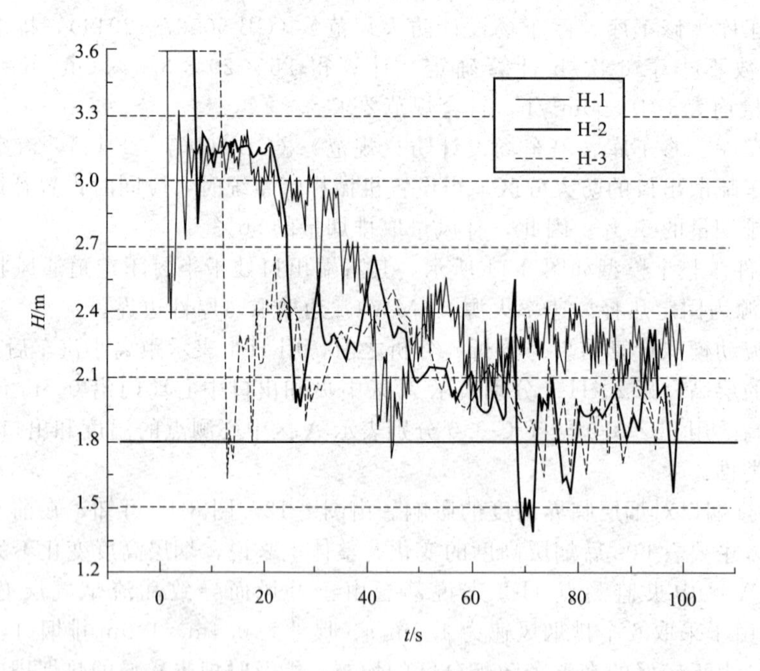

图 8-13 工况 2（补风）时 3 监测点烟层高度

层明显，其介于 2.1m 和 2.4m 之间，这一点和 H-3 不相吻合，所以烟气热分层的层高不能作为烟气层层高来计算。图 8-15 和图 8-16 中的中央测点环境温度曲线比较一致，而图 8-17 与前二者完全不一样了，这是因为排烟口对中央测点的影响，单一排烟口原来位于中央测点上方，60s 后开启排烟装置，对接近该排烟口测点的温度影响明显，而工况 3 由于排烟口均布，排烟口已经远离中央测点，所以图 8-17 环境温度变化较为连续而呈现微弱上升的趋势。

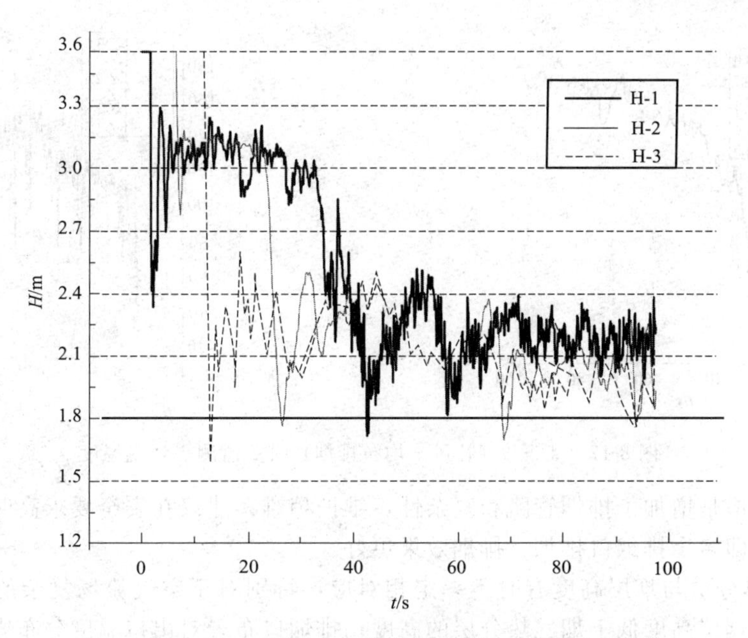

图 8-14　工况 3（补风＋均布排烟）时 3 监测点烟层高度

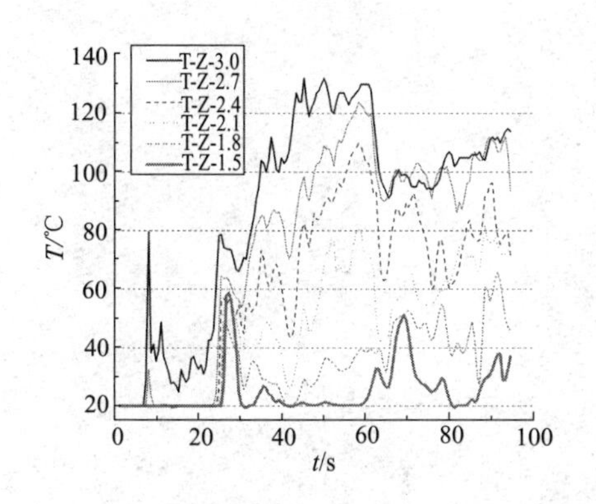

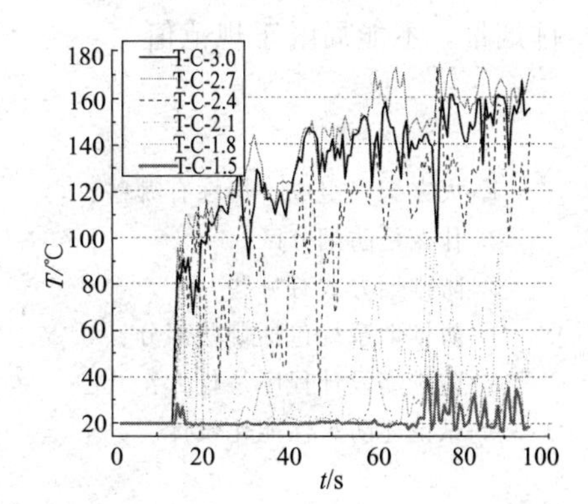

图 8-15　工况 1 时 2 监测点环境温度

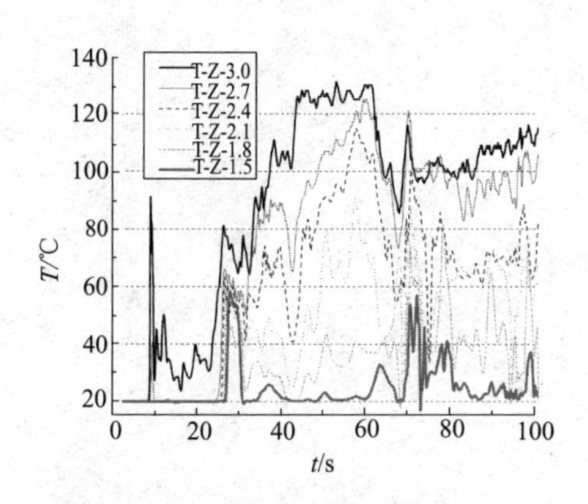

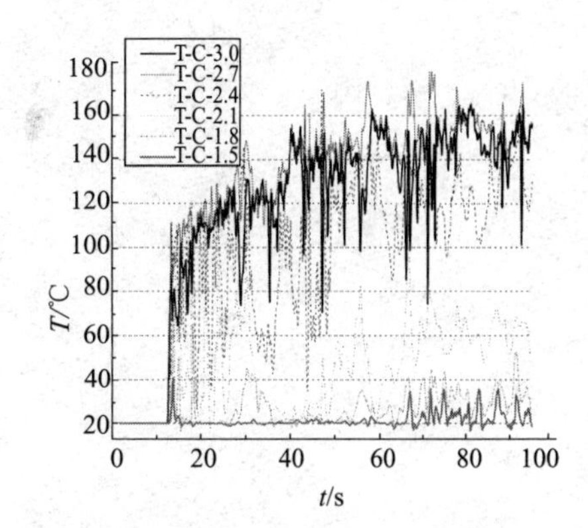

图 8-16　工况 2（补风）时 2 监测点环境温度

（6）设计建议　通过对某地下车库性能化机械排烟进行模拟分析，给出以下建议。

① 采取补风措施对烟层临界高度影响不明显，而采取排烟口均布，能更好地保证安全

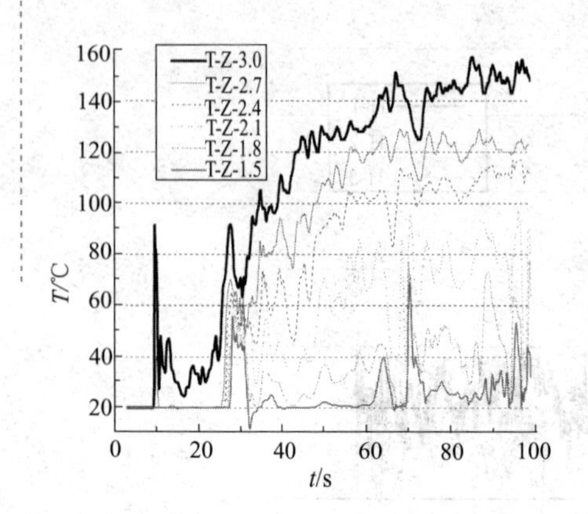

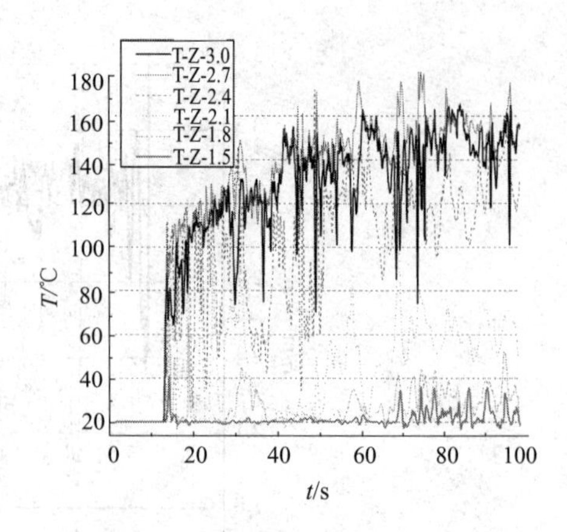

图 8-17 工况 3（补风＋均布排烟）时 2 监测点环境温度

的排烟效果，但是增加了排烟管路和复杂性，维护稍难；建议在安全要求高时可以考虑采用排烟口均布，即多个排烟口排烟，排烟效果更好。

② 烟气热分层与烟层高度有时不一定相对应，特别对于空气流场复杂的情形，其完全不一致，往往烟层高度低于烟气热分层的高度；排烟口布置对出口温度分布影响不明显，这是在排烟量变化不大的情形下得出的，因此，建议在设计排烟时主要还是从火源功率来确定排烟量，不能局限于规范值。

习　　题

1. 火灾烟气组成、特性有哪些？
2. 什么是防烟分区？
3. 防排烟方式有哪些？
4. 防排烟系统包括哪些部分？
5. 防排烟设计程序是什么？
6. 试论述防火性能化设计。

9.1 火灾自动报警系统概述

火灾自动报警系统（automatic fire alarm system）是探测火灾早期特征、发出火灾报警信号，为人员疏散、防止火灾蔓延和启动自动灭火设备提供控制与指示的消防系统。火灾自动报警系统主要是由火灾探测报警与消防设备联动控制组成。它是一项综合性消防技术，是现代自动消防技术的重要组成部分。它的主要内容是火灾参数的检测技术、火灾信息处理与自动报警技术、消防设备联动与协调控制技术、消防系统的计算机管理技术，以及系统的设计、构成、管理和使用等。

火灾自动报警系统是以建筑火灾为监控对象，根据防火要求和特点而设计、构成和工作的，是一种及时发现和通报火情，为人员安全疏散提供信息，并采取有效措施控制和扑灭火灾而设置在建筑物中或其他对象与场所的自动消防设施。火灾自动报警与联动控制系统是以将火灾消灭在早期状态，最大限度地减小火灾危害为目的。火灾自动报警系统设计是建筑防火设计中的重要环节，它涉及火灾探测方法的确定、火灾探测器的选用、火灾自动报警系统类型的选择、系统工程设计、消防设备联动控制实现以及消防控制中心等多个方面。

9.1.1 火灾报警探测器的分类与选用

9.1.1.1 火灾探测器的分类

火灾探测器是指用来响应其探测区域由火灾产生的物理和（或）化学现象的探测器件。火灾探测器有多种，按照其探测的火灾参数不同可以划分为感烟式、感温式、感光式火灾探测器和可燃气体探测器，以及烟温、烟温光等复合式火灾探测器和双灵敏度火灾探测器等。

感烟式火灾探测器是利用一个小型传感器响应悬浮在其周围大气中的由燃烧和（或）热解产生的烟雾气溶胶（固态或液态微粒）的一种火灾探测器，一般为点型结构。

感温式火灾探测器是利用一个点型或线缆式传感器来响应其周围气流的异常温度和（或）温升速率的火灾探测器，其结构有点型和线缆式两种。

感光式火灾探测器是根据物质燃烧火焰的特性和火焰的光辐射而构成的用于响应火灾时火焰光特性的火灾探测器，一般是制作成主动红外对射式线型火灾探测器和被动式紫外或红外火焰光探测器。

可燃气体探测器是采用各种气敏元件和传感器来响应火灾初期烟气体中某些气体浓度或液化石油气等可燃气体浓度的探测器，一般其产品为点型探测器。

两种或两种以上火灾探测方法组合使用的复合式火灾探测器和双灵敏度火灾探测器通常

是点型结构，它同时具有两个或两个以上火灾参数的探测能力，或者是具有一个火灾参数两种灵敏度的探测能力，目前较多使用的是烟温复合式火灾探测器和双灵敏度火灾探测器。

火灾探测器还可以按照火灾信息处理方式或报警方式的不同，分为阈值比较式（开关量）、类比判断式（模拟量）和分布智能式火灾探测器等。

（1）离子感烟式火灾探测器　离子感烟式火灾探测器是采用空气离化火灾探测方法构成和工作的，通常只适用于点型火灾探测。离子感烟火灾探测器的检测机理是：当火灾发生时，烟雾粒子进入电离室后，被电离部分（区域）的正离子和负离子被吸附到烟雾粒子上，使正、负离子相互中和的概率增加，从而将烟雾粒子浓度大小以离子电流变化量大小表示出来，实现对火灾参数的检测。

根据离子感烟式火灾探测器内电离室的结构形式，它可以分为双源感烟式和单源感烟式探测器。采用双源式结构的离子感烟探测器可以减少环境温度、湿度、气压等条件变化的影响，提高探测器的环境适应能力和工作稳定性。单源式结构离子感烟探测器则提高了对环境的适应能力，特别是在抗潮能力方面，单源式离子感烟探测器的性能优于双源式离子感烟探测器。

（2）光电感烟式火灾探测器　根据烟雾粒子对光的吸收和散射作用，光电感烟式火灾探测器可分为减光式和散射光式两种类型。减光式光电感烟探测器的工作原理是：进入光电检测暗室内的烟雾粒子对光源发出的光产生吸收和散射作用，使得通过光路上的光通量减少，从而使得受光元件上产生的光电流降低。光电流相对于初始标定值的变化量大小，反映了烟雾的浓度，据此可通过电子线路对火灾信息进行阈值比较放大、类比判断处理或数据对比计算，通过传输电路发出相应的火灾信号。减光式光电感烟火灾探测原理可以用于构成点型探测器，用微小的暗箱式烟雾检测室探测火灾产生的烟雾浓度大小。但是，减光式光电感烟探测原理更适合于构成线型火灾探测器，如分离式主动红外光束感烟探测器。线型光束感烟探测器适宜于无遮挡的大空间，如体育馆、大型库房、博物馆、档案馆、飞机库、古建筑等。

散射光式光电感烟探测原理是：进入暗室的烟雾粒子对发光元件（光源）发出的一定波长的光产生散射作用（按照光散射定律，烟粒子需轻度着色，粒径大于光的波长时将产生散射作用），使得处于一定夹角位置的受光元件（光敏元件）的阻抗发生变化，产生光电流。此光电流的大小与散射光强弱有关，并且由烟粒子的浓度和粒径大小及着色与否来决定。根据受光元件的光电流大小（无烟雾粒子时光电流大小约为暗电流），即当烟粒子浓度达到一定值时，散射光的能量就足以产生一定大小的激励用光电流，可以用于激励外电路发出火灾信号。

散射光式光电感烟探测方式只适用于点型探测器结构，其遮光暗室中发光元件与受光元件的夹角在90°～135°，夹角愈大，灵敏度愈高。不难看出，散射光式光电感烟探测的实质是利用一套光学系统作为传感器，将火灾产生的烟雾对光的传播特性的影响，用电的形式表示出来并加以利用。

（3）感温式火灾探测器　感温火灾探测器有3种：定温式火灾探测器，是根据局部环境到达规定温度时开始动作；差定温式火灾探测器，是根据升温速率动作，升温速率超过预定值时报警；差定温式复合探测器，是兼有定温、差温两种功能。

感温式火灾探测器可以根据其作用原理分述如下。

① 定温式火灾探测器。定温式火灾探测器是在规定时间内，火灾引起的温度上升超过某个定值时启动报警的火灾探测器。它有点型和线型两种结构形式。其中，线型是当局部环境温度上升达到规定值时，可熔的绝缘物熔化使两导线短路，从而产生火灾报警信号；点型

是利用双金属片、易熔金属、热电偶、热敏半导体电阻等元件，在规定的温度值上产生火灾报警信号。

② 差温式火灾探测器。差温式火灾探测器是在规定时间内，火灾引起的温度上升速率超过某个规定值时启动报警的火灾探测器。它也有线型和点型两种结构。线型差温式火灾探测器是根据广泛的热效应而动作的，主要的感温元件有按面积大小蛇形连续布置的空气管、分布式连接的热电偶、热敏电阻等。点型差温式火灾探测器是根据局部的热效应而动作的，主要感温元件有空气膜盒、热敏半导体电阻元件等。

③ 差定温式火灾探测器。差定温式火灾探测器结合了定温式和差温式两种作用原理并将两种探测器结构组合在一起。差定温式火灾探测器一般多是膜盒式或热敏半导体电阻式等点型结构的组合式火灾探测器。

(4) 感光式火灾探测器　感光式火灾探测器主要是指火焰探测器，火焰探测器是使用紫外辐射传感器、红外辐射传感器或结合使用这两种传感器，识别火焰发出的电磁辐射光谱中的紫外和红外波段，从而达到探测火灾的目的。火焰探测器分为单波段紫外火焰探测器、双波段探测器（红外/红外、紫外/红外）和三波段红外火焰探测器。

目前广泛使用紫外式和红外式两种类型。紫外火焰探测器是应用紫外光敏管（光电管）来探测波长 0.2～0.3μm 以下的火灾引起的紫外辐射，多用于油品和电力装置的火灾监测。红外火焰探测器是利用红外光敏元件（硫化铅、硒化铅、硅光敏元件）的光电导或光伏效应来敏感地探测低温产生的红外辐射，光波范围一般大于 0.76μm。由于自然界中只要物体的温度高于绝对零度都会产生红外辐射，所以，利用红外辐射探测火灾时，一般还要考虑燃烧火焰的间歇性闪烁现象，以区别于背景红外辐射。燃烧火焰的闪烁频率大约在 3～30Hz。

(5) 气体火灾探测器

① 可燃气体探测器有半导体型、载体催化型等类型，可燃气体探测器目前主要用于宾馆、厨房或燃料气储备间、汽车库、压气机站、过滤车间、溶剂库、炼油厂、燃油电厂等存在可燃气体的场所。

可燃气体的探测原理，按照使用的气敏元件或传感器的不同分为热催化原理、热导原理、气敏原理和电化学原理等四种。热催化原理是指利用可燃气体在有足够氧气和一定高温条件下，发生在铂丝催化元件表面的无焰燃烧，放出热量并引起铂丝元件电阻的变化，从而达到可燃气体浓度探测的目的。热导原理是利用被测气体与纯净空气导热性的差异和在金属氧化物表面燃烧的特性，将被测气体浓度转换成热丝温度或电阻的变化，达到测定气体浓度的目的。气敏原理是利用灵敏度较高的气敏半导体元件吸附可燃气体后电阻变化的特性来达到测量的目的。电化学原理是利用恒电位电解法，在电解池内安置三个电极并施加一定的极化电压，以透气薄膜同外部隔开，被测气体透过此薄膜达到工作电极，发生氧化还原反应，从而使得传感器产生与气体浓度成正比的输出电流，从而达到探测目的。

采用热催化原理和热导原理测量可燃气体时，不具有气体选择性，通常以体积百分浓度表示气体浓度。采用气敏原理和电化学原理测量可燃气体时，具有气体选择性，适用于气体成分检测和低浓度测量，过去多以 ppm(mg/kg) 表示气体浓度。可燃气体探测器一般只有点型结构形式，其传感器输出信号的处理方式多采用阈值比较方式。

② 燃烧气体产物型，它是针对 CO 和 CO_2 这两种气体进行监测，将会更早发现燃烧的发生。

(6) 图像型火灾探测器　双波段火焰图像探测器是基于彩色影像和红外影像的双波段图像型火灾识别模型，采用了图像处理、计算机视觉、人工智能等高新技术，可实现对大空间早期火灾的探测和定位。

(7) 空气采样烟雾探测器　该探测器由 PVC 管、抽气泵、空气流速传感器、激光探测器、信号处理电路和报警显示器组成。可不断从监测区域采集烟雾样本，输送到探测器上。具有主动探测能力和极高的灵敏度，灵敏度范围 0.004%obs/m～20%obs/m 连续可调，具有独特的分段警报功能。适用场所主要包括通讯机房、计算机房、洁净房、电缆隧道、高大空间、古建筑等。

除了上述典型的火灾探测原理外，复合式火灾探测方法在工程上获得使用，烟温复合式火灾探测器就是一个典型的例子。新型的智能火灾探测器采用光电感烟、热敏电阻感温和 CO 传感器组成多判据探测器；光电、温度组合；离子、光电、温度组合等。当前，使用量最大的是离子感烟式和光电感烟式火灾探测器、膜盒差定温和电子差定温火灾探测器；对于大空间的机房、控制室、电缆沟等，线缆式火灾探测器也有广泛的应用。

9.1.1.2　火灾探测器的选用

火灾探测器的选用和设置，是构成火灾自动报警系统的重要环节，直接影响着火灾探测器性能的发挥和火灾自动报警系统的整体特性。关于火灾探测器的选用和设置，必须按照现行《火灾自动报警系统设计规范》(GB 50116—2013) 和现行《火灾自动报警系统施工及验收规范》(GB 50166—2007) 等的有关要求和规定执行。

火灾探测器的一般选用原则是：充分考虑火灾形成规律与火灾探测器选用的关系，根据火灾探测区域内可能发生的初期火灾的形成和发展特点、房间高度、环境条件和可能引起误报的因素等综合确定。

(1) 根据火灾的形成与发展特点选用火灾探测器　根据建筑特点和火灾的形成与发展特点来选用火灾探测器，是火灾探测器选用的核心所在。一般应该遵循以下原则。

① 对火灾初期有阴燃阶段，产生大量的烟和少量的热，很少或没有火焰辐射的场所，应选择感烟火灾探测器。探测器的感烟方式和灵敏度级别应根据具体使用场所来确定。感烟探测器的工作方式则是根据反应速度与可靠性要求来确定，一般对于只是用作报警目的的探测器，选用非延时的工作方式，并应该考虑与其他种类火灾探测器配合使用。

离子感烟和光电感烟火灾探测器的适用场所是根据离子和光电感烟方式的特点确定的。对于那些使得感烟探测器变得不灵敏或总是误报，对离子式感烟探测器放射源产生腐蚀并改变其工作特性，或使得感烟探测器在短期内被严重污染的场所，感烟探测器不适用，如光电感烟探测器不适用于产生黑烟、平时有烟滞留的场所，离子感烟探测器（因其电离室含有放射源，对环境有污染，欧洲国家已禁用）不适用于平时有烟滞留的场所，对环境湿度要求较高。

两种点型离子感烟和光电感烟火灾探测器对不同颜色烟的响应特性（图 9-1）不同，应该根据实际情形选用。

② 对火灾发展迅速，可产生大量热、烟和火焰辐射的场所，可选择感温火灾探测器、感烟火灾探测器、火焰探测器或其组合。

感温探测器的使用一般考虑其定温、差温和差定温方式进行选择，其使用环境条件要求不高，一般在感烟探测器不能使用的场所均可使用。但是，在感烟探测器可用的场所，尽管也可使用感温探测器，但其探测速度却大大低于感烟方式。因此，只要感烟和感温探测器均可使用的场所多选择感烟式，在有联动控制要求时则采用感烟和感温组合式或复合式。此外，点型电子感温探测器受油雾等污染会影响其外露热敏元件的特性，因此对环境污染应有所考虑。感温探测器的主要适用场所有：相对湿度经常高于 95%的场所；有大量粉尘、水雾滞留的场所；可能发生无烟火灾的场所；正常情况下有烟和蒸气滞留的场所以及其他不宜

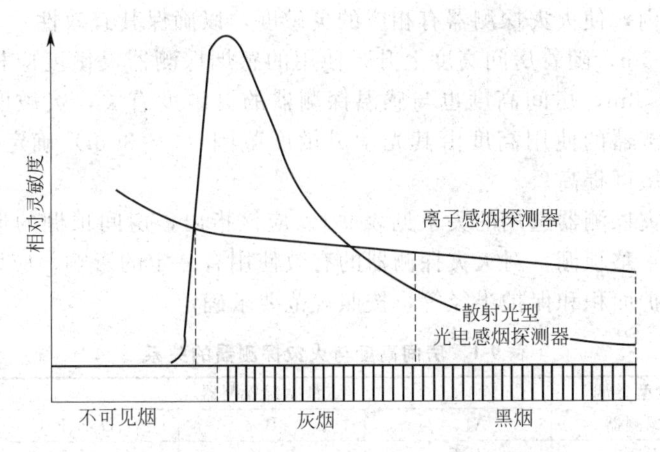

图 9-1　两种点型感烟探测器对不同颜色烟的响应

用感烟探测器的厅堂和公共场所。对于可能产生阴燃或需要早期报警以避免重大损失的场所，各种感温火灾探测器均不可用；正常温度在 0℃以下的场所，不宜用点型定温探测器，可用差温或差定温探测器；正常情况下温度变化较大的场所，不宜用差温探测器，可用定温探测器。

③火灾发展迅速，有强烈的火焰和少量的热烟时，应该选用火焰探测器。火焰探测器通常采用紫外式或紫外与红外复合式，一般为点型结构，其有效性取决于探测器的光学灵敏度（用 4.5cm 焰高的标准烛光距探测器 0.5m 或 1.0m 时，探测器有额定输出）、视锥角（即视角，通常 70°～120°）、响应时间（≤1s）和安装定位。

④ 火灾探测报警与灭火设备有联动要求时，必须以可靠为前提，获得双报警信号后，或者再加上延时报警判断后，才能产生延时报警信号。

必须采用双报警信号或双信号组合报警的场所，一般都是重要性强、火灾危险性较大的场所。这时，一般是采用感烟、感温和火焰探测器的同类型或不同类型组合来产生双报警信号。同类型组合通常是指同一探测器具有两种不同灵敏度的输出，如具有两极灵敏度输出的双信号式光电感烟探测器；不同类型组合则包括复合式探测器和探测器的组合使用，如热烟光电式复合探测器与感烟探测器配对组合使用等。

⑤ 在散发可燃气体或易燃液体蒸气的场所，多选用可燃气体探测器实现报警。对火灾初期有阴燃阶段，且需要早期探测的场所，宜增设一氧化碳火灾探测器。

⑥ 火灾形成不可预料的场所，可进行模拟试验后，按试验结果确定火灾探测器的选型。应根据保护场所可能发生火灾的部位和燃烧材料的分析，以及火灾探测器的类型、灵敏度和响应时间等选择相应的火灾探测器，对火灾形成特征不可预料的场所，可根据模拟试验的结果选择火灾探测器。

⑦ 同一探测区域内设置多个火灾探测器时，可选择具有复合判断火灾功能的火灾探测器和火灾报警控制器。报警区域（alarm zone）是将火灾自动报警系统的警戒范围按防火分区或楼层等划分的单元，而探测区域（detection zone）是指将报警区域按探测火灾的部位划分的单元。

综上，按初期火灾的形成和发展特点选用火灾探测器，应结合各种火灾探测器的原理和有关的消防法规、规范的规定与要求，以发挥探测器有效性为前提，确保火灾探测器能可靠工作。

（2）根据房间高度选用火灾探测器　对火灾探测器使用高度加以限制，是为了在整个探测器保护面积范围内，使火灾探测器有相应的灵敏度，以确保其有效性。一般感烟探测器的安装使用高度 $h\leqslant 12$m，随着房间高度上升，使用的感烟探测器灵敏度应相应提高。感温探测器的使用高度 $h\leqslant 8$m，房间高度也与感温探测器的灵敏度有关，灵敏度高，则使用于较高的房间。火焰探测器的使用高度由其光学灵敏度范围（9～30m）确定，房间高度增加，要求火焰探测器灵敏度提高。

房间高度与火灾探测器选用的关系见表 9-1。应该指出，房间顶棚的形状（尖顶形、拱顶形）和大空间不平整顶棚，对火灾探测器的有效使用有一定的影响，应该视具体情况并考虑火灾探测器的保护面积和保护半径等，按照规范要求确定。

表 9-1　房间高度与火灾探测器的关系

房间高度 h/m	点型感烟探测器	点型感温探测器			火焰探测器
		A1、A2	B	C、D、E、F、G	适合
$12<h\leqslant 20$	不适合	不适合	不适合	不适合	适合
$8<h\leqslant 12$	适合	不适合	不适合	不适合	适合
$6<h\leqslant 8$	适合	适合	不适合	不适合	适合
$4<h\leqslant 6$	适合	适合	适合	不适合	适合
$h\leqslant 4$	适合	适合	适合	适合	适合

表 9-1 中 A1、A2、B、C、D、E、F、G 为点型感温探测器的不同类别，具体参数见表 9-2。

表 9-2　点型感温火灾探测器分类

探测器分类	典型应用温度/℃	最高应用温度/℃	动作温度下限值/℃	动作温度上限值/℃
A1	25	50	54	65
A2	25	50	54	70
B	40	65	69	85
C	55	80	84	100
D	70	95	99	115
E	85	110	114	130
F	100	125	129	145
G	115	140	144	160

（3）综合环境条件选用火灾探测器　火灾探测器使用的环境条件，如环境温度、气流速度、振荡、空气湿度、光干扰等，对火灾探测器的工作有效性（灵敏度等）会产生影响。一般感烟与火焰探测器的使用温度小于 50℃，定温探测器在 10～35℃；在 0℃以下探测器安全工作的条件是其本身不允许结冰，并且多数采用感烟或火焰探测器。环境中有限的正常振荡，对于点型火灾探测器一般影响很小，而对分离式光电感烟探测器影响较大，要求定期调校。环境空气湿度小于 95%时，一般不影响火灾探测器工作；当有雾化烟雾或凝露存在时，对感烟和火焰探测器的灵敏度有影响。环境中存在烟、灰及类似的气溶胶时，直接影响感烟火灾探测器的使用；对感温和火焰探测器，如可避免湿灰尘，则使用不受限制。环境中的光干扰对感烟和感温火灾探测器的使用无影响，对火焰探测器则无论直接与间接，都将影响其工作可靠性。如对于火焰探测器，探测区域内正常情况下有高温物体的场所，不宜选择单波段红外火焰探测器；正常情况下有明火作业，探测器易受 X 射线、弧光和闪电等影响的场所，不宜选择紫外火焰探测器。

线型光束感烟火灾探测器适用的场所有大型库房、博物馆、档案馆、飞机库等无遮挡的大空间场所，以及发电厂、变配电站、古建筑、文物保护建筑的厅堂馆所；不适宜的场所有大量烟、粉尘、水雾滞留，可能产生蒸气和油雾，固定探测器的建筑结构由于震动等原因会产生较大位移等场所。

缆式线型感温探测器适用的场所有电缆隧道、电缆竖井、电缆夹层、电缆桥架；各种皮带输送装置；其他环境恶劣不适合点型探测器安装的场所。

线型光纤感温火灾探测器适用的场所有除液化石油气外的石油储罐、需要设置线型感温火灾探测器的易燃易爆场所，公路隧道、敷设动力电缆的铁路隧道和城市地铁隧道等；需要监测环境温度的地下空间等场所宜设置具有实时温度监测功能的线型光纤感温火灾探测器。

吸气式感烟火灾探测器适用的场所有具有高速气流的场所、低温场所、需要进行隐蔽探测的场所、需要进行火灾早期探测的重要场所、人员不宜进入的场所，点型感烟、感温火灾探测器不适宜的大空间、舞台上方、建筑高度超过 12m 或有特殊要求的场所。

污物较多且必须安装感烟火灾探测器的场所，应选择间断吸气的点型采样吸气式感烟火灾探测器或具有过滤网和管路自清洗功能的管路采样吸气式感烟火灾探测器。

为避免误报，在选用火灾探测器时应充分考虑环境因素的影响。当然，误报除了与环境因素有关之外，还与火灾探测器故障或设计中的欠缺、探测器老化、系统维护不周或接地不良等因素有关，这些都要考虑。

9.1.2　火灾自动报警系统及其应用形式

火灾自动报警系统的形式有区域报警系统、集中报警系统和控制中心报警系统。仅需要报警，不需要联动自动消防设备的保护对象宜采用区域报警系统；不仅需要报警，同时需要联动自动消防设备，且只设置一台具有集中控制功能的火灾报警控制器和消防联动控制器的保护对象，应采用集中报警系统，并应设置一个消防控制室；设置两个及以上消防控制室的保护对象，或已设置两个及以上集中报警系统的保护对象，应采用控制中心报警系统。

(1) 区域报警系统的设计，应符合下列规定

① 系统应由火灾探测器、手动火灾报警按钮、火灾声光警报器及火灾报警控制器等组成，系统中可包括消防控制室图形显示装置和指示楼层的区域显示器。

② 火灾报警控制器应设置在有人值班的场所。

③ 系统设置消防控制室图形显示装置时，该装置应具有传输相关规范中规定的有关信息的功能；系统未设置消防控制室图形显示装置时，应设置火警传输设备。

(2) 集中报警系统的设计，应符合下列规定

①系统应由火灾探测器、手动火灾报警按钮、火灾声光警报器、消防应急广播、消防专用电话、消防控制室图形显示装置、火灾报警控制器、消防联动控制器等组成。

②系统中的火灾报警控制器、消防联动控制器和消防控制室图形显示装置、消防应急广播的控制装置、消防专用电话总机等起集中控制作用的消防设备，应设置在消防控制室内。

③系统设置的消防控制室图形显示装置应具有传输相关规范中规定的有关信息的功能。

(3) 控制中心报警系统的设计，应符合下列规定

① 有两个及以上消防控制室时，应确定一个主消防控制室。

② 主消防控制室应能显示所有火灾报警信号和联动控制状态信号，并应能控制重要的消防设备；各分消防控制室内消防设备之间可互相传输、显示状态信息，但不应互相控制。

③ 系统设置的消防控制室图形显示装置应具有传输相关规范中规定的有关信息的功能。

④ 其他设计应符合前述集中报警系统的设计的相关规定。

(4) 消防控制室要求　具有消防联动功能的火灾自动报警系统的保护对象中应设置消防控制室。

① 消防控制室应有相应的竣工图纸、各分系统控制逻辑关系说明、设备使用说明书、系统操作规程、应急预案、值班制度、维护保养制度及值班记录等文件资料。

② 消防控制室内严禁与消防设施无关的电气线路及管路穿过。

③ 消防控制室的设置应符合下列规定：单独建造的消防控制室，其耐火等级不应低于二级；附设在建筑内的消防控制室，宜设置在建筑内首层的靠外墙部位，亦可设置在建筑的地下一层；不应设置在电磁场干扰较强及其他可能影响消防控制设备工作的设备用房附近；疏散门应直通室外或安全出口。消防控制室对建筑消防设施的控制与显示功能以及向远程监控系统传输相关信息的功能，应符合现行国家标准《火灾自动报警系统设计规范》（GB 50116—2013）和《消防控制室通用技术要求》（GB 25506—2010）的规定。

（5）其他要求　任一台火灾报警控制器所连接的火灾探测器、手动火灾报警按钮和模块等设备总数和地址总数，均不应超过 3200 点，其中每一总线回路连接设备的总数不宜超过 200 点，且应留有不少于额定容量 10%的余量；任一台消防联动控制器地址总数或火灾报警控制器（联动型）所控制的各类模块总数不应超过 1600 点，每一联动总线回路连接设备的总数不宜超过 100 点，且应留有不少于额定容量 10%的余量。系统总线上应设置总线短路隔离器，每只总线短路隔离器保护的火灾探测器、手动火灾报警按钮和模块等消防设备的总数不应超过 32 点；总线穿越防火分区时，应在穿越处设置总线短路隔离器。高度超过 100m 的建筑中，除消防控制室内设置的控制器外，每台控制器直接控制的火灾探测器、手动报警按钮和模块等设备不应跨越避难层。

9.2 消防联动控制设计

9.2.1 消防联动控制器一般要求

消防联动控制器应能按设定的控制逻辑向各相关的受控设备发出联动控制信号，并接受相关设备的联动反馈信号；其电压控制输出应采用直流 24V，其电源容量应满足受控消防设备同时启动且维持工作的控制容量要求；其发出的联动控制信号应与各受控设备接口的特性参数相匹配。消防水泵、防烟和排烟风机的控制设备，除应采用联动控制方式外，还应在消防控制室设置手动直接控制装置。启动电流较大的消防设备宜分时启动。需要火灾自动报警系统联动控制的消防设备，其联动触发信号应采用两个独立的报警触发装置报警信号的“与”逻辑组合。

9.2.2 各类消防联动控制设计要求

（1）湿式系统和干式系统的联动控制设计应符合下列规定

① 联动控制方式，应将湿式报警阀压力开关的动作信号作为触发信号，直接控制启动喷 淋消防泵，联动控制不应受消防联动控制器处于自动或手动状态影响。

② 手动控制方式，应将喷淋消防泵控制箱（柜）的启动、停止按钮用专用线路直接连接至设置在消防控制室内的消防联动控制器的手动控制盘，直接手动控制喷淋消防泵的启动、停止。

③ 水流指示器、信号阀、压力开关、喷淋消防泵的启动和停止的动作信号应反馈至消防联动控制器。

（2）预作用系统的联动控制设计

① 联动控制方式，应由同一报警区域内两只及以上独立的感烟火灾探测器或一只感烟

火灾探测器与一只手动火灾报警按钮的报警信号，作为预作用阀组开启的联动触发信号。由消防联动控制器控制预作用阀组的开启，使系统转变为湿式系统；当系统设有快速排气装置时，应联动控制排气阀前的电动阀的开启。其湿式系统的联动控制设计应遵循前述规定。

② 手动控制方式，应将喷淋消防泵控制箱（柜）的启动和停止按钮、预作用阀组和快速排气阀入口前的电动阀的启动和停止按钮，用专用线路直接连接至设置在消防控制室内的消防联动控制器的手动控制盘，直接手动控制喷淋消防泵的启动、停止及预作用阀组和电动阀的开启。

③ 水流指示器、信号阀、压力开关、喷淋消防泵的启动和停止的动作信号，有压气体管道气压状态信号和快速排气阀入口前电动阀的动作信号应反馈至消防联动控制器。

（3）雨淋系统的联动控制设计

① 联动控制方式，应由同一报警区域内两只及以上独立的感烟火灾探测器或一只感烟火灾探测器与一只手动火灾报警按钮的报警信号，作为雨淋阀组开启的联动触发信号。应由消防联动控制器控制雨淋阀组的开启。

② 手动控制方式，应将雨淋消防泵控制箱（柜）的启动和停止按钮、雨淋阀组的启动和停止按钮，用专用线路直接连接至设置在消防控制室内的消防联动控制器的手动控制盘，直接手动控制雨淋消防泵的启动、停止及雨淋阀组的开启。

③ 水流指示器，压力开关，雨淋阀组、雨淋消防泵的启动和停止的动作信号应反馈至消防联动控制器。

（4）水幕系统的联动控制设计

① 联动控制方式，当水幕系统用于防火卷帘的保护时，应由防火卷帘下落到楼板面的动作信号与本报警区域内任一火灾探测器或手动火灾报警按钮的报警信号作为水幕阀组启动的联动触发信号，并应由消防联动控制器联动控制水幕系统相关控制阀组的启动；仅用水幕系统作为防火分隔时，应由该报警区域内两只独立的感温火灾探测器的火灾报警信号作为水幕阀组启动的联动触发信号，并应由消防联动控制器联动控制水幕系统相关控制阀组的启动。

② 手动控制方式，应将水幕系统相关控制阀组和消防泵控制箱（柜）的启动、停止按钮用专用线路直接连接至设置在消防控制室内的消防联动控制器的手动控制盘，直接手动控制消防泵的启动、停止及水幕系统相关控制阀组的开启。

③ 压力开关、水幕系统相关控制阀组和消防泵的启动、停止的动作信号，应反馈至消防联动控制器。

（5）消火栓系统联动控制设计

① 联动控制方式，应将消火栓系统出水干管上设置的低压压力开关、高位消防水箱出水管上设置的流量开关或报警阀压力开关等信号作为触发信号，直接控制启动消火栓泵，联动控制不应受消防联动控制器处于自动或手动状态影响。当设置消火栓按钮时，消火栓按钮的动作信号应作为报警信号及启动消火栓泵的联动触发信号，由消防联动控制器联动控制消火栓泵的启动。

② 手动控制方式，应将消火栓泵控制箱（柜）的启动、停止按钮用专用线路直接连接至设置在消防控制室内的消防联动控制器的手动控制盘，直接手动控制消火栓泵的启动、停止。

③消火栓泵的动作信号应反馈至消防联动控制器。

（6）气体灭火系统、泡沫灭火系统的联动控制设计

① 应由同一防护区域内两只独立的火灾探测器的报警信号、一只火灾探测器与一只手动火灾报警按钮的报警信号或防护区外的紧急启动信号，作为系统的联动触发信号，探测器的组合宜采用感烟火灾探测器和感温火灾探测器。

② 其联动控制信号应包括下列内容：关闭防护区域的送、排风机及送排风阀门；停止通风和空气调节系统及关闭设置在该防护区域的电动防火阀；联动控制防护区域开口封闭装置的启动，包括关闭防护区域的门、窗；启动气体灭火装置、泡沫灭火装置，气体灭火控制器、泡沫灭火控制器，可设定不大30s的延迟喷射时间。

③ 系统的联动反馈信号应包括下列内容：气体灭火控制器、泡沫灭火控制器直接连接的火灾探测器的报警信号；选择阀的动作信号；压力开关的动作信号。

④ 在防护区域内设有手动与自动控制转换装置的系统，该状态信号应反馈至消防联动控制器（防护区现场一般手动状态）。

（7）防烟排烟系统的联动控制设计

① 防烟系统的联动控制方式应符合下列规定。

a. 应采用加压送风口所在防火分区内的两只独立的火灾探测器或一只火灾探测器与一只手动火灾报警按钮的报警信号，作为送风口开启和加压送风机启动的联动触发信号，并应由消防联动控制器联动控制相关层前室等需要加压送风场所的加压送风口开启和加压送风机启动。

b. 应采用同一防烟分区内且位于电动挡烟垂壁附近的两只独立的感烟火灾探测器的报警信号，作为电动挡烟垂壁降落的联动触发信号，并应由消防联动控制器联动控制电动挡烟垂壁的降落。

② 排烟系统的联动控制方式应符合下列规定。

a. 应采用同一防烟分区内的两只独立的火灾探测器的报警信号，作为排烟口、排烟窗或排烟阀开启的联动触发信号，并应由消防联动控制器联动控制排烟口、排烟窗或排烟阀的开启，同时停止该防烟分区的空气调节系统。

b. 应采用排烟口、排烟窗或排烟阀开启的动作信号作为排烟风机启动的联动触发信号，并应由消防联动控制器联动控制排烟风机的启动。

③ 防烟系统、排烟系统的手动控制方式，应能在消防联动控制器上手动控制送风口、电动挡烟垂壁、排烟口、排烟窗、排烟阀的开启或关闭及防烟风机、排烟风机等设备的启动或停止，防烟、排烟风机的启动、停止按钮应采用专用线路直接连接至设置在消防控制室内的消防联动控制器的手动控制盘，并应直接手动控制防烟、排烟风机的启动、停止。

④ 送风口、排烟口、排烟窗或排烟阀开启和关闭的动作信号，防烟、排烟风机启动和停止及电动防火阀关闭的动作信号，均应反馈至消防联动控制器。

⑤ 排烟风机入口处的总管上设置的280℃排烟防火阀在关闭后应直接联动控制风机停止，排烟防火阀及风机的动作信号应反馈至消防联动控制器。

（8）防火门及防火卷帘系统的联动控制设计

① 防火门系统的联动控制设计，应符合下列规定。

a. 应采用常开防火门所在防火分区内的两只独立的火灾探测器或一只火灾探测器与一只手动火灾报警按钮的报警信号，作为常开防火门关闭的联动触发信号，联动触发信号应由火灾报警控制器或消防联动控制器发出，并应由消防联动控制器或防火门监控器联动控制防火门关闭。

b. 疏散通道上各防火门的开启、关闭及故障状态信号应反馈至防火门监控器。

② 疏散通道上设置的防火卷帘，应符合下列规定。

a. 联动控制方式，防火分区内任两只独立的感烟火灾探测器或任一只专门用于联动防火卷帘的感烟火灾探测器的报警信号应联动控制防火卷帘下降至距楼板面1.8m处；任一只专门用于联动防火卷帘的感温火灾探测器的报警信号应联动控制防火卷帘下降到楼板面；在卷帘的任一侧距卷帘纵深0.5～5m内应设置不少于2只专门用于联动防火卷帘的感温火灾探测器。

b. 手动控制方式，应由防火卷帘两侧设置的手动控制按钮控制防火卷帘的升降。

③ 非疏散通道上设置的防火卷帘，应符合下列规定。

a. 联动控制方式，应将防火卷帘所在防火分区内任两只独立的火灾探测器的报警信号，作为防火卷帘下降的联动触发信号，由防火卷帘控制器联动控制防火卷帘直接下降到楼板面。

b. 手动控制方式，应由防火卷帘两侧设置的手动控制按钮控制防火卷帘的升降，并应能在消防控制室内的消防联动控制器上手动控制防火卷帘的降落。

④ 防火卷帘下降至距楼板面1.8m处、下降到楼板面的动作信号和防火卷帘控制器直接连接的感烟、感温火灾探测器的报警信号，应反馈至消防联动控制器。

(9) 电梯的联动控制设计

① 消防联动控制器应具有发出联动控制信号强制所有电梯停于首层或电梯转换层的功能。

② 电梯运行状态信息和停于首层或转换层的反馈信号，应传送给消防控制室显示，轿厢内应设置能直接与消防控制室通话的专用电话。

(10) 火灾警报和消防应急广播系统的联动控制设计

① 火灾自动报警系统应设置火灾声光警报器，并应在确认火灾后启动建筑内的所有火灾声光警报器。

② 火灾声警报器设置带有语音提示功能时，应同时设置语音同步器。

③ 火灾声警报器单次发出火灾警报的时间宜为8～20s，同时设有消防应急广播时，火灾声警报应与消防应急广播交替循环播放。

④ 同一建筑内设置多个火灾声警报器时，火灾自动报警系统应能同时启动和停止所有火灾声警报器工作。

⑤ 在消防控制室应能手动或按预设控制逻辑联动控制选择广播分区、启动或停止应急广播系统，并应能监听消防应急广播。在通过传声器进行应急广播时，应自动对广播内容进行录音。消防控制室内应能显示消防应急广播的广播分区的工作状态。

⑥ 消防应急广播与普通广播或背景音乐广播合用时，应具有强制切入消防应急广播的功能。

(11) 消防应急照明和疏散指示系统的联动控制设计

① 集中控制型消防应急照明和疏散指示系统，应由火灾报警控制器或消防联动控制器启动应急照明控制器实现。

② 集中电源非集中控制型消防应急照明和疏散指示系统，应由消防联动控制器联动应急照明集中电源和应急照明分配电装置实现。

③ 自带电源非集中控制型消防应急照明和疏散指示系统，应由消防联动控制器联动消防应急照明配电箱实现。

④ 当确认火灾后，由发生火灾的报警区域开始，顺序启动全楼疏散通道的消防应急照

明和疏散指示系统，系统全部投入应急状态的启动时间不应大于5s。

（12）相关联动控制设计

① 消防联动控制器应具有切断火灾区域及相关区域的非消防电源的功能，当需要切断正常照明系统时，宜在自动喷淋系统、消火栓系统动作前切断。

火灾时可立即切断的非消防电源有普通动力负荷、自动扶梯、排污泵、空调用电、康乐设施、厨房设施等。

火灾时不应立即切掉的非消防电源有正常照明、生活给水泵、安全防范系统设施、地下室排水泵、客梯和Ⅰ～Ⅲ类汽车库作为车辆疏散口的提升机。

② 消防联动控制器应具有自动打开涉及疏散的电动栅杆等的功能，宜开启相关区域安全技术防范系统的摄像机监视火灾现场。

③ 消防联动控制器应具有打开疏散通道上由门禁系统控制的门和庭院的电动大门的功能，并应具有打开停车场出入口挡杆的功能。

9.3 火灾自动报警系统设备的设置

9.3.1 火灾探测器的设置

原有规范就火灾自动报警系统的保护对象来说，根据其使用性质、火灾危险性、人员安全疏散和火灾扑救的难易程度等因素划分为特级、一级和二级，其所要求的火灾自动报警系统设置是不同的，特级保护对象要求全面设置火灾探测器（除去厕所、浴池等）；一级保护对象要求大部分部位设置火灾探测器；二级保护对象要求部分部位设置火灾探测器；新的《火灾自动报警系统设计规范》（GB 50116—2013）给出了具体的火灾探测器的设置部位，如财贸金融楼的办公室、营业厅、票证库；电信楼、邮政楼的机房和办公室；商业楼、商住楼的营业厅、展览楼的展览厅和办公室；旅馆的客房和公共活动用房；电力调度楼、防灾指挥调度楼等的微波机房、计算机房、控制机房、动力机房和办公室；广播电视楼的演播室、播音室、录音室、办公室、节目播出技术用房、道具布景房；图书馆的书库、阅览室、办公室等32处和需要设置火灾探测器的其他场所。

（1）火灾探测器的保护面积是指一只火灾探测器能有效探测的面积，火灾探测器的保护半径是指一只火灾探测器能有效探测的单向最大水平距离。

感烟火灾探测器和A1、A2、B型感温火灾探测器的保护面积和保护半径，应按表9-3确定；C、D、E、F、G型感温火灾探测器的保护面积和保护半径，应根据生产企业设计说明书确定，但不应超过表9-3规定。

表9-3 感烟火灾探测器和A1、A2、B型感温火灾探测器的保护面积和保护半径

火灾探测器种类	地面面积 S/m^2	房间高度 h/m	一只探测器的保护面积 A 和保护半径 R					
			屋顶坡度 θ					
			$\theta \leqslant 15°$		$15° < \theta \leqslant 30°$		$\theta > 30°$	
			A/m^2	R/m	A/m^2	R/m	A/m^2	R/m
感烟火灾探测器	$S \leqslant 80$	$h \leqslant 12$	80	6.7	80	7.2	80	8.0
	$S > 80$	$6 < h \leqslant 12$	80	6.7	100	8.0	120	9.9
		$h \leqslant 6$	60	5.8	80	7.2	100	9.0
感温火灾探测器	$S \leqslant 30$	$h \leqslant 8$	30	4.4	30	4.9	30	5.5
	$S > 30$	$h \leqslant 8$	20	3.6	30	4.9	40	6.3

注：建筑高度不超过14m的封闭探测空间，且火灾初期会产生大量的烟时，可设置点型感烟火灾探测器。

探测区域的每个房间应至少设置一只火灾探测器。若探测区域面积较大则必须根据火灾探测器的保护面积和保护半径经计算确定。

对于探测区域内火灾探测器的数量可以由下式计算确定。

$$N \geqslant \frac{S}{K \cdot A} \tag{9-1}$$

式中　N——火灾探测器的数量，只，取整数；

S——探测区域投影面积，m^2；

A——火灾探测器的保护面积，m^2；

K——修正系数，容纳人数超过 10000 人的公共场所宜取 0.7～0.8；容纳人数为 2000～10000 人的公共场所宜取 0.8～0.9；容纳人数为 500～2000 人的公共场所宜取 0.9～1.0；其他场所取 1.0。

火灾探测器的安装间距是指两只相邻火灾探测器中心之间的水平距离。火灾探测器为水平矩形布置时，其横向安装间距设为 a，纵向安装间距设为 b，则探测器的实际保护面积 A 和保护半径 R 为

$$A = a \times b \tag{9-2}$$

$$R = \sqrt{\left(\frac{a}{2}\right)^2 + \left(\frac{b}{2}\right)^2} \tag{9-3}$$

探测器的实际保护面积 A 和保护半径 R 均应符合表 9-3 的规定值。在工程设计中常常可以借助规范中的“安装间距设为 a、b 的极限曲线”图来确定，如图 9-2 所示。

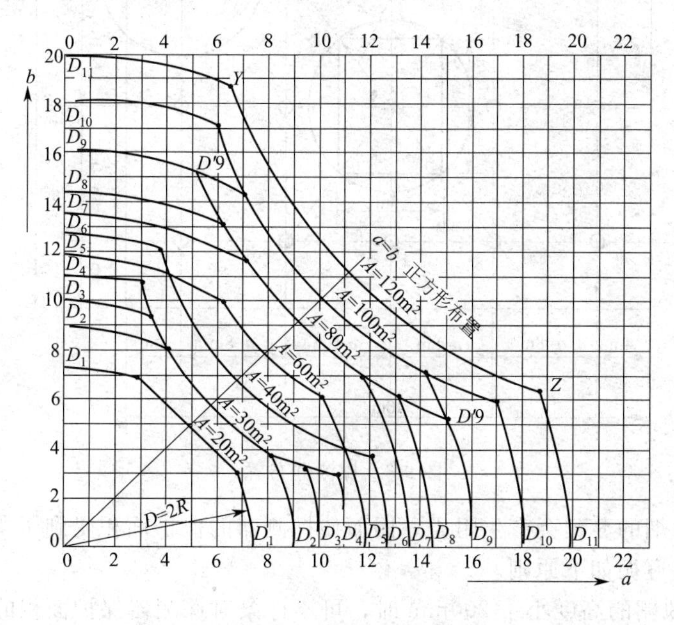

图 9-2　探测器安装间距的极限曲线

A 为探测器的保护面积，m^2；a、b 为探测器的安装间距，m；D_1～D_{11}（含 D'_9）为在不同保护面积 A 和保护半径下确定探测器安装间距 a、b 的极限曲线；Y、Z 为极限曲线的端点（在 Y 和 Z 两点间的曲线范围内，保护面积可得到充分利用）。

例：一个地面面积为 30m×40m 的生产车间，其屋顶坡度为 15°，房间高度为 8m，使用点型感烟火灾探测器保护。试问，应设多少只感烟火灾探测器？应如何布置这些探测器？

解：①确定感烟火灾探测器的保护面积 A 和保护半径 R。

查表 9-3，得感烟火灾探测器保护面积为 $A=80\text{m}^2$，保护半径 $R=6.7\text{m}$。

② 计算所需探测器设置数量。

选取 $K=1.0$，按式(9-1) 有

$$N=\frac{S}{K\cdot A}=\frac{1200}{1.0\times 80}=15(\text{只}) \tag{9-4}$$

③ 确定探测器的安装间距 a、b。

由保护半径 R，确定保护直径 $D=2R=2\times 6.7=13.4\text{m}$，由图 9-2 可确定 $D_i=D_7$，应利用 D_7 极限曲线确定 a 和 b 值。根据现场实际，选取 $a=8\text{m}$（极限曲线两端点间值），得 $b=10\text{m}$，其布置方式见图 9-3。

④ 校核按安装间距 $a=8\text{m}$、$b=10\text{m}$ 布置后，探测器到最远点水平距离 R' 是否符合保护半径要求，按式(9-5) 计算。

$$R'=\sqrt{\left(\frac{a}{2}\right)^2+\left(\frac{b}{2}\right)^2} \tag{9-5}$$

即 $R'=6.4\text{m}<R=6.7\text{m}$，在保护半径之内。

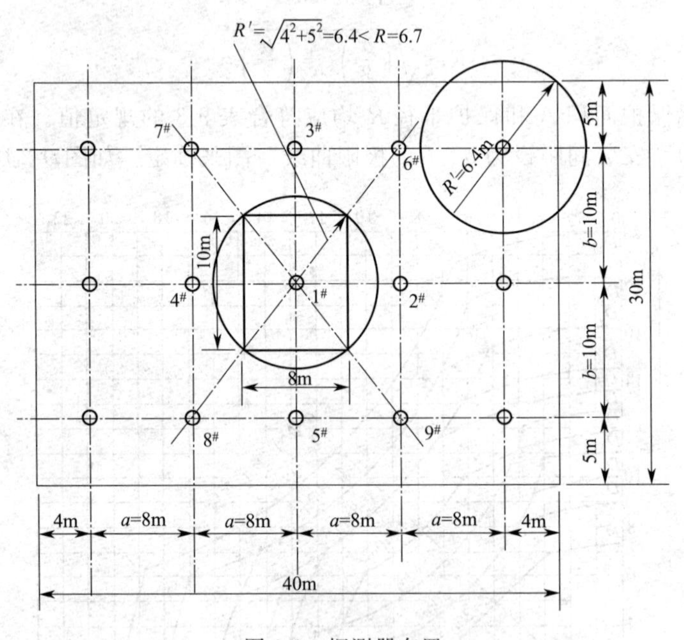

图 9-3 探测器布置

（2）由于梁对烟的蔓延会产生阻碍，因而使探测器的保护面积受到了梁的影响。顶棚有梁时安装探测器应遵循如下原则。

① 当梁突出顶棚的高度小于 200mm 时，可不计梁对探测器保护面积的影响。

② 当梁突出顶棚的高度为 200～600mm 时，应按规范相关规定确定梁对探测器保护面积的影响和一只探测器能够保护的梁间区域的数量。

③ 当梁突出顶棚的高度超过 600mm 时，被梁隔断的每个梁间区域应至少设置一只探测器。

④ 当被梁隔断的区域面积超过一只探测器的保护面积时，被隔断的区域应经计算确定探测器设置的数量。

⑤ 当梁间净距小于 1m 时，可不计梁对探测器保护面积的影响。

（3）房间被书架、设备或隔断等分隔，其顶部至顶棚或梁的距离小于房间净高的5%时，每个被隔开的部分应至少安装一只点型火灾探测器。

（4）点型火灾探测器安装要求　在宽度小于3m的内走道顶棚上设置点型火灾探测器时，宜居中布置。感温火灾探测器的安装间距不应超过10m；感烟火灾探测器的安装间距不应超过15m；探测器至端墙的距离，不应大于探测器安装间距的1/2。点型火灾探测器至墙壁、梁边的水平距离，不应小于0.5m。点型火灾探测器周围0.5m内，不应有遮挡物。

点型火灾探测器至空调送风口边的水平距离不应小于1.5m，并宜接近回风口安装。探测器至多孔送风顶棚孔口的水平距离不应小于0.5m。

点型火灾探测器宜水平安装。当倾斜安装时，倾斜角不应大于45°。

在电梯井、升降机井设置点型火灾探测器时，其位置宜在井道上方的机房顶棚上。

CO火灾探测器可设置在气体能够扩散到的任何部位。

（5）火焰探测器和图像型火灾探测器的设置应符合下列规定

① 应考虑探测器的探测视角及最大探测距离，可通过选择探测距离长、火灾报警响应时间短的火焰探测器，提高保护面积要求和报警时间要求。

② 探测器的探测视角内不应存在遮挡物。

③ 应避免光源直接照射在探测器的探测窗口。

④ 单波段的火焰探测器不应设置在平时有阳光、白炽灯等光源直接或间接照射的场所。

（6）线型光束感烟火灾探测器的设置应符合下列规定

① 探测器的光束轴线至顶棚的垂直距离宜为0.3～1.0m，距地高度不宜超过20m。

② 相邻两组探测器的水平距离不应大于14m，探测器至侧墙水平距离不应大于7m，且不应小于0.5m，探测器的发射器和接收器之间的距离不宜超过100m。

③ 探测器应设置在固定结构上。

④ 探测器的设置应保证其接收端避开日光和人工光源的直接照射。

⑤ 选择反射式探测器时，应保证在反射板与探测器间任何部位进行模拟试验时，探测器均能正确响应。

（7）线型感温火灾探测器的设置应符合下列规定

① 探测器在保护电缆、堆垛等类似保护对象时，应采用接触式布置；在各种皮带输送装置上设置时，宜设置在装置的过热点附近。

② 设置在顶棚下方的线型感温火灾探测器，至顶棚的距离宜为0.1m。探测器的保护半径应符合点型感温火灾探测器的保护半径要求；探测器至墙壁的距离宜为1～1.5m。

③ 光栅光纤感温火灾探测器每个光栅的保护面积和保护半径，应符合点型感温火灾探测器的保护面积和保护半径要求。

④ 设置线型感温火灾探测器的场所有联动要求时，宜采用两只不同火灾探测器的报警信号组合。

⑤ 与线型感温火灾探测器连接的模块不宜设置在长期潮湿或温度变化较大的场所。

（8）管路采样式吸气感烟火灾探测器的设置应符合下列规定

① 非高灵敏型探测器的采样管网安装高度不应超过16m；高灵敏型探测器的采样管网安装高度可超过16m；采样管网安装高度超过16m时，灵敏度可调的探测器应设置为高灵敏度，且应减小采样管长度和采样孔数量。

② 探测器的每个采样孔的保护面积、保护半径，应符合点型感烟火灾探测器的保护面积、保护半径的要求。

③ 一个探测单元的采样管总长不宜超过 200m，单管长度不宜超过 100m，同一根采样管不应穿越防火分区。采样孔总数不宜超过 100，单管上的采样孔数量不宜超过 25。

④ 当采样管道采用毛细管布置方式时，毛细管长度不宜超过 4m。

⑤ 吸气管路和采样孔应有明显的火灾探测器标识。

⑥ 有过梁、空间支架的建筑中，采样管路应固定在过梁、空间支架上。

⑦ 当采样管道布置形式为垂直采样时，每 2℃温差间隔或 3m 间隔（取最小者）应设置一个采样孔，采样孔不应背对气流方向。

⑧ 采样管网应按经过确认的设计软件或方法进行设计。

⑨ 探测器的火灾报警信号、故障信号等信息应传给火灾报警控制器，涉及消防联动控制时，探测器的火灾报警信号还应传给消防联动控制器。

(9) 感烟火灾探测器在隔栅吊顶场所的设置，应符合下列规定

① 镂空面积与总面积的比例不大于 15%时，探测器应设置在吊顶下方。

② 镂空面积与总面积的比例大于 30%时，探测器应设置在吊顶上方。

③ 镂空面积与总面积的比例为 15%～30%时，探测器的设置部位应根据实际试验结果确定。

④ 探测器设置在吊顶上方且火警确认灯无法观察时，应在吊顶下方设置火警确认灯。

⑤ 地铁站台等有活塞风影响的场所，镂空面积与总面积的比例为 30%～70%时，探测器宜同时设置在吊顶上方和下方。

9.3.2 手动火灾报警按钮的设置

(1) 每个防火分区应至少设置一只手动火灾报警按钮。从一个防火分区内的任何位置到最邻近的手动火灾报警按钮的步行距离不应大于 30m。手动火灾报警按钮宜设置在疏散通道或出入口处。列车上设置的手动火灾报警按钮，应设置在每节车厢的出入口和中间部位。

(2) 手动火灾报警按钮应设置在明显和便于操作的部位。当安装在墙上时，其底边距地高度宜为 1.3～1.5m，且应有明显的标志。

9.3.3 区域显示器的设置

(1) 每个报警区域宜设置一台区域显示器（火灾显示盘）；宾馆、饭店等场所应在每个报警区域设置一台区域显示器。当一个报警区域包括多个楼层时，宜在每个楼层设置一台仅显示本楼层的区域显示器。

(2) 区域显示器应设置在出入口等明显和便于操作的部位。当安装在墙上时，其底边距地高度宜为 1.3～1.5m。

9.3.4 火灾警报器的设置

(1) 火灾光警报器应设置在每个楼层的楼梯口、消防电梯前室、建筑内部拐角等处的明显部位，且不宜与安全出口指示标志灯具设置在同一面墙上。

(2) 每个报警区域内应均匀设置火灾声警报器，其声压级不应小于 60dB；在环境噪声大于 60dB 的场所，其声压级应高于背景噪声 15dB。

(3) 火灾警报器设置在墙上时，其底边距地面高度应大于 2.2m。

9.3.5 消防专用电话的设置

(1) 消防专用电话网络应为独立的消防通信系统。

（2）消防控制室应设置消防专用电话总机。

（3）多线制消防专用电话系统中的每个电话分机应与总机单独连接。

（4）电话分机或电话插孔的设置，应符合下列规定。

① 消防水泵房、发电机房、配（变）电室、计算机网络机房、主要通风和空调机房、防排烟机房、灭火控制系统操作装置处或控制室、企业消防站、消防值班室、总调度室、消防电梯机房及其他与消防联动控制有关的且经常有人值班的机房应设置消防专用电话分机，应固定安装在明显且便于使用的部位，并应有区别于普通电话的标识。

② 设有手动火灾报警按钮或消火栓按钮等处，宜设置电话插孔，并宜选择带有电话插孔的手动火灾报警按钮。

③ 各避难层应每隔 20m 设置一个消防专用电话分机或电话插孔。

④ 电话插孔在墙上安装时，其底边距地面高度宜为 1.3～1.5m。

（5）消防控制室、消防值班室或企业消防站等处，应设置可直接报警的外线电话。

9.3.6 模块的设置

（1）每个报警区域内的模块宜相对集中地设置在本报警区域内的金属模块箱中。

（2）严禁将模块设置在配电（控制）柜（箱）内。

（3）本报警区域内的模块不应控制其他报警区域的设备。

（4）未集中设置的模块附近应有尺寸不小于 10cm×10cm 的标识。

9.3.7 消防控制室图形显示装置的设置

（1）消防控制室图形显示装置应设置在消防控制室内，并应符合火灾报警控制器的安装设置要求。

（2）消防控制室图形显示装置与火灾报警控制器、消防联动控制器、电气火灾监控器、可燃气体报警控制器等消防设备之间，应采用专用线路连接。

9.4 住宅建筑、可燃气体和电气场所火灾自动报警系统

9.4.1 住宅建筑火灾自动报警系统

（1）分类　按照安全可靠、经济适用的原则，对不同的建筑管理等情况，将住宅建筑火灾自动报警系统分为 4 种类型。

① A 类系统可由火灾报警控制器、手动火灾报警按钮、家用火灾探测器、火灾声警报器、应急广播等设备组成。

② B 类系统可由控制中心监控设备、家用火灾报警控制器、家用火灾探测器、火灾声警报器等设备组成。

③ C 类系统可由家用火灾报警控制器、家用火灾探测器、火灾声警报器等设备组成。

④ D 类系统可由独立式火灾探测报警器、火灾声警报器等设备组成。

住宅建筑在火灾自动报警系统设计中，应结合建筑管理和消防设施的设置情况，按规定选择合适的系统组成，并按规范有关要求进行设计。

（2）住宅建筑火灾自动报警系统的选择原则

① 有物业集中监控管理且设有需联动控制的消防设施的住宅建筑应选用 A 类系统。

② 仅有物业集中监控管理的住宅建筑宜选用 A 类或 B 类系统。

③ 没有物业集中监控管理的住宅建筑宜选用 C 类系统。

④ 别墅式住宅和已投入使用的住宅建筑可选用 D 类系统。

(3) 住宅建筑火灾探测器的设置

① 每间卧室、起居室内应至少设置一只感烟火灾探测器。

② 可燃气体探测器在厨房设置时，应符合下列规定。

a. 使用天然气的用户应选择甲烷探测器，使用液化气的用户应选择丙烷探测器，使用煤制气的用户应选择 CO 探测器。

b. 连接燃气灶具的软管及接头在橱柜内部时，探测器宜设置在橱柜内部。

c. 甲烷探测器应设置在厨房顶部，丙烷探测器应设置在厨房下部，一氧化碳探测器可设置在厨房下部，也可设置在其他部位。

d. 可燃气体探测器不宜设置在灶具正上方。

e. 宜采用具有联动关断燃气关断阀功能的可燃气体探测器。

f. 探测器联动的燃气关断阀宜为用户可以自己复位的关断阀，并应具有燃气泄漏时自动关断功能。

(4) 家用火灾报警控制器的设置

① 家用火灾报警控制器应独立设置在每户内，且应设置在明显和便于操作的部位。当安装在墙上时，其底边距地高度宜为 1.3～1.5m。

② 具有可视对讲功能的家用火灾报警控制器宜设置在进户门附近。

(5) 火灾声警报器的设置

① 住宅建筑公共部位设置的火灾声警报器应具有语音功能，且应能接受联动控制和手动火灾报警按钮信号后直接发出警报。

② 每台警报器覆盖的楼层不应超过 3 层，且首层明显部位应设置用于直接启动火灾声警报器的手动火灾报警按钮。

(6) 应急广播的设置

① 住宅建筑内设置的应急广播应能接受联动控制和手动火灾报警按钮信号后直接进行广播。

② 每台扬声器覆盖的楼层不应超过 3 层。

③ 广播功率放大器应具有消防电话插孔，消防电话插入后应能直接讲话。

④ 广播功率放大器应配有备用电池，电池持续工作不能达到 1h 时，应能向消防控制室或物业值班室发送报警信息。

⑤ 广播功率放大器应设置在首层内走道侧面墙上，箱体面板应有防止非专业人员打开的措施。

9.4.2 可燃气体探测报警系统

可燃气体探测报警系统应由可燃气体报警控制器、可燃气体探测器和火灾声光警报器等组成，能够在保护区域内泄漏可燃气体的浓度低于爆炸下限的条件下提前报警，从而预防由于可燃气体泄漏引发的火灾和爆炸事故的发生。

(1) 可燃气体探测报警系统要求　可燃气体探测报警系统应独立组成，可燃气体探测器不应接入火灾报警控制器的探测器回路；当可燃气体的报警信号需接入火灾自动报警系统时，应由可燃气体报警控制器接入。可燃气体探测报警系统保护区域内有联动和警报要求时，应由可燃气体报警控制器或消防联动控制器联动实现。

（2）可燃气体探测器的设置　探测气体密度小于空气密度的可燃气体探测器应设置在被保护空间的顶部，探测气体密度大于空气密度的可燃气体探测器应设置在被保护空间的下部，探测气体密度与空气密度相当时，可燃气体探测器可设置在被保护空间的中间部位或顶部。点型可燃气体探测器的保护半径，应符合现行国家标准《石油化工可燃气体和有毒气体检测报警设计规范》（GB 50493—2009）的有关规定。线型可燃气体探测器的保护区域长度不宜大于 60m。

9.4.3　电气火灾监控系统

电气火灾监控系统可用于具有电气火灾危险的场所。引发火灾的 3 个主要原因为电气故障、违章作业和用火不慎，而由电气故障原因引发的火灾居于首位。根据我国近几年的火灾统计，电气火灾年均发生次数占火灾年均总发生次数的 27%，占重特大火灾总发生次数的 80%，居各火灾原因之首，且损失占火灾总损失的 53%，而发达国家每年电气火灾发生次数仅占总火灾发生次数的 8%～13%。其原因是多方面的，主要包括电缆老化、施工的不规范、电气设备故障等。通过合理设置电气火灾监控系统，可以有效探测供电线路及供电设备故障，以便及时处理，避免电气火灾发生。电气火灾监控系统能在发生电气故障、产生一定电气火灾隐患的条件下发出警报，以提醒专业人员排除电气火灾隐患，实现电气火灾的早期预防，避免电气火灾的发生，因此具有很强的电气防火预警功能，尤其适用于变电站、石油石化、冶金等不能中断供电的重要供电场所。

（1）电气火灾监控系统应由下列部分或全部设备组成：电气火灾监控器；剩余电流式电气火灾监控探测器；测温式电气火灾监控探测器。

（2）电气火灾监控探测器一旦报警，表示其监视的保护对象发生了异常，产生了一定的电气火灾隐患，容易引发电气火灾，但是并不能表示已经发生了火灾，因此报警后没有必要自动切断保护对象的供电电源，只是提醒维护人员及时查看电气线路和设备以排除电气火灾隐患。所以要求电气火灾监控系统的设置不应影响供电系统的正常工作，不宜自动切断供电电源。

（3）线型感温火灾探测器的探测原理与测温式电气火灾监控探测器的探测原理相似，因而，当线型感温火灾探测器用于电气火灾监控时，可接入电气火灾监控器。

（4）剩余电流式电气火灾监控探测器的设置

① 剩余电流式电气火灾监控探测器应以设置在低压配电系统首端为基本原则，宜设置在第一级配电柜（箱）的出线端。在供电线路泄漏电流大于 500mA 时，宜在其下一级配电柜（箱）设置。

② 剩余电流式电气火灾监控探测器不宜设置在 IT 系统的配电线路和消防配电线路中。

③ 选择剩余电流式电气火灾监控探测器时，应计及供电系统自然漏流的影响，并应选择合适参数的探测器；探测器报警值宜为 300～500mA。

④ 具有探测线路故障电弧功能的电气火灾监控探测器，其保护线路的长度不宜大于 100m。

（5）测温式电气火灾监控探测器的设置

① 测温式电气火灾监控探测器应设置在电缆接头、端子、重点发热部件等部位。

② 保护对象为 1000V 及以下的配电线路，测温式电气火灾监控探测器应采用接触式布置。

③ 保护对象为 1000V 以上的供电线路，测温式电气火灾监控探测器宜选择光栅光纤测

温式或红外测温式电气火灾监控探测器，光栅光纤测温式电气火灾监控探测器应直接设置在保护对象的表面。

9.5 火灾自动报警系统供电与布线

9.5.1 火灾自动报警系统供电

(1) 为了保证火灾自动报警系统稳定运行，火灾自动报警系统应设置交流电源和蓄电池备用电源。火灾自动报警系统的交流电源应采用消防电源，备用电源可采用火灾报警控制器和消防联动控制器自带的蓄电池电源或消防设备应急电源。当备用电源采用消防设备应急电源时，火灾报警控制器和消防联动控制器应采用单独的供电回路，并应保证在系统处于最大负载状态下不影响火灾报警控制器和消防联动控制器的正常工作。采用消防电源是因为普通民用电源可能在火灾条件下被切断，采用独立回路供电的目的是为防止由于接入其他设备的故障而导致回路供电故障。

(2) 电源切换不能影响消防控制室图形显示装置、消防通信设备的正常工作，要求电源装置的切换时间应该非常短，所以消防控制室图形显示装置、消防通信设备等的电源，宜由UPS电源装置或消防设备应急电源供电。

(3) 剩余电流动作保护和过负荷保护装置一旦报警会自动切断电源，因而，火灾自动报警系统主电源不应设置剩余电流动作保护和过负荷保护装置。

(4) 消防设备应急电源输出功率应大于火灾自动报警及联动控制系统全负荷功率的120%，蓄电池组的容量应保证火灾自动报警及联动控制系统在火灾状态同时工作负荷条件下连续工作3h以上。

(5) 由于消防用电及配线的重要性，消防用电设备应采用专用的供电回路，其配电设备应设有明显标志。为了提高消防线路的可靠性，其配电线路和控制回路宜按防火分区来划分。

9.5.2 火灾自动报警系统布线

火灾自动报警系统布线分室外布线和室内布线。

(1) 火灾自动报警系统的传输线路和50V以下供电的控制线路，应采用电压等级不低于交流300V/500V的铜芯绝缘导线或铜芯电缆。采用交流220V/380V的供电和控制线路，应采用电压等级不低于交流450V/750V的铜芯绝缘导线或铜芯电缆。

(2) 应同时满足自动报警装置技术条件的要求和机械强度的要求，铜芯绝缘导线和铜芯电缆线芯的最小截面面积应满足规范值。

(3) 火灾自动报警系统的供电线路和传输线路设置在室外时，应埋地敷设。

(4) 火灾自动报警系统的供电线路和传输线路设置在地（水）下隧道或湿度大于90%的场所时，线路及接线处应做防水处理。

(5) 采用无线通信方式的系统设计，应符合：无线通信模块的设置间距不应大于额定通信距离的75%；无线通信模块应设置在明显部位，且应有明显标识。

9.5.3 火灾自动报警系统室内布线

(1) 火灾自动报警系统的传输线路应采用金属管、可挠（金属）电气导管、B_1级以上的刚性塑料管或封闭式线槽保护。

（2）火灾自动报警系统的供电线路、消防联动控制线路应采用耐火铜芯电线电缆，报警总线、消防应急广播和消防专用电话等传输线路应采用阻燃或阻燃耐火电线电缆。

（3）线路暗敷设时，宜采用金属管、可挠（金属）电气导管或 B_1 级以上的刚性塑料管保护，并应敷设在不燃烧体的结构层内，且保护层厚度不宜小于30mm；线路明敷设时，应采用金属管、可挠（金属）电气导管或金属封闭线槽保护。矿物绝缘类不燃性电缆可明敷。

（4）火灾自动报警系统用的电缆竖井，宜与电力、照明用的低压配电线路电缆竖井分别设置。如受条件限制必须合用时，应将火灾自动报警系统用的电缆和电力、照明用的低压配线路电缆分别布置在竖井的两侧。

（5）不同电压等级的线缆不应穿入同一根保护管内，当合用同一线槽时，线槽内应有隔板分隔。

（6）采用穿管水平敷设时，除报警总线外，不同防火分区的线路不应穿入同一根管内。

（7）从接线盒、线槽等处引到探测器底座盒、控制设备盒、扬声器箱的线路，均应加金属保护管保护。

（8）火灾探测器的传输线路，宜选择不同颜色的绝缘导线或电缆。正极"+"线应为红色，负极"－"线应为蓝色或黑色。同一工程中相同用途导线的颜色应一致，接线端子应有标号。

9.6 典型场所的火灾自动报警系统

9.6.1 道路隧道

城市道路隧道、特长双向公路隧道和道路中的水底隧道等车流量都比较大，疏散与救援都比较困难，这些场所一旦发生火灾没有及时报警并采取措施，很容易造成大量车辆涌进隧道、无法疏散的局面。因而，要做到早发现火情，早预警，早疏散。

（1）城市道路隧道、特长双向公路隧道和道路中的水底隧道，应同时采用线型光纤感温火灾探测器和点型红外火焰探测器（或图像型火灾探测器）；其他公路隧道应采用线型光纤感温火灾探测器或点型红外火焰探测器。这里采用探测两种及以上火灾参数的探测器，有助于尽早发现火灾。

（2）线型光纤感温火灾探测器应设置在车道顶部距顶棚100～200mm，线型光栅光纤感温火灾探测器的光栅间距不应大于10m；每根分布式线型光纤感温火灾探测器和线型光栅光纤感温火灾探测保护车道的数量不应超过2条；点型红外火焰探测器或图像型火灾探测器应设置在行车道侧面墙上距行车道地面高度2.7～3.5m处，并应保证无探测盲区；在行车道两侧设置时，探测器应交错设置。

（3）隧道出入口以及隧道内每隔200m处应设置报警电话，每隔50m处应设置手动火灾报警按钮和闪烁红光的火灾声光警报器。隧道入口前方50～250m内应设置指示隧道内发生火灾的声光警报装置。

（4）隧道用电缆通道宜设置线型感温火灾探测器，主要设备用房内的配电线路应设置电气火灾监控探测器。

（5）隧道内设置的消防设备的防护等级不应低于IP65。隧道内的工作环境比较复杂，如温度、湿度、粉尘、汽车尾气、射流风机产生的高速气流、照明、四季天气变换等因素均会影响隧道内设置的消防设备的稳定运行。因此，为避免温度、粉尘及汽车尾气等因素对消防设备运行稳定性的影响，对消防设备的保护等级应提出相应的要求。

9.6.2 油罐区

油罐区一般属于重大危险源，一旦失火，影响极为严重，因而要求采取极为严格的火灾自动报警系统。

(1) 外浮顶油罐宜采用线型光纤感温火灾探测器，且每只线型光纤感温火灾探测器应只能保护一个油罐；并应设置在浮盘的堰板上。

(2) 除浮顶和卧式油罐外的其他油罐宜采用火焰探测器。这是因为油罐本身属于封闭受限空间，火焰探测器可以及时、准确地探测火灾。

(3) 采用光栅光纤感温火灾探测器保护外浮顶油罐时，两个相邻光栅间距离不应大于3m。规定光栅光纤感温火灾探测器保护浮顶油罐时的设置要求，是保证光栅光纤感温火灾探测器在外浮顶油罐场所应用时，对初期火灾探测的及时性和准确性的基本技术要求。

(4) 油罐区可在高架杆等高位处设置点型红外火焰探测器或图像型火灾探测器做辅助探测。

(5) 火灾报警信号宜联动报警区域内的工业视频装置确认火灾。

9.6.3 电缆隧道

(1) 根据对电缆火灾的统计、分析和试验，电缆本身引起的火灾主要发生在电缆接头和端子等部位，因此监视这些部位的温度变化是最科学的，也是最经济的。在电缆隧道外的电缆接头和端子等一般都集中设置在配电柜或端子箱中，这些部位都是容易发热的部位，应设置感温式电气火灾监控探测器。隧道内设置线型感温火灾探测器除用于电缆本身火灾探测外，更主要的是用于外火进入电缆隧道的探测。因而要求，隧道外的电缆接头、端子等发热部位应设置感温式电气火灾监控探测器，探测器的设置应符合有关规定；除隧道内所有电缆的燃烧性能均为A级外，隧道内应沿电缆设置线型感温火灾探测器，且在电缆接头、端子等发热部位应保证有效探测长度；隧道内设置的线型感温火灾探测器可接入电气火灾监控器。

(2) 无外部火源进入的电缆隧道应在电缆层上表面设置线型感温火灾探测器；有外部火源进入可能的电缆隧道在电缆层上表面和隧道顶部，均应设置线型感温火灾探测器。电缆本身发热或外火在直接落在电缆层时，只有采用接触式设置在电缆层上表面的线型感温火灾探测器才能及时响应。

(3) 线型感温火灾探测器采用“S”形布置或有外部火源进入可能的电缆隧道内，应采用能响应火焰规模不大于100mm的线型感温火灾探测器。线型感温火灾探测器应采用接触式的敷设方式对隧道内的所有的动力电缆进行探测；缆式线型感温火灾探测器应采用“S”形布置在每层电缆的上表面，线型光纤感温火灾 探测器应采用一根感温光缆保护一根动力电缆的方式，并应沿动力电缆敷设。

(4) 分布式线型光纤感温火灾探测器在电缆接头、端子等发热部位敷设时，其感温光缆的延展长度不应少于探测单元长度的1.5倍（提高可靠性）；线型光栅光纤感温火灾探测器在电缆接头、端子等发热部位应设置感温光栅。

(5) 其他隧道内设置动力电缆时，除隧道顶部可不设置线型感温火灾探测器外，探测器设置均应符合上述规定。

9.6.4 高度大于12m的空间场所

根据在高度大于12m的高大空间场所的火灾实体试验可知，对于建筑内初起的阴燃火，在建筑高度不超过16m时，烟气在6～7m处开始出现分层现象，因此要求在6～7m处增设探测器以对火灾做出快速响应；在建筑高度超过16～26m时，烟气在6～7m处开始出现第一次分层现象，上升至11～12m处开始出现第二次分层现象；在开窗或通风空调形成对流层时，烟气会在该对流层下1m左右产生横向扩散，因此，在设计中应综合考虑烟气分层高度和对流层高度。

(1) 高度大于12m的空间场所宜同时选择两种以上火灾参数的火灾探测器。

(2) 火灾初期产生大量烟的场所，应选择线型光束感烟火灾探测器、管路吸气式感烟火灾探测器或图像型感烟火灾探测器。

(3) 考虑到建筑高度超过12m的高大空间场所建筑结构的特点及在发生火灾时火源位置、类型、功率等因素的不确定性，除按规范规定设置在建筑顶部外，还应在下部空间增设探测器，采用分层组网的探测方式。

线型光束感烟火灾探测器的设置应符合下列要求。

① 探测器应设置在建筑顶部。

② 探测器宜采用分层组网的探测方式。

③ 建筑高度不超过16m时，宜在6～7m增设一层探测器。

④ 建筑高度超过16m但不超过26m时，宜在6～7m和11～12m处各增设一层探测器。

⑤ 由开窗或通风空调形成的对流层为7～13m时，可将增设的一层探测器设置在对流层下面1m处。

⑥ 分层设置的探测器保护面积可按常规计算，并宜与下层探测器交错布置。

(4) 管路吸气式感烟火灾探测器的设置应符合下列要求。

① 探测器的采样管宜采用水平和垂直结合的布管方式，并应保证至少有两个采样孔在16m以下，并宜有2个采样孔设置在开窗或通风空调对流层下面1m处。

② 可在回风口处设置起辅助报警作用的采样孔。

(5) 火灾初期产生少量烟并产生明显火焰的场所，应选择1级灵敏度的点型红外火焰探测器或图像型火焰探测器，并应降低探测器设置高度。

(6) 电气线路应设置电气火灾监控探测器，照明线路上应设置具有探测故障电弧功能的电气火灾监控探测器。

习　题

1. 火灾自动报警系统组成是什么？
2. 论述火灾自动报警系统设计原则及依据。
3. 火灾自动报警与联动控制系统设计要求是什么？
4. 火灾探测器的选择与布置要求是什么？

ⓔ 参考文献

[1] 李亚峰，蒋白懿，刘强，等．建筑消防工程实用手册．北京：化学工业出版社，2008.
[2] 建筑设计防火规范(GB 50016—2012 送审稿)．北京：中国计划出版社，2012.
[3] 火灾自动报警系统设计规范(GB 50116—2013)．北京：中国计划出版社，2013.
[4] 建筑灭火器配置设计规范(GB 50140—2005)．北京：中国计划出版社，2005.
[5] 汽车库、修车库、停车场设计防火规范(GB 50067—2012 送审稿)．北京：中国计划出版社，2012.
[6] 周义德，吴杲．建筑防火消防工程．郑州：黄河水利出版社，2004.
[7] 许秦坤．狭长通道火灾烟气热分层及运动机制研究[D]．合肥：中国科学技术大学，2012.
[8] 徐志嫱，李梅．建筑消防工程．北京：中国建筑工业出版社，2009.
[9] 自动喷水灭火系统设计规范(GB 50084—2005)．北京：中国计划出版社，2005.
[10] 汽车加油加气站设计与施工规范(GB 50156—2012)．北京：中国计划出版社，2012.
[11] 城镇燃气设计规范(GB 50028—2006)．北京：中国建筑工业出版社，2006.
[12] 爆炸和火灾危险环境电力装置设计规范(GB 50058—92)．北京：中国计划出版社，1992.
[13] 锅炉房设计规范(GB 50041—2008)．北京：中国计划出版社，2008.
[14] 室外给水设计规范(GB 50013—2006)．北京：中国计划出版社，2006.
[15] 水喷雾灭火系统设计规范(GB 50219—95)．北京：中国计划出版社，2004.
[16] 泡沫灭火系统设计规范(GB 50151—2010)．北京：中国计划出版社，2011.
[17] 固定消防炮灭火系统设计规范(GB 50338—2003)．北京：中国计划出版社，2003.
[18] 高层民用建筑设计防火规范(2005)(GB 50045—95)．北京：中国计划出版社，2005.
[19] 汽车库建筑设计规范(JGJ 100—1998)．北京：中国建筑工业出版社，1998.
[20] 火灾自动报警系统施工及验收规范(GB 50166—2007)．北京：中国计划出版社，2008.
[21] 消防控制室通用技术要求(GB 25506—2010)．北京：中国标准出版社，2011.
[22] 石油化工可燃气体和有毒气体检测报警设计规范(GB 50493—2009)．北京：中国计划出版社，2009.
[23] 范维澄，王清安，姜冯辉，周建军．火灾学简明教程．合肥：中国科学技术大学出版社，1995.
[24] 徐琳．长大公路隧道火灾热烟气控制理论分析与实验研究[D]．上海：同济大学，2007.
[25] 何建红．阿塞拜疆地铁火灾．上海消防，1999，11：40-41.
[26] 魏平安．巴库地铁火灾的教训．消防技术与产品信息，1996，08：33.
[27] 张萍，黄强．地铁火灾的原因分析及预防．山西建筑，2010，29：50-52.
[28] 杜宝玲．国外地铁火灾事故案例统计分析．消防科学与技术，2007，02：33-36.
[29] 钟委，霍然，王浩波．地铁火灾场景设计的初步研究．安全与环境学报，2006，03：63-66.
[30] 钟委．地铁站火灾烟气流动特性及控制方法研究[D]．合肥：中国科学技术大学，2007.
[31] 纪杰．地铁站火灾烟气流动及通风控制模式研究[D]．合肥：中国科学技术大学，2008.
[32] 杨立中，邹兰．地铁火灾研究综述．工程建设与设计，2005，11：8-12.
[33] 孙爽．从韩国大邱市地铁火灾谈地铁的防火安全．消防科学与技术，2004，S1：109-110.
[34] 王兰．韩国大邱市地铁火灾概况．消防技术与产品信息，2004，02：55-57.
[35] 梁旭娟．由火灾引发的保险意识．今日新疆，2008，03：32.
[36] 董大旻，左芬．从央视配楼火灾事件看建筑防火安全．建筑，2009，06：42.
[37] T. N. Guo and Z. M. Fu, The fire situation and progress in fire safety science and technology in China. Fire Safety

Journal, 2007, 42, 171-182.

[38] 冯美宇．建筑设计原理．武汉：武汉理工大学出版社，2007.

[39] CECS 200：2006 建筑钢结构防火技术规范．北京：中国计划出版社，2006

[40] 牟在根．简明钢结构设计与计算．北京：人民交通出版社，2005.

[41] 钟善桐．高层钢-混凝土组合结构．广州：华南理工大学出版社，2003.

[42] 蔡绍怀．现代钢管混凝土结构．北京：人民交通出版社，2003.

[43] 李国强等．钢结构及钢-混凝土组合结构抗火设计．北京：中国建筑工业出版社，2006.

[44] 霍然，袁宏永．性能化建筑防火分析与设计．合肥：安徽科学技术出版社，2003.

[45] 周煜琴，姚斌．火灾高温下耐火保护钢梁设计荷载的分析．消防科学与技术，2012，31(4)：340-343.

[46] 蔡昕，李宏旭，等．局部火灾条件下某钢结构屋架的抗火保护研究．火灾科学，2005，14(4)：251-257.

[47] 崔静．某建筑工程消防安全性能化设计研究[D]．天津：天津大学，2010.

[48] 周健，蒙慧玲，陈华晋．地下空间防火设计性能化评估标准的选择[J]．青岛理工大学学报，2012，33(1)：51-55.

[49] 王雨，徐钟铭，代君羽．地下空间火灾及防火对策研究[J]．山西建筑，2013，39(35)：254-255.

[50] 李伟民．地下车库连通道非平直上坡段防排烟设计[J]．消防科学与技术，2011，(12)：1137-1140.

[51] 侯会忱，戴路纲．高层建筑地下车库防排烟设计[J]．辽宁工学院学报，1999，(04)：63-65.

[52] 李蓉．高层建筑地下车库通风排烟系统设计[J]．制冷空调与电力机械，2004，(05)：62-64.

[53] 潘雨顺．高层建筑地下车库通风与消防排烟设计[J]．通风除尘，1995，(04)：30-34.

[54] 白旭宏．基于 FDS 的某地下车库防排烟系统优化[J]．消防科学与技术，2012，(07)：723-726.

[55] 张靖岩，肖泽南．气流诱导技术在扁平地下车库的防排烟模拟研究[J]．消防科学与技术，2008，(04)：239-242.

[56] 张靖岩，肖泽南．射流风机用于地下车库类建筑防排烟的可行性探讨[J]．中国安全生产科学技术，2008，(01)：21-24.

[57] 覃康民．铁路客站地下车库通风与防排烟设计难点的探讨[J]．铁道运营技术，2009，(03)：30-34.

[58] 马纪军，安超，张丽荣．不同火源功率对列车火灾影响的 FDS 模拟与分析[J]．大连交通大学学报，2011，32(6)：1-4.